普通高等教育土木工程类专业系列教材

建筑 CAD 与 BIM 制图

主编　张孝存　张同伟
参编　胡家磊　张雪琪

机 械 工 业 出 版 社

当前建筑设计中，传统的计算机辅助设计（CAD）与新兴的建筑信息模型（BIM）技术均发挥着重要作用。本书以 AutoCAD 2025、天正建筑 T30 和 Autodesk Revit 2025 为蓝本，融合建筑二维制图与三维建模的基本要求，系统地介绍了建筑制图基础知识、AutoCAD 绘图基础与二维图形绘制、天正建筑绘图基础、文字表格与尺寸标注、BIM 与 Revit 设计基础、Revit 视图与建筑三维建模等内容，并结合工程项目实例介绍了建筑 CAD 与 BIM 制图的详细流程与步骤。

本书注重选材的先进性、系统性、实用性及通用性，内容由浅入深，并结合了丰富的操作实例介绍与工程案例讲解。本书可作为高等院校土建类专业相关课程的教材，也可作为土建类工程技术人员的参考书。

图书在版编目（CIP）数据

建筑 CAD 与 BIM 制图 / 张孝存，张同伟主编. -- 北京：机械工业出版社，2025.3. -- （普通高等教育土木工程类专业系列教材）. -- ISBN 978-7-111-77425-9

Ⅰ. TU201.4

中国国家版本馆 CIP 数据核字第 2025MM8775 号

机械工业出版社（北京市百万庄大街 22 号　邮政编码 100037）
策划编辑：马军平　　　　　责任编辑：马军平　张大勇
责任校对：丁梦卓　张亚楠　封面设计：马若濛
责任印制：邓　博
北京盛通印刷股份有限公司印刷
2025 年 5 月第 1 版第 1 次印刷
184mm×260mm · 25 印张 · 619 千字
标准书号：ISBN 978-7-111-77425-9
定价：79.80 元

电话服务　　　　　　　　　网络服务
客服电话：010-88361066　　机　工　官　网：www.cmpbook.com
　　　　　010-88379833　　机　工　官　博：weibo.com/cmp1952
　　　　　010-68326294　　金　书　网：www.golden-book.com
封底无防伪标均为盗版　机工教育服务网：www.cmpedu.com

前　言

随着建筑设计的信息化、数字化与智能化发展，建筑信息模型（BIM）技术已成为建筑领域专业人才的必备能力，但传统的建筑二维图纸在建筑设计与施工过程中仍发挥着不可替代的关键作用。面对日益复杂的建筑设计挑战和不断提高的行业标准要求，本书融合建筑二维制图与三维建模的基础知识，以建筑设计中常用的 AutoCAD、天正建筑和 Autodesk Revit 软件为基础，系统地介绍了建筑制图基础知识、二维图形绘制与编辑操作、三维视图创建与建模方法等内容，并结合工程项目实例讲解了建筑 CAD 与 BIM 制图的详细流程与步骤。全书分两部分，共 11 章。

第一部分主要介绍 AutoCAD 和天正建筑二维制图，包括第 1~6 章。第 1 章建筑制图基础知识，介绍图纸规格、图线、字体、比例、符号、轴线、图例、图样和尺寸标注的基本规定；第 2 章 AutoCAD 绘图基础，介绍图形文件管理、绘图环境设置、图层管理、显示控制与命令输入等；第 3 章 AutoCAD 二维图形绘制，介绍线性对象、曲线对象、多边形及填充的绘制，以及对象位置调整、复制、形状编辑、图块创建等的基本操作；第 4 章天正建筑绘图基础，介绍轴网、墙柱、门窗、房间、屋顶、楼梯等平面构件绘制及立剖面图生成；第 5 章文字表格与尺寸标注，介绍 AutoCAD 和天正建筑创建文字、表格及尺寸标注的基本方法与操作；第 6 章 AutoCAD 建筑二维制图实例，通过项目实例介绍建筑平面、立面与剖面制图的过程。

第二部分主要介绍 Revit 建筑三维建模与制图，包括第 7~11 章。第 7 章 BIM 基础与软件概述，介绍 BIM 的基本概念、标准、软件及设计交付要求；第 8 章 Revit 设计基础，介绍 Revit 图元操作、尺寸标注、文字及标记；第 9 章 Revit 视图，介绍平面视图、立面视图、剖面视图、三维视图、明细表、图例与详图的创建和编辑，以及布图与打印的基本操作；第 10 章 Revit 建筑三维建模，介绍标高、轴网、墙、门窗、构件、柱、楼板、屋顶、楼梯的创建与编辑；第 11 章 Revit 建筑三维建模实例，通过项目实例介绍建筑三维建模与图纸深化设计的过程。

本书由宁波大学张孝存和佳木斯大学张同伟任主编，西安建筑科技大学张雪琪、北京建筑材料科学研究总院有限公司胡家磊参与编写。全书内容安排及统筹规划由张孝存负责，内容审核与校对由张同伟负责。具体编写分工：第 1 章由张同伟、张雪琪编写，第 2~3 章由张同伟、张孝存编写，第 4~5 章由胡家磊编写，第 6 章由张雪琪编写；第 7 章由张同伟编写，第 8~11 章由张孝存编写。

本书编写得到了宁波大学教学研究项目（JYXM2024104）的资助，在此表示感谢。

本书编写过程中参考了大量的文献，在此向文献作者表示感谢。限于编者水平，书中难免存在不妥之处，敬请读者提出宝贵的意见和建议。

编　者

目 录

前言
第1章 建筑制图基础知识 … 1
1.1　概述 … 1
1.2　图纸规格 … 2
1.3　图线 … 4
1.4　字体 … 5
1.5　比例 … 6
1.6　符号 … 7
1.7　定位轴线 … 11
1.8　材料图例 … 13
1.9　图样画法 … 16
1.10　尺寸标注 … 19
课后练习 … 24

第2章 AutoCAD 绘图基础 … 25
2.1　基本功能与操作界面 … 25
2.2　图形文件管理 … 30
2.3　绘图环境与辅助功能设置 … 34
2.4　图层设置与管理 … 41
2.5　图形显示控制 … 46
2.6　绘图命令输入与终止 … 48
课后练习 … 49

第3章 AutoCAD 二维图形绘制 … 51
3.1　线性对象绘制 … 51
3.2　曲线对象绘制 … 54
3.3　多边形和点绘制 … 59
3.4　填充对象绘制 … 63
3.5　对象位置调整 … 68
3.6　对象复制 … 71
3.7　对象形状调整 … 76
3.8　其他编辑功能 … 80

3.9　图块创建与编辑 … 87
3.10　外部参照与设计中心 … 92
课后练习 … 96

第4章 天正建筑绘图基础 … 98
4.1　轴网绘制 … 98
4.2　轴网标注 … 101
4.3　柱子 … 105
4.4　墙体 … 109
4.5　门窗 … 116
4.6　房间与屋顶 … 126
4.7　楼梯及其他绘制 … 132
4.8　建筑立面 … 142
4.9　建筑剖面 … 152
课后练习 … 162

第5章 文字表格与尺寸标注 … 164
5.1　AutoCAD 尺寸标注 … 164
5.2　AutoCAD 文字标注 … 169
5.3　AutoCAD 表格创建 … 173
5.4　天正尺寸标注 … 177
5.5　天正文字 … 188
5.6　天正表格 … 191
5.7　天正符号标注 … 199
课后练习 … 208

第6章 AutoCAD 建筑二维制图实例 … 209
6.1　建筑制图概述 … 209
6.2　建筑平面图绘制 … 213
6.3　建筑立面图绘制 … 223
6.4　建筑剖面图绘制 … 223
课后练习 … 227

第 7 章　BIM 基础与软件概述 ········ 229
7.1　BIM 基本概念 ················ 229
7.2　BIM 相关标准 ················ 233
7.3　BIM 设计软件概述 ············ 236
7.4　BIM 设计交付 ················ 239
课后练习 ························ 243

第 8 章　Revit 设计基础 ············ 244
8.1　软件概况 ···················· 244
8.2　界面介绍 ···················· 247
8.3　图元操作 ···················· 248
8.4　尺寸标注 ···················· 258
8.5　其他注释 ···················· 272
课后练习 ························ 277

第 9 章　Revit 视图 ················ 278
9.1　平面视图 ···················· 278
9.2　立面视图 ···················· 298
9.3　剖面视图 ···················· 301
9.4　三维视图 ···················· 303
9.5　明细表 ······················ 307
9.6　图例 ························ 313
9.7　详图 ························ 315
9.8　布图与打印 ·················· 320
课后练习 ························ 326

第 10 章　Revit 建筑三维建模 ········ 327
10.1　标高 ······················· 327
10.2　轴网 ······················· 329
10.3　墙 ························· 331
10.4　门窗 ······················· 337
10.5　构件 ······················· 338
10.6　柱 ························· 339
10.7　楼板 ······················· 340
10.8　屋顶 ······················· 341
10.9　楼梯 ······················· 345
课后练习 ························ 353

第 11 章　Revit 建筑三维建模实例 ···· 354
11.1　项目设置 ···················· 354
11.2　创建基准 ···················· 355
11.3　创建墙体 ···················· 358
11.4　创建门窗 ···················· 363
11.5　创建楼板 ···················· 367
11.6　屋顶绘制 ···················· 370
11.7　栏杆扶手绘制 ················ 375
11.8　楼梯和坡道绘制 ·············· 377
11.9　场地设计 ···················· 380
11.10　建筑制图 ··················· 383
课后练习 ························ 392

参考文献 ··························· 393

第1章 建筑制图基础知识

房屋建筑制图需要符合统一的制图规则，使图面清晰、简明，适应信息化发展与房屋建设的需要。本章以《房屋建筑制图统一标准》（GB/T 50001—2017）为依据，对房屋建筑制图涉及的图纸规格、图线、字体、比例、符号、定位轴线、材料图例、图样画法及尺寸标注等内容的相关规定进行了详细介绍。通过了解并掌握常用制图规则，为后续学习并使用计算机辅助绘图打下良好的基础。

1.1 概述

1.1.1 制图标准

为统一房屋建筑制图规则，保证制图质量，提高制图效率，做到图面清晰，符合设计、施工、审查、存档的要求，满足工程建设的需要，房屋建筑制图需要遵循国家相关标准的基本规定。《房屋建筑制图统一标准》（GB/T 50001—2017）对计算机辅助制图和手工制图方式绘制图样进行了统一规定，适用于房屋建筑总图、建筑、结构、给水排水、暖通空调、电气等各专业的下列工程制图：新建、改建、扩建工程的各阶段设计图、竣工图；原有建（构）筑物和总平面的实测图；通用设计图、标准设计图。

1.1.2 基本术语

房屋建筑制图时，应掌握以下基本术语：

1）图纸幅面：图纸宽度与长度组成的图面。
2）图线：起点和终点间以任何方式连接的一种几何图形，形状可是直线或曲线，连续线或不连续线。
3）字体：文字的风格式样，又称书体。
4）比例：图中图形与其实物相应要素的线性尺寸之比。
5）视图：将物体按正投影法向投影面投射时所得到的投影。
6）轴测图：用平行投影法将物体连同确定该物体的直角坐标系一起沿不平行于任一坐标平面的方向投射到一个投影面上所得到的图形。
7）透视图：根据透视原理绘制出的具有近大远小特征的图像，以表达建筑设计意图。

8）标高：以某一水平面作为基准面，并作零点（水准原点）起算地面（楼面）至基准面的垂直高度。

9）工程图纸：根据投影原理或有关规定绘制在纸介质上的，通过线条、符号、文字说明及其他图形元素表示工程形状、大小、结构等特征的图形。

10）计算机辅助设计（CAD）：利用计算机及其图形设备帮助设计人员进行设计工作。

11）计算机辅助制图文件：利用计算机辅助制图技术绘制的，记录和存储工程图纸所表现的各种设计内容的数据文件。

12）图库文件：可在一个以上的工程中重复使用的计算机辅助制图文件。

13）工程图纸编号：用于表示图纸的图样类型和排列顺序的编号，也称图号。

14）协同设计：通过计算机网络与计算机辅助设计技术，创建协作设计环境，使设计团队各成员围绕共同的设计目标与对象，按照各自分工，并行交互式地完成设计任务，实现设计资源的优化配置和共享，最终获得符合工程要求设计成果文件的设计过程。

15）计算机辅助制图文件参照方式：在当前计算机辅助制图文件中引用并显示其他计算机辅助制图文件（被参照文件）的部分或全部数据内容的计算机辅助制图技术。

16）图层：计算机辅助制图文件中相关图形元素数据的一种组织结构。属于同一图层的实体一般具有统一的颜色、线型、线宽、状态等属性。

1.2 图纸规格

1.2.1 图纸幅面

图纸幅面及图框尺寸，应符合表 1-1 的规定及图 1-1~图 1-4 所示的格式。

图纸以短边作为垂直边的称为横式，以短边作为水平边的称为立式。A0～A3 图纸宜使用横式，必要时也可使用立式。在一个工程设计中，每个专业所使用的图纸不宜多于两种幅面，不含目录及表格所采用的 A4 幅面。

表 1-1 幅面及图框尺寸 （单位：mm）

尺寸代号	A0	A1	A2	A3	A4
$b×l$	841×1189	594×841	420×594	297×420	210×297
c	10			5	
a	25				

图纸的短边一般不应加长，长边可加长，但加长的尺寸应符合表 1-2 的规定。

表 1-2 图纸长边加长尺寸 （单位：mm）

幅面代号	长边尺寸	长边加长后尺寸
A0	1189	1486、1783、2080、2378
A1	841	1051、1261、1471、1682、1892、2102
A2	594	743、891、1041、1189、1338、1486、1635、1783、1932、2080
A3	420	630、841、1051、1261、1471、1682、1892

注：有特殊需要的图纸，可采用 $b×l$ 为 841mm×891mm 与 1189mm×1261mm 的幅面。

1.2.2 标题栏与会签栏

图纸中应有标题栏、图框线、幅面线、装订边线和对中标志。图纸标题栏及装订边的位置应符合下列规定：使用横式的图纸，应按图 1-1 和图 1-2 所示的形式进行布置；使用立式的图纸，应按图 1-3 和图 1-4 所示的形式进行布置。

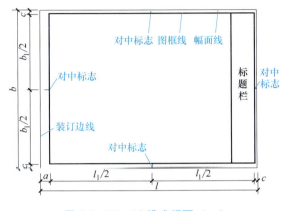

图 1-1 A0～A3 横式幅面（一）

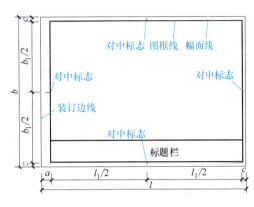

图 1-2 A0～A3 横式幅面（二）

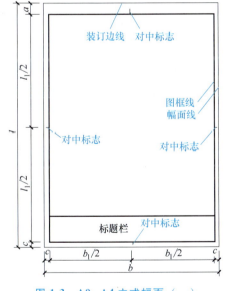

图 1-3 A0～A4 立式幅面（一）

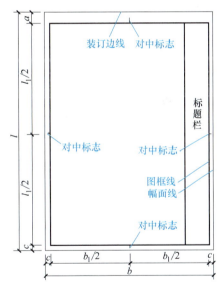

图 1-4 A0～A4 立式幅面（二）

1.2.3 图纸编排顺序

一套完整的房屋施工图常有数十甚至上百张，为便于看图和易于查找，需要将工程图纸按顺序编排。

工程图纸应按专业顺序编排，包括图纸目录、设计说明、总图、建筑图、结构图、给水排水图、暖通空调图、电气图等。

另外，各专业的图纸应按图纸内容的主次关系、逻辑关系进行分类排序，做到有序排列。

1.3 图线

1.3.1 线宽

图线的基本宽度 b，宜从 1.4m、1.0mm、0.7mm 和 0.5mm 线宽系列中选取。每个图样应根据复杂程度与比例大小，先选定基本线宽 b，再选用表 1-3 中相应的线宽组。

表 1-3 线宽组　　　　　　　　　　　　　　　　　　　　（单位：mm）

线宽比	线宽组			
b	1.4	1.0	0.7	0.5
$0.7b$	1.0	0.7	0.5	0.35
$0.5b$	0.7	0.5	0.35	0.25
$0.25b$	0.35	0.25	0.18	0.13

注：1. 需要微缩的图样，不宜采用 0.18mm 及更细的线宽。
　　2. 同一张图样内，对不同线宽中的细线，可统一采用较细的线宽组的细线。

1.3.2 线型

工程制图时，根据图线表达的内容可选择实线、虚线、单点长画线、双点长画线、折断线、波浪线、加粗线等线型，具体线型、线宽要求及一般用途见表 1-4。

表 1-4 图线的线型、线宽及用途

名称		线型	线宽	一般用途
实线	粗	——————	b	主要可见轮廓线
	中粗	——————	$0.7b$	可见轮廓线、变更云线
	中	——————	$0.5b$	可见轮廓线、尺寸线
	细	——————	$0.25b$	图例填充线、家具线
虚线	粗	— — — —	b	见各有关专业制图标准
	中粗	— — — —	$0.7b$	不可见轮廓线
	中	— — — —	$0.5b$	不可见轮廓线、图例线
	细	- - - - - - -	$0.25b$	图例填充线、家具线
单点长画线	粗	—·—·—	b	见各有关专业制图标准
	中	—·—·—	$0.5b$	见各有关专业制图标准
	细	—·—·—	$0.25b$	中心线、对称线、轴线
双点长画线	粗	—··—··—	b	见各有关专业制图标准
	中	—··—··—	$0.5b$	见各有关专业制图标准
	细	—··—··—	$0.25b$	假想轮廓线、成型前原始轮廓线
折断线		——⋎——	$0.25b$	断开界线
波浪线		∼∼∼∼	$0.25b$	断开界线

图样的图框和标题栏线,可采用表 1-5 所示的线宽。此外,制图标准规定:

表 1-5 图框线、标题栏线的宽度　　　　　　　　　　　(单位:mm)

幅面代号	图框线	标题栏外框线、对中标志	标题栏分格线、幅面线
A0、A1	b	$0.5b$	$0.25b$
A2、A3、A4	b	$0.7b$	$0.35b$

1) 同一张图样内,相同比例的各图样,应选用相同的线宽组。
2) 相互平行的图线,其净间隙或线中间隙不宜小于 0.2mm。
3) 虚线、单点长画线或双点长画线的线段长度和间隔宜各自相等。
4) 单点长画线或双点长画线,当在较小图形中绘制有困难时,可用实线代替。
5) 单点长画线或双点长画线的两端,不应采用点。点画线与点画线交接或点画线与其他图线交接时,应采用线段交接。
6) 虚线与虚线交接或虚线与其他图线交接时,应采用线段交接。虚线为实线的延长线时,不得与实线连接。
7) 图线不得与文字、数字或符号重叠、混淆,不可避免时,应首先保证文字的清晰。

1.4　字体

在完整的工程图中,用图线方式表现不充分和无法用图线表示的位置,需要进行文字说明,如材料名称、构配件名称、构造方法、统计表及图名等。

文字说明是图样内容的重要组成部分,制图标准对文字标注中的字体、字号大小、字号搭配等内容作了如下具体规定:

1) 图样上所需书写的文字、数字或符号等,应笔画清晰、字体端正、排列整齐;标点符号应清楚正确。
2) 文字的字高以字体的高度 h(单位为 mm)表示,并符合表 1-6 的规定。字高大于 10mm 的文字宜采用 True type 字体,如需书写更大的字,其高度应按 $\sqrt{2}$ 的倍数递增。

表 1-6　文字的字高　　　　　　　　　　　(单位:mm)

字体种类	汉字矢量字体	True type 字体及非汉字矢量字体
字高	3.5、5、7、10、14、20	3、4、6、8、10、14、20

3) 图样及说明中的汉字,宜优先采用 True type 字体中的宋体字形,采用矢量字体时应为长仿宋体。同一图纸字体类型不应超过两种。矢量字体的宽高比宜为 0.7,且应符合表 1-7 的规定,打印线宽宜为 0.25~0.35mm。True type 字体的宽高比宜为 1。大标题、图册封面、地形图等的汉字,也可书写成其他字体,但应易于辨认,其高宽比宜为 1。

表 1-7　长仿宋体字高宽关系　　　　　　　　　　　(单位:mm)

字高	20	14	10	7	5	3.5
字宽	14	10	7	5	3.5	2.5

4) 汉字的简化字书写,应符合国家有关汉字简化方案的规定。

5）图样及文字中的字母、数字，宜优先采用 True type 字体中的 Roman 字型，书写规则应符合表 1-8 的规定。

表 1-8　字母及数字的书写规则

书写格式	字体	窄字体
大写字母高度	h	h
小写字母高度（上下均无延伸）	$7/10h$	$10/14h$
小写字母伸出的头部和尾部	$3/10h$	$4/14h$
笔画宽度	$1/10h$	$1/14h$
字母间距	$2/10h$	$2/14h$
上下行基准线最小间距	$15/10h$	$21/14h$
词间距	$6/10h$	$6/14h$

6）字母及数字，如需写成斜体字，其斜度应从字的底线逆时针向上倾斜 75°。斜体字的高度与宽度应与相应的直体字相等。

7）字母及数字的字高，应不小于 2.5mm。

8）数量的数值标注，应采用正体阿拉伯数字。各种计量单位凡前面有量值的，均应采用国家颁布的单位符号进行标注。单位符号应采用正体字母。

9）分数、百分数和比例数的标注，应采用阿拉伯数字和数学符号。例如，四分之三、百分之二十五和一比二十，应分别别写成 3/4、25% 和 1∶20。

10）当标注的数字小于 1 时，必须写出个位的 "0"，小数点应采用圆点，齐基准线书写，如 0.01。

11）长仿宋汉字、字母、数字应符合《技术制图字体》（GB/T 14691—1993）的有关规定。

1.5　比例

图样中图形与实物相对应的线性尺寸之比称为比例，比例的大小是指其比值的大小，如 1∶50 大于 1∶100。比例绘制应符合以下规定：

1）比例的符号为 "∶"，比例应以阿拉伯数字表示，如 1∶1、1∶2、1∶100 等。

2）比例宜标注在图名的右侧，字的基准线应取平；如图 1-5 所示，比例的字高宜比图名的字高小一号或二号。

3）绘图所用的比例，应根据图样的用途与被绘对象的复杂程度从表 1-9 中选取，并优先采用常用比例。

图 1-5　比例的标注

表 1-9　绘图所用的比例

常用比例	1∶1、1∶2、1∶5、1∶10、1∶20、1∶30、1∶50、1∶100、1∶150、1∶200、1∶500、1∶1000、1∶2000
可用比例	1∶3、1∶4、1∶6、1∶15、1∶25、1∶40、1∶60、1∶80、1∶250、1∶300、1∶400、1∶600、1∶5000、1∶10000、1∶20000、1∶50000、1∶100000、1∶200000

4) 一般情况下，一个图样应选用一种比例。但根据专业制图需要，同一图样可选用两种比例。

5) 特殊情况下也可自选图样比例，这时除应标注绘图比例，还应在适当位置绘制相应的比例尺。此外，需要缩微的图纸应绘制比例尺。

1.6 符号

1.6.1 剖切符号

剖切符号宜优先选择国际通用方法表示，也可采用常用方法表示，同一套图纸中的表示方法应统一。剖切符号的位置应符合以下规定：

1) 建（构）筑物剖面图的剖切符号应标注在±0.000标高的平面图或首层平面图上。

2) 局部剖切图（不含首层）、断面图的剖切符号应标注在包含剖切部位的最下面一层的平面图上。

3) 采用图1-6所示的国际通用剖视表示方法时，剖面及断面的剖切符号应符合下列规定：

① 剖面剖切索引符号应由直径8~10mm的圆和水平直径，以及两条相互垂直且外切圆的线段组成。水平直径上方应为索引编号，下方应为图纸编号。线段与圆间应填充黑色并形成箭头表示剖视方向，索引符号应位于剖线两端；断面及剖视详图剖切符号的索引符号应位于平面图外侧一端，另一端为剖视方向线，长度宜为7~9mm，宽度宜为2mm。

② 剖切线与符号线的线宽应为0.25b。

③ 需要转折的剖切位置线应连续绘制。

④ 剖线的编号宜由左至右、由下向上连续编排。

4) 采用图1-7所示的常用剖视表示方法时，剖视的剖切符号应由剖切位置线及剖视方向线组成，且均应以粗实线绘制，宽度宜为b。剖面的剖切符号应符合下列规定：

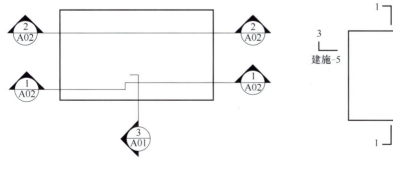
图1-6 剖视的剖切符号（一）

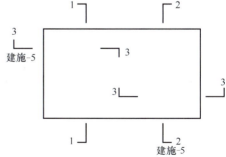
图1-7 剖视的剖切符号（二）

① 剖切位置线的长度宜为6~10mm；剖视方向线应垂直于剖切位置线，长度应短于剖切位置线，宜为4~6mm。绘制时，剖视剖切符号不应与其他图线相接触。

② 剖视剖切符号的编号宜采用粗阿拉伯数字，按剖切顺序由左至右、由下至上连续编排，并应标注在剖视方向线的端部。

③ 需要转折的剖切位置线，应在转角的外侧加注与该符号相同的编号。

5）断面的剖切符号应符合下列规定：

① 如图 1-8 所示，断面的剖切符号应仅用剖切位置线表示，并应以粗实线绘制，长度宜为 6~10mm；断面剖切符号的编号宜采用阿拉伯数字，按顺序连续编排，并应标注在剖切位置线的一侧；编号所在的一侧应为该断面的剖视方向。

② 当与被剖切图样不在同一张图内，应在剖切位置线的另一侧注明其所在图纸的编号，也可在图上集中说明。

图 1-8　断面的剖切符号

1.6.2　索引与详图符号

（1）索引符号　图样中的某一局部或构件如需另见详图，应以图 1-9a 所示的索引符号索引。索引符号由直径为 8~10mm 的圆和水平直径组成，圆及水平直径宜以 $0.25b$ 的线宽绘制。索引符号应按下列规定编写：

1）如图 1-9b 所示，当索引出的详图与被索引的详图在一张图纸内时，应在索引符号的上半圆中用阿拉伯数字注明该详图的编号，并在下半圆中间画一段水平细实线。

2）如图 1-9c 所示，当索引出的详图与被索引的详图不在同一张图纸内时，应在索引符号的上半圆中用阿拉伯数字注明该详图的编号，在索引符号的下半圆用阿拉伯数字注明该详图所在图纸的编号。数字较多时，可加文字标注。

图 1-9　索引符号

3）如图 1-9d 所示，当索引出的详图采用标准图时，应在索引符号水平直径的延长线上加注该标准图集的编号。需要标注比例时，应在文字的索引符号右侧或延长线下方，与符号下对齐。

4）如图 1-10 所示，当索引符号用于索引剖视详图时，应在被剖切的部位绘制剖切位置线，并以引出线引出索引符号，引出线所在的一侧应为剖视方向。索引符号的编号应符合图 1-9 的规定。

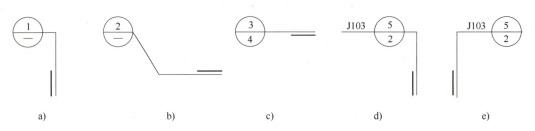

图 1-10　剖视详图的索引符号

（2）零件、钢筋、杆件、设备及消火栓、配电箱、管井等设备的编号　如图 1-11 所示，零件、钢筋、杆件、设备及消火栓、配电箱、管井等设备的编号宜以直径 4~6mm 的圆表示，圆的线宽为 $0.25b$，同一图样应保持一致，其编号应用阿拉伯数字按顺序编写。

（3）详图的位置和编号　详图的位置和编号应以详图符号表示。详图符号的圆应以直径为 14mm、线宽为 b 的粗实线绘制。详图应按下列规定编号：

1）如图 1-12 所示，详图与被索引的图样同在一张图纸内时，应在详图符号内用阿拉伯数字注明详图的编号。

2）如图 1-13 所示，详图与被索引的图样不在同一张图纸内时，应用细实线在详图符号内画一水平直径，在上半圆中注明详图编号，在下半圆中注明被索引图纸的编号。

图 1-11　零件、钢筋　　图 1-12　与被索引图样在同一　　图 1-13　与被索引图样不在同一
　　　等的编号　　　　　　　　张图纸内的详图符号　　　　　　张图纸内的详图符号

1.6.3　引出线

如图 1-14 所示，引出线应以 $0.25b$ 的线宽绘制，宜采用水平方向的直线，或与水平方向成 30°、45°、60°、90° 的直线，并经上述角度再折为水平线。文字说明宜标注在水平线的上方，也可标注在水平线的端部，索引详图的引出线，应与水平直径线相连接。

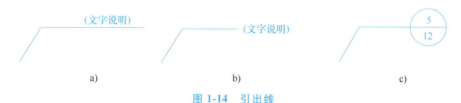

图 1-14　引出线

如图 1-15 所示，同时引出几个相同部分的引出线宜互相平行，也可画成集中于一点的放射线。

如图 1-16 所示，多层构造或多层管道共用引出线，应通过被引出的各层，并用圆点示意对应各层次。文字说明宜

图 1-15　共用引出线

标注在水平线的上方，或标注在水平线的端部，说明的顺序应由上至下，并应与被说明的层次对应一致；如层次为横向排序，则由上至下的说明顺序应与左至右的层次对应一致。

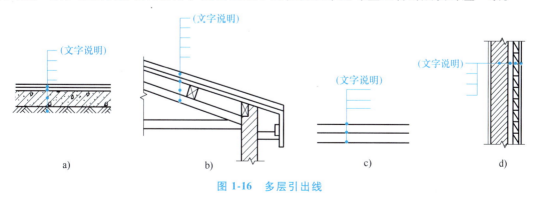

图 1-16　多层引出线

1.6.4 标高符号

标高是用来表示建筑物各部位高度的一种尺寸形式。标高有绝对标高和相对标高两种。绝对标高是指将黄海的平均海平面定为绝对标高的零点,其他各地标高均以该绝对零点作为基准。如在总平面图中的室外整平标高即绝对标高。相对标高是指在建筑物的施工图上注明的标高,用相对标高来标注容易直接得出各部分的高差。因此,除总平面图外,工程制图中一般采用相对标高。

如图1-17a所示,标高符号应以等腰直角三角形表示,并用细实线绘制。如标注位置不够,也可按照图1-17b所示形式绘制。标高符号各部位的尺寸可参考图1-17c和d。

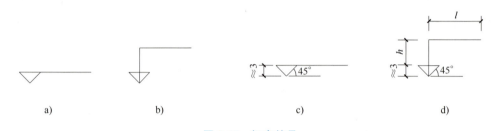

图1-17 标高符号

l—取适当长度注写标高数字 *h*—根据需要取适当高度

如图1-18所示,总平面图上的标高符号,宜用涂黑的三角形表示,标高数字可标注在黑三角形的右上方,也可标注在黑三角形的上方或右面。

如图1-19所示,标高符号的尖端应指至被标注高度的位置,尖端宜向下,也可向上。标高数字应标注在标高符号的上侧或下侧。

图1-18 总平面图室外地坪标高符号

图1-19 标高的指向

标高数字以米(m)为单位,标注到小数点后第三位(总平面图中可标注到小数点后第二位)。零点标高应标注成"±0.000",正数标高不注"+",负数标高应注"-",如3.000、-0.600等。

在图样的同一位置需表示多个不同标高时,标高数字可按图1-20所示的方式注写。

图1-20 同一位置不同标高数字的标注格式

1.6.5 其他符号

(1)对称符号 如图1-21所示,对称符号由对称线和两端的两对平行线组成。对称线用单点画线绘制,线宽宜为0.25*b*;平行线用细实线绘制,其长度宜为6~10mm,每对的间距宜为2~3mm,线宽宜为0.5*b*;对称线垂直平分于两对平行线,两端超出平行线宜为2~3mm。

(2)指北针 指北针的形状如图1-22所示,其圆的直径宜为24mm,用细实线绘制。指针尾部长度宜3mm,指北针头部应注"北"或"N"字。需用较大直径绘制指北针时,指针尾部宽度宜为直径的 1/8。指北针与风玫瑰结合时宜采用互相垂直的线段，线段两端应超出风玫瑰轮廓线 2~3mm，垂点宜为风玫瑰中心，北向应注"北"或"N"字，组成风玫瑰的所有线宽均宜为 0.5b。

图 1-21　对称符号　　　　　　　　图 1-22　指北针、风玫瑰

（3）连接符号　如图 1-23 所示，连接符号应以折断线表示需连接的部位。两部位相距过远时，折断线两端靠图样一侧应标注大写英文字母表示连接编号。两个被连接的图样应用相同的字母编号。

（4）图样中局部变更　如图 1-24 所示，对图样中局部变更部分宜采用云线，并宜注明修改版次。变更云线的线宽宜按 0.7b 绘制；修改版次符号宜为边长 8mm 的正等边三角形，修改版次应采用数字表示。

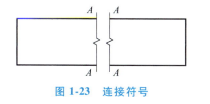

图 1-23　连接符号　　　　　　　　图 1-24　变更云线

注：1 为修改次数

1.7　定位轴线

定位轴线是用来确定建筑物主要结构及构件位置的尺寸基准线，承重墙、柱、梁或屋架等主要承重构件均应画出轴线以确定其位置。对于非承重的隔断墙及其他次要承重构件等，一般不画轴线，只需标注它们与附近轴线的相对尺寸以确定其位置。《房屋建筑制图统一标准》中关于定位轴线的规定如下：

1）定位轴线应用 0.25b 线宽的单点长画线绘制。定位轴线应编号，编号应标注在轴线端部的圆内。圆应采用 0.25b 线宽的实线绘制，直径为 8~10mm。定位轴线圆的圆心，应在定位轴线的延长线上或延长线的折线上。

2）除较复杂需采用分区编号或圆形、折线形外，平面图上定位轴线的编号，宜标注在图样的下方与左侧，或在图样的四面标注。如图 1-25 所示，横向编号应用阿拉伯数字，从左至右顺序编写，竖向编号应用大写英文字母，从下至上顺序编写。

3）英文字母作为轴线号时，应全部采用大写字母，不应采用同一个字母的大小写来区分轴线号，英文字母 I、O、Z 不得用作轴线编号。当字母数量不够使用时，可增用双字母或单字母加数字注脚，如 AA、BA、YA 或 A1、B1、Y1 等。

4）如图 1-26 所示，组合较复杂的平面图中定位轴线也可采用分区编号，编号的标注形式应为"分区号-该分区定位轴线编号",分区号采用阿拉伯数字或大写英文字母表示;多子项的平面图中的定位轴线可采用子项编号,编号的注写形式为"子项号-该子项定位轴线编号",子项号可采用阿拉伯数字或英文字母表示,如"1-1""1-A"或"A-1""A-2"。当采用分区编号或子项编号,同一根轴线有不止1个编号时,相应编号应同时注明。

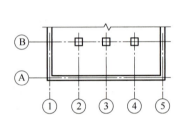

图 1-25　定位轴线的编号顺序

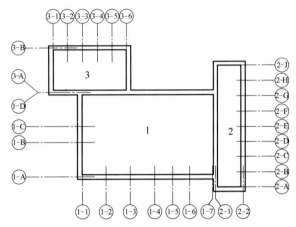

图 1-26　分区定位轴线及编号

5)附加定位轴线的编号,应以分数形式表示。两根轴线间的附加轴线,应以分母表示前一轴线的编号,分子表示附加轴线的编号,编号宜用阿拉伯数字顺序编写。1号轴线或A号轴线前的附加轴线的分母应以"01"或"0A"表示。

6)如图 1-27 所示,一个详图适用于几根轴线时,应同时注明各有关轴线的编号。

图 1-27　详图的轴线编号

7)通用详图中的定位轴线,应只画圆,不标注轴线编号。

8)圆形与弧形平面图中的定位轴线,其径向轴线应采用角度进行定位,其编号宜采用阿拉伯数字表示,从左下角与-90°(若径向轴线很密,角度间隔很小)开始,按逆时针顺序编写;其环向轴线宜用大写英文字母表示,从外向内顺序编写(图 1-28)。圆形和弧形平面图的圆心宜选用大写英文字母编写,有不止一个圆心时,可在字母后加注阿拉伯数字进行区分,如 P1、P2、P3 等。

9)折线形平面图中定位轴线的编号可按图 1-29 的形式编写。

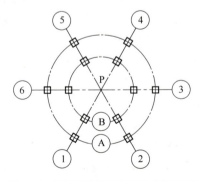

图 1-28　圆形平面图定位轴线及编号

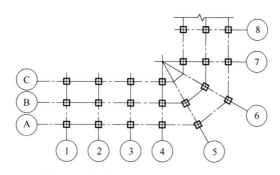

图 1-29　折线形平面图定位轴线及编号

1.8　材料图例

1.8.1　一般规定

建（构）筑物需按比例绘制在图纸上，对于建筑物的细部节点，无法按照真实形状表示，只能用示意性的符号画出。国家标准规定的正规示意性符号称为图例。凡是国家批准的图例，均应统一遵守，按照标准画法表示在图形中，如果有个别新型材料还未纳入国家标准，设计人员要在图纸的空白处画出并写明符号代表的意义，方便对照阅读。

《房屋建筑制图统一标准》规定了常用建筑材料的图例画法，但对其尺度比例未作具体规定。工程制图时，应根据图样大小确定绘图比例，并应符合以下规定：

1）图例线应间隔均匀、疏密适度，做到图例正确，表示清楚。

2）不同品种的同类材料（如不同强度等级的混凝土、块体材料等）使用同一图例时，应在图上附加必要的说明。

3）如图 1-30 所示，两个相同的图例相接时，图例线宜错开或使倾斜方向相反。

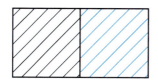 

图 1-30　相同图例相接时的画法

4）如图 1-31 所示，两个相邻的涂黑图例（如混凝土构件、金属件）间，应留有空隙，其净宽度不得小于 0.5mm。

5）下列情况可不加图例，但应增加文字说明：①一张图纸内的图样只用一种图例时；②图形较小无法绘制表达建筑材料图例时。

6）需画出的建筑材料图例面积过大时，可在断面轮廓线内，按图 1-32 所示的方法沿轮廓线作局部表示。

7）当选用标准图例中未包含的建筑材料时，可自编图例。但自编图例不得与现行标准所列的图例重复。绘制时，应在适当位置画出该材料图例，并加以说明。

图 1-31　相邻涂黑图例的画法　　　　　　　　图 1-32　局部表示图例

1.8.2　常用建筑材料图例

常用建筑材料应依据《房屋建筑制图统一标准》，按表 1-10 所列的图例画法绘制。

表 1-10　常用建筑材料图例

序号	名称	图例	备注
1	自然土壤		包括各种自然土壤
2	夯实土壤		—
3	砂、灰土		—
4	砂砾石、碎砖三合土		—
5	石材		—
6	毛石		—
7	实心砖、多孔砖		包括普通砖、多孔砖、混凝土砖等砌体
8	耐火砖		包括耐酸砖等砌体
9	空心砖、空心砌块		包括空心砖、普通或轻骨料混凝土小型空心砌块等砌体
10	加气混凝土		包括加气混凝土砌块砌体、加气混凝土墙板及加气混凝土材料制品等
11	饰面砖		包括铺地砖、玻璃马赛克、陶瓷锦砖、人造大理石等
12	焦渣、矿渣		包括与水泥、石灰等混合而成的材料
13	混凝土		1. 包括各种强度等级、骨料、添加剂的混凝土； 2. 在剖面图上绘制表达钢筋时，则不需绘制图例线； 3. 断面图形较小，不易绘制表达图例线时，可填黑或深灰（灰度宜为 70%）
14	钢筋混凝土		

（续）

序号	名称	图例	备注
15	多孔材料		包括水泥珍珠岩、沥青珍珠岩、泡沫混凝土、软木、蛭石制品等
16	纤维材料		包括矿棉、岩棉、玻璃棉、麻丝、木丝板、纤维板等
17	泡沫塑料		包括聚苯乙烯、聚乙烯、聚氨酯等多聚合物类材料
18	木材		1. 上图为横断面,左上图为垫木、木砖或木龙骨； 2. 下图为纵断面
19	胶合板		应注明为×层胶合板
20	石膏板		包括圆孔或方孔石膏板、防水石膏板、硅钙板、防火石膏板等
21	金属		1. 包括各种金属； 2. 图形较小时,可填黑或深灰(灰度宜为70%)
22	网状材料		1. 包括金属、塑料网状材料； 2. 应注明具体材料名称
23	液体		应注明具体液体名称
24	玻璃		包括平板玻璃、磨砂玻璃、夹丝玻璃、钢化玻璃、中空玻璃、夹层玻璃、镀膜玻璃等
25	橡胶		—
26	塑料		包括各种软、硬塑料及有机玻璃等
27	防水材料		构造层次多或绘制比例大时,采用上面的图例
28	粉刷		本图例采用较稀的点

注：1. 表中所列图例通常在1∶50及以上比例的详图中绘制表达。
  2. 如需表达砖、砌块等砌体墙的承重情况时,可通过在原有建筑材料图例上增加填灰等方式进行区分,灰度宜为25%左右。
  3. 序号1、2、5、7、8、14、15、21图例中的斜线、短斜线、交叉线等均为45°。

1.9 图样画法

1.9.1 视图布置

当在同一张图纸上绘制若干个视图时，各视图的位置宜按图 1-33 所示的顺序进行布置。

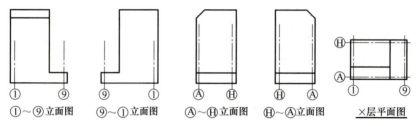

图 1-33 视图布置

每个视图均应标注图名。各视图的命名主要包括平面图、立面图、剖面图或断面图、详图等。同一种视图多个图的图名前应加编号以示区分。平面图应以楼层编号，包括地下二层平面图、地下一层平面图、首层平面图、二层平面图等。立面图应以该图两端头的轴线号编号，剖面图或断面图应以剖切号编号，详图应以索引号编号。图名宜标注在视图的下方或一侧，并在图名下用粗实线绘制一条横线，其长度应以图名所占长度为准。使用详图符号作为图名时，符号下不宜再画线。

总平面图应反映建筑物在室外地坪上的墙基外包线，宜以 0.7b 线宽的实线表示，室外地坪上的墙基外包线以外的可见轮廓线宜以 0.5b 线宽的实线表示。同一工程不同专业的总平面图，在图纸上的布图方向均应一致；单体建（构）筑物平面图在图纸上的布图方向，必要时可与其在总平面图上的布图方向不一致，但必须标明方位；不同专业的单体建（构）筑物平面图，在图纸上的布图方向均应一致。

建（构）筑物的某些部分，如与投影面不平行，在画立面图时，可将该部分展至与投影面平行，再以正投影法绘制，并应在图名后注写"展开"字样。

1.9.2 剖面图和断面图

剖面图除应画出剖切面切到部分的图形外，还应画出沿投射方向看到的部分，被剖切面切到部分的轮廓线用 0.7b 线宽的实线绘制，剖切面没有切到但沿投射方向可看到的部分，采用 0.5b 的实线绘制；断面图则只需（采用 0.7b 线宽的实线）画出剖切面切到部分的图形。剖面图与断面图的区别如图 1-34 所示。

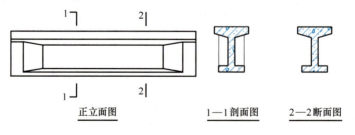

图 1-34 剖面图与断面图的区别

剖面图和断面图应按下列方法剖切后绘制：

1）如图 1-35 所示，用 1 个剖切面剖切。
2）如图 1-36 所示，用 2 个或 2 个以上平行的剖切面剖切。
3）如图 1-37 所示，用 2 个相交的剖切面剖切。用此法剖切时，应在图名后注明"展开"字样。

图 1-35　1 个剖切面剖切　　　图 1-36　2 个平行剖切面剖切　　　图 1-37　2 个相交剖切面剖切

分层剖切的剖面图，应按层次以波浪线将各层隔开，波浪线不应与任何图线重合，如图 1-38 所示。

如图 1-39 和图 1-40 所示，杆件的断面图可绘制在靠近杆件的一侧或端部处并按顺序依次排列，也可绘制在杆件的中断处。如图 1-41 所示，结构梁板的断面图可画在结构布置图上。

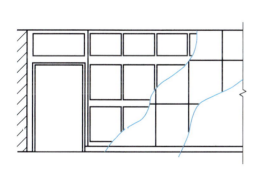

图 1-38　分层剖切的剖面图

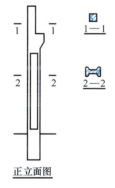

图 1-39　断面图按顺序排列

图 1-40　断面图画在杆件中断处

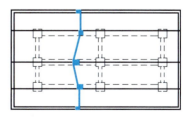

图 1-41　断面图画在结构布置图上

1.9.3　简化画法

如图 1-42 所示，构配件的视图有一条对称线，可只画该视图的 1/2；有两条对称线，可只画该视图的 1/4，并画出对称符号。如图 1-43 所示，图形也可稍超出其对称线，此时可不画对称符号。

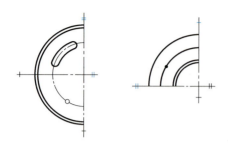

图 1-42 画出对称符号

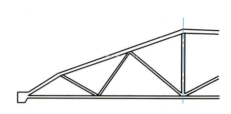

图 1-43 不画对称符号

如图 1-44 所示,对称的形体需画剖面图或断面图时,可以对称符号为界,一半画视图(外形图),一半画剖面图或断面图。

如图 1-45a 所示,构配件内多个完全相同而连续排列的构造要素,可仅在两侧适当位置画出其完整形状,其余部分可以中心线或中心线交点表示。如图 1-45b 所示,当相同构造要素少于中心线交点时,其余部分应在相同构造要素位置的中心线交点处用小圆点表示。

如图 1-46 所示,对于较长的构件,如沿长度方向的形状相同或按一定规律变化,可断开省略绘制,断开处应以折断线表示。一个构配件,如绘制位置不够,可分成几个部分绘制,并应以连接符号表示相连。

如图 1-47 所示,一个构配件如与另一构配件仅部分不相同,该构配件可只画不同部分,但应在两个构配件的相同部分与不同部分的分界线处,分别绘制连接符号。

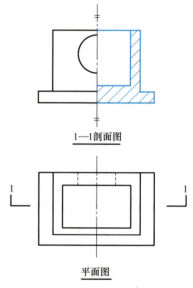

图 1-44 一半画视图,一半画剖面图

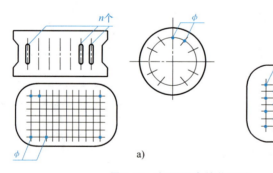

图 1-45 相同要素简化画法

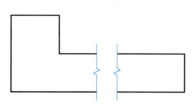

图 1-46 折断简化画法

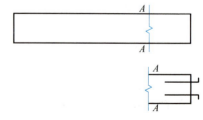

图 1-47 构件局部不同的简化画法

1.9.4 透视图

房屋建筑设计中的效果图宜采用透视图。透视图中的可见轮廓线宜用 $0.5b$ 线宽的实线绘制。不可见轮廓线可不绘出，必要时，可用 $0.25b$ 线宽的虚线绘出所需部分。

1.10 尺寸标注

图样只能表示物体各部分的外部形状，难以量化各部分间的联系及变化。因此，需要准确、详尽、清晰地表达图样的尺寸，作为施工的依据。工程制图中，不但需要反映建（构）筑物的形状，更需要准确表达其真实大小和位置关系。

1.10.1 尺寸界线、尺寸线及尺寸起止符号

如图 1-48 所示，图样上的尺寸包括尺寸界线、尺寸线、尺寸起止符号和尺寸数字。

尺寸界线应采用细实线绘制，一般应与被标注长度垂直，其一端应离开图样轮廓线不小于 2mm，另一端宜超出尺寸线 2~3mm。如图 1-49 所示，图样轮廓线也可用作尺寸界线。尺寸线应采用细实线绘制，并与被标注长度平行。图样本身的任何图线均不得用作尺寸线。尺寸起止符号用中粗斜短线绘制，其倾斜方向应与尺寸界线成顺时针 45°角，长度宜为 2~3mm。

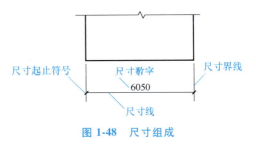

图 1-48 尺寸组成

如图 1-50 所示，轴测图中用小圆点表示尺寸起止符号，小圆点直径 1mm。半径、直径、角度与弧长的尺寸起止符号，宜用箭头表示，箭头宽度 b 不宜小于 1mm。

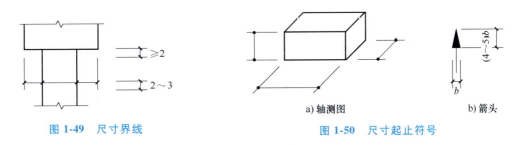

图 1-49 尺寸界线　　　　图 1-50 尺寸起止符号

1.10.2 尺寸数字

图样上的尺寸应以尺寸数字为准，不应从图上直接量取。图样上的尺寸单位，除标高及总平面以米（m）为单位外，其他均以毫米（mm）为单位。

尺寸数字的方向应按图 1-51a 所示的规定标注。若尺寸数字在 30°斜线区内，也可按图 1-51b 的形式标注。

尺寸数字一般应根据其方向标注在靠近尺寸线的上方中部。如图 1-52 所示，如没有足够的标注位置，最外边的尺寸数字可标注在尺寸界线的外侧，中间相邻的尺寸数字可错开标注。

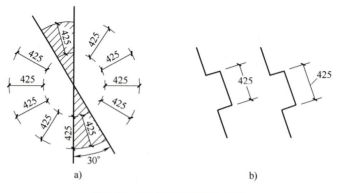

图 1-51 尺寸数字的标注方向

图 1-52 尺寸数字的标注位置

1.10.3 尺寸的排列与布置

如图 1-53 所示，尺寸宜标注在图样轮廓以外，不宜与图线、文字及符号等相交。图样轮廓线以外的尺寸界线，至图样最外轮廓的距离不宜小于 10mm。

如图 1-54 所示。互相平行的尺寸线，应从被标注的图样轮廓线由近及远整齐排列，较小尺寸应离轮廓线较近，较大尺寸应离轮廓线较远，间距宜为 7～10mm，并应保持一致。

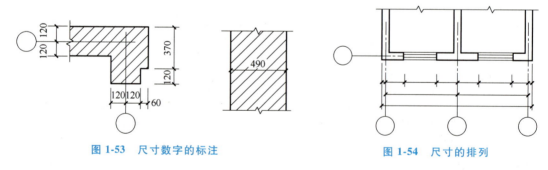

图 1-53 尺寸数字的标注　　　　　图 1-54 尺寸的排列

此外，总尺寸线的尺寸界线应靠近所指部位，中间的分尺寸线的尺寸界线可稍短，但其长度应相等。

1.10.4 半径、直径、球的尺寸标注

标注半径、直径和球，尺寸起止符号不用 45°斜短线，通常用箭头表示。

如图 1-55a 所示，半径的尺寸线一端从圆心开始，另一端画箭头，指向圆弧。半径数字前应加半径符号"R"。较小圆弧的半径，可按图 1-55b 的形式进行标注；较大圆弧的半径，可按图 1-55c 的形式进行标注。

如图 1-55d 所示，标注圆的直径时，应在直径数字前加符号“ϕ”。在圆内标注的直径尺寸线应通过圆心，两端画箭头指圆弧。当圆的直径较小时，直径数字可用引出线标注在圆外。当圆直径较小时，直径标注也可用斜短线（常为 45°）的形式标注在圆外。

标注球的半径或直径时，应在尺寸数字前面加注符号“SR”或“$S\phi$”。具体标注方法与圆弧半径和圆直径的尺寸标注方法相同。

a) 半径标注方法　b) 小圆弧半径的标注方法

c) 大圆弧半径的标注方法　d) 圆直径的标注方法

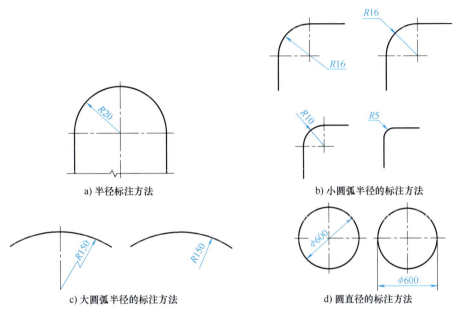

图 1-55　半径、直径的标注方法

1.10.5　角度、弧长、弦长的标注

1）角度。如图 1-56 所示，角度的尺寸线以圆弧表示，该圆弧的圆心应是该角的顶点，角的两边为尺寸界线，尺寸起止符号应用箭头表示，若没有足够的位置画箭头，也可采用圆点代替，角度数字应沿尺寸线方向注写。

图 1-56　角度标注方法

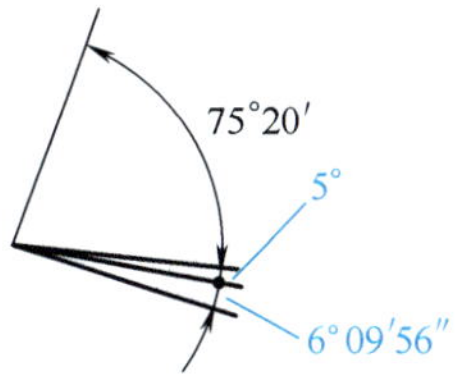

2）弧长。如图 1-57 所示，标注圆弧的弧长时，尺寸线应以与该圆弧同心的圆弧线表示，尺寸界线应指向圆心，尺寸起止符号应采用箭头表示，弧长数字的上方应加注圆弧符号“⌒”。

3）弦长。如图 1-58 所示，标注圆弧的弦长时，尺寸线应以平行于该弦的直线表示，尺寸界线应垂直于该弦，尺寸起止符号采用中粗斜短线表示。

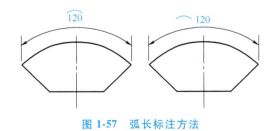

图 1-57　弧长标注方法

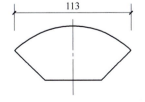

图 1-58　弦长标注方法

1.10.6 薄板厚度、正方形、坡度等尺寸标注

1）薄板厚度。如图 1-59 所示，在薄板板面标注板厚尺寸时，应在厚度数字前加厚度符号 "t"。

2）正方形尺寸。如图 1-60 所示，标注正方形的尺寸，可用 "边长×边长" 的形式，也可在边长数字前加正方形符号 "□"。

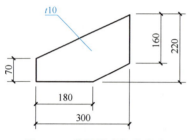

图 1-59 薄板厚度标注方法

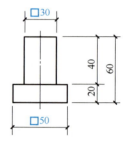

图 1-60 标注正方形尺寸

3）坡度。如图 1-61a～d 所示，标注坡度时应加注坡度箭头符号，箭头应指向下坡方向。如图 1-61e、f 所示，坡度也可用直角三角形的形式标注。

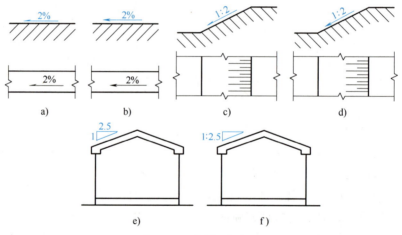

图 1-61 坡度标注方法

4）特殊图形。如图 1-62 所示，外形为非圆曲线的构件，可用坐标形式标注尺寸。如图 1-63 所示，复杂的图形可采用网格形式标注尺寸。

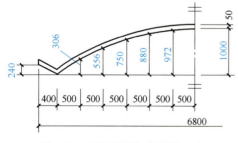

图 1-62 坐标形式标注曲线尺寸

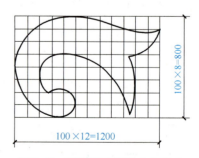

图 1-63 网格形式标注曲线尺寸

1.10.7 尺寸的简化标注

1) 杆件或管线的长度。如图 1-64 所示，在单线图（桁架简图、钢筋简图、管线简图）上，可直接将尺寸数字沿杆件或管线的一侧标注。

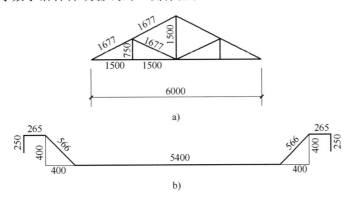

图 1-64 单线图尺寸标注方法

2) 连续排列的等长尺寸。如图 1-65 所示，连续排列的等长尺寸可用"等长尺寸×个数=总长"的形式标注。

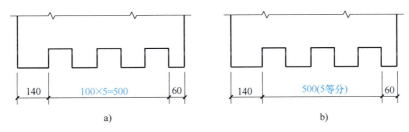

图 1-65 等长尺寸简化标注方法

3) 相同要素。如图 1-66 所示，构配件内的构造因素（如孔、槽等）如相同，可仅标注其中一个要素的尺寸。

4) 对称构配件。如图 1-67 所示，对称构配件采用对称省略画法时，该对称构配件的尺寸线应略超过对称符号，仅在尺寸线的一端画尺寸起止符号，尺寸数字应按整体全尺寸标注，其标注位置宜与对称符号对齐。

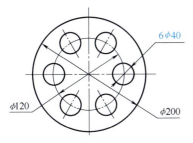

图 1-66 相同要素尺寸标注方法

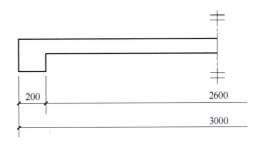

图 1-67 对称构件尺寸标注方法

5) 两个相似构配件。如图 1-68 所示，两个相似构配件如个别尺寸数字不同，可在同一图样中将其中一个构配件的不同尺寸数字标注在括号内，该构配件的名称也应标注在相应的括号内。

图 1-68　相似构件尺寸标注方法

6）多个相似构配件。如图 1-69 所示，若多个构配件仅有某些尺寸不同，这些有变化的尺寸数字，可采用拉丁字母注写在同一图样中，并列表注明各构配件的具体尺寸。

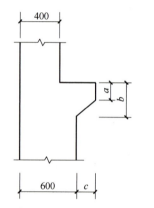

构件编号	a	b	c
Z-1	200	200	200
Z-2	250	450	200
Z-3	200	450	250

图 1-69　相似构件尺寸表格式标注方法

课后练习

1. 建筑制图中常用的图纸幅面有哪几种？
2. 根据表 1-2，总结图幅加长时的图幅尺寸变化规律。
3. 简述横式图纸和立式图纸的常见适用范围。
4. 总结细实线、中实线和粗实线的一般用途。
5. 字母和数字的字高有何规定？
6. 解释图 1-7 中各剖切符号所表达的具体含义。
7. 解释图 1-26 中轴线分区编号的含义。
8. 参考图 1-44 的剖切位置，绘制相应的断面图。
9. 阐述尺寸线的基本组成与绘制要求。
10. 总结尺寸线简化标注的常见情况。

第2章 AutoCAD绘图基础

计算机辅助设计是信息化、数字化、智能化工程设计时代从业者必备的专业技能。本章以 AutoCAD 2025 为例，介绍其主要功能、操作界面、图形文件管理、绘图环境与辅助功能设置、图层管理、图形显示控制、命令操作等知识。通过本章内容掌握 AutoCAD 2025 的绘图环境及命令操作方法，为后续计算机辅助制图学习打下基础。

2.1 基本功能与操作界面

2.1.1 AutoCAD 功能介绍

AutoCAD 是 20 世纪 80 年代初由美国 Autodesk 公司开发的计算机辅助设计（Computer Aided Design）软件。AutoCAD 在航空航天、造船、建筑、机械、电子、化工、美工、轻纺等诸多领域有着广泛的应用。AutoCAD 面向的设计对象包括土木工程、园林工程、环境艺术、数控加工机械、建筑、测绘、电气自动化、材料成形、城乡规划、市政交通工程、给水排水等领域。

AutoCAD 几乎每年进行版本更新，其功能不断优化并可向下兼用，其主要功能包括：

1）应用程序菜单。AutoCAD 2025 的工作界面左上角有 图标，单击图标会弹出应用程序菜单，根据需要可选择程序菜单中的命令。通过程序菜单能更方便地访问公用工具，包括新建、打开、保存、输入、输出、发布、打印、清理和修复 AutoCAD 文件等。

2）绘制与编辑功能。AutoCAD 具有强大的绘图与图形编辑功能。通过"编辑"工具栏的相应按钮，可完成对图形的删除、移动、复制、镜像、旋转、修剪、缩放等编辑操作。AutoCAD 还提供了多种可供选择的绘图方法，如圆弧的绘制方法就有十余种。此外，借助于"修改"工具栏的相关命令，可绘制各式各样的图形。

3）标注图形尺寸。尺寸标注是向图形中添加测量注释的过程，是建筑制图中不可缺少的关键步骤。AutoCAD 的"标注"菜单包含了一套完整的尺寸标注和编辑命令，使用它们可在图形的各个方向上创建各种类型的标注，也可方便、快速地以一定格式创建符合行业或项目标准的标注。

4）图形显示功能。AutoCAD 可任意调整图形的显示比例，细致观察图形的全部或局部，并可上、下、左、右移动图形进行观察。软件提供了 6 个标准视图和 4 个轴测视图，可利用视点工具进行视图的设置，还可利用三维动态观察器设置任意的透视效果。

5）输出与打印图形。AutoCAD 不仅允许将所绘图形以不同样式通过绘图仪或打印机输出，还能够将不同格式的图形导入 AutoCAD 或将 AutoCAD 图形以其他格式输出。因此，当图形绘制完成后，如可将图形打印在图纸上，或创建成文件供其他应用程序使用。

2.1.2 AutoCAD 界面组成

1. 工作界面

当正常安装并首次启动 AutoCAD 2025 时，系统将以默认的"草图与注释"界面显示，相应界面如图 2-1 所示（注：初次打开 AutoCAD 时，界面默认采用深色配色；为方便展示，此处将其修改为浅色配色）。中文版 AutoCAD 的工作界面新颖别致，在图形最大化显示的同时，能够方便地访问大部分绘图工具，同时可根据绘图习惯与操作频率通过自定义或扩展用户界面，来提高绘图的效率。默认应用程序窗口包括绘图区、标题栏、快速访问工具栏、选项卡、选项板、通信中心、导航栏、命令行和状态栏等。

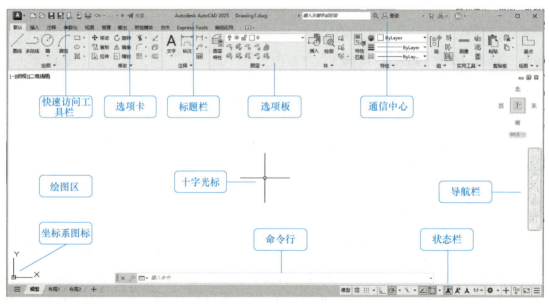

图 2-1 AutoCAD 2025 工作界面

2. 标题栏

如图 2-2 所示，标题栏位于应用程序窗口的最上方，用于显示当前正在运行的程序名及文件名等信息。如果是 AutoCAD 默认的图形文件，其名称为"DrawingN.dwg"（N 为数字）。标题栏最左侧是"快速访问工具栏"，依次包括【新建】【打开】【保存】【另存为】【从 Web 和 Mobile 中打开】【保存到 Web 和 Mobile】【打印】【放弃】【重做】和【共享】按钮，可根据个人习惯对快速访问工具栏进行自定义。快速访问工具栏的右侧显示了软件名称、版本号和当前操作的文件名称信息。文件名称信息后是"通信中心"，可在联网后获得操作和命令的相关提示与帮助信息，具体包括【搜索】【登录】【Autodesk App Store】等输入框及功能按钮；最右侧是当前窗口的【最小化】【最大化】和【关闭】按钮。

第2章　AutoCAD绘图基础

图 2-2　标题栏

3. 菜单栏与工具栏

在 AutoCAD 2025 环境中，默认情况下菜单栏和工具栏处于隐藏状态。如图 2-3 所示，如果需要显示菜单栏，可在标题栏的"工作空间"右侧单击倒三角按钮，打开"自定义快速访问工具栏"列表，从列表框中选择"显示菜单栏"，即可显示 AutoCAD 的菜单栏。

图 2-3　显示菜单栏

如图 2-4 所示，如果需要显示 AutoCAD 的工具栏，以"修改工具栏"为例，则可以选择"工具"→"工具栏"菜单项，从菜单中选择需要添加的工具栏即可。

工具栏是应用程序调用命令的一种方式，它包含许多由图标表示的命令按钮。在 AutoCAD 中，系统共提供了数十种已命名的工具栏。如果要显示当前隐藏的工具栏，可在任意工具栏上右击，此时将弹出一个快捷菜单，通过选择命令可显示或关闭相应的工具栏。

4. 应用程序菜单与快捷菜单

如图 2-5 所示，中文版 AutoCAD 2025 的应用程序菜单由"新建""打开""保存"等命令组成。

快捷菜单又称为上下文相关菜单。在绘图区域、工具栏、状态栏、模型与布局选项卡及一些对话框上右击时，将弹出一个快捷菜单，该菜单中的命令与 AutoCAD 当前状态相关。使用它们可在不启动菜单栏的情况下快速、高效地完成某些操作。

在菜单中，后面带有▶符号的命令表示还有级联菜单。如果命令显示为灰色，则表示该命令在当前状态下不可用。

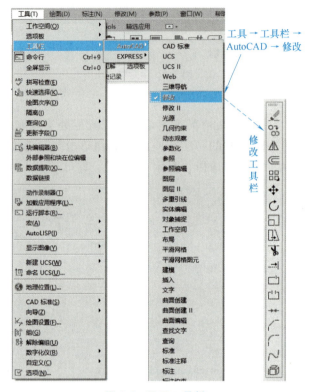

图 2-4　显示工具栏

图 2-5　级联菜单

5. 功能区选项板

功能区选项板是执行 AutoCAD 命令的另一种常用方式。如图 2-6 所示，默认情况下"草图与注释"空间中的选项卡包括"默认""插入""注释""参数化""视图""管理""输出""附加模块""协作""Express Tools""精选应用"等。单击相应选项卡，即可分别调用相应的命令。例如，在"默认"选项卡中，包括"绘图""修改""注释""图层""块""特性""组""实用工具""剪贴板"和"视图"等选项板。如果某个选项板没有足够的空间显示所有的命令按钮，单击该选项卡下方的三角按钮▼，可展开折叠区域，显示其他命令按钮。

图 2-6　功能区选项板

6. 绘图窗口

在 AutoCAD 中，绘图窗口是工程制图的工作区域，所有的绘图结果都反映在这一窗口中，可根据需要关闭其周围和内部的工具栏，以增大绘图空间。如果图纸比较大，需要查看未显示的部分时，可单击窗口右边与下边滚动条上的箭头，或拖动滚动条上的滑块来移动图纸。

在绘图窗口中，除显示当前的绘图结果外，还显示了当前使用的坐标系类型及坐标原点、X 轴、Y 轴、Z 轴的方向等。默认情况下，坐标系为世界坐标系（WCS）。

绘图窗口的下方有"模型"和"布局"选项卡，单击其标签可在模型空间和图纸空间中进行切换。

7. 命令行与文本窗口

"命令行"位于绘图窗口的底部，用于输入绘图命令，并显示 AutoCAD 提示信息。如图 2-7 所示，AutoCAD 2025 中，"命令行"窗口可拖放为浮动窗口。

图 2-7　命令行

"文本窗口"是记录 AutoCAD 命令的窗口，是放大的"命令行"，它记录了已执行的命令，也可用来输入新命令。

AutoCAD 中打开文本窗口的常用方法有以下两种：

1）命令行：输入"TEXTSCR"命令，并按〈Enter〉键。
2）快捷键：按〈F2〉键。

如图 2-8 所示，按〈F2〉键打开文本窗口，它记录了对文档进行的所有操作。

8. 状态栏

如图 2-9 所示，状态栏用来显示 AutoCAD 的当前状态，包括"模型""布局""绘图辅助工具""注释工具""工作空间""全屏显示""自定义"等功能区按钮。

9. 坐标系

AutoCAD 提供了两种坐标系，即固定坐标系（世界坐标系，WCS）和可移动坐标系

（用户坐标系，UCS），两种坐标系图标如图 2-10 所示。绘图时可通过"工具"菜单中"命名 UCS"或"新建 UCS"命令，或在命令行中输入"UCS"来设置坐标系。

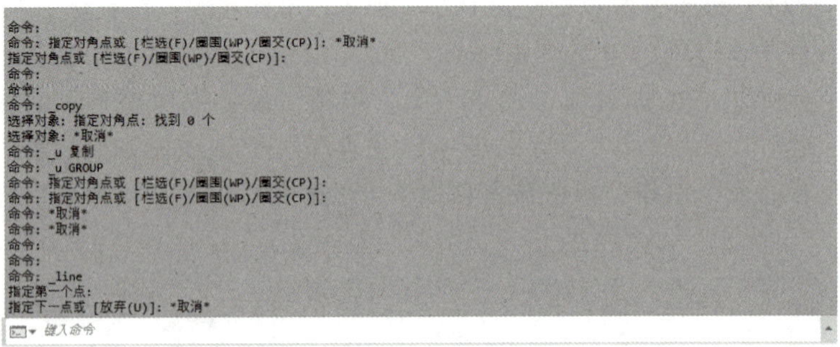

图 2-8　AutoCAD 文本窗口

图 2-9　AutoCAD 状态栏

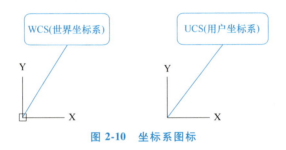

图 2-10　坐标系图标

2.2　图形文件管理

2.2.1　图形文件的创建

AutoCAD 绘制新图形前，首先需创建图形文件。创建图形文件可使用以下方法：

1）菜单栏：执行"文件"→"新建（New）"命令。

2）工具栏：在"快速访问"工具栏中单击【新建】按钮 。

3）命令行：输入"New"命令，并按〈Enter〉键。

4）快捷键：按〈Ctrl+N〉组合键。

执行"新建"命令后，将弹出图 2-11 所示的"选择样板"对话框。对话框中，可在"名称"列表框中选择某一样板文件，右侧"预览"框中会显示该样板的预览图像。单击【打开】按钮，可按选中的文件为样板创建新图形，此时会显示图形文件的布局。

2.2.2　图形文件的打开

需打开已有图形文件时，可采用以下方法：

1）菜单栏：执行"文件"→"打开（Open）"命令。

第2章 AutoCAD绘图基础

图2-11 "选择样板"对话框

2）工具栏：在"快速访问"工具栏中单击【打开】按钮。
3）命令行：输入"Open"命令，并按〈Enter〉键。
4）快捷键：按〈Ctrl+O〉组合键。

如图2-12所示，执行"打开"命令后，将弹出"选择文件"对话框，选择需要打开的图形文件，右侧"预览"框中会显示该图形的预览图像。默认情况下，打开的图形文件格式为".dwg"。

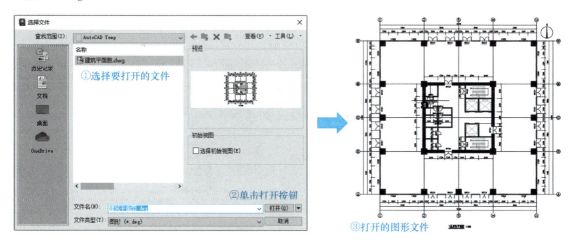

图2-12 打开图形文件

在"选择文件"对话框的【打开】按钮右侧有向下的三角形按钮，单击它会显示4种打开文件的方式，即"打开""以只读方式打开""局部打开"和"以只读方式局部打开"。

例如，选择"局部打开"选项，会弹出"局部打开"对话框，在右侧列表框中勾选需要打开的图层，单击【打开】按钮。此时，可选择部分图层进行显示，加快文件的加载速

31

度，在大型项目制图时，可减少屏幕显示的实体图元数量，提高工作效率。"局部打开"的步骤和效果如图 2-13 所示。

图 2-13 局部打开的图形文件

2.2.3 图形文件的保存

文件操作时，应养成随时保存文件的习惯，以免发生图形文件及数据丢失的情况。保存当前图形文件可采用以下方法：

1）菜单栏：执行"文件"→"保存（Qsave）"命令。
2）工具栏：在"快速访问"工具栏中单击【保存】按钮 。
3）命令行：输入"Qsave"命令，并按〈Enter〉键。
4）快捷键：按〈Ctrl+S〉组合键。

执行"保存"命令，可将所绘图形文件以当前使用的文件名保存。如果想以新的文件名进行保存，可选择"另存为"命令，其步骤如图 2-14 所示。"另存为"命令的启动可采用以下方法：

1）菜单栏：执行"文件"→"另存为（Save As）"命令。

图 2-14 "图形另存为"对话框

2）工具栏：在"快速访问"工具栏中单击【另存为】按钮。

3）命令行：输入"Save As"命令，并按〈Enter〉键。

4）快捷键：按〈Ctrl+Shift+S〉组合键。

此外，AutoCAD 可设置图形的自动保存。选择"工具"→"选项"菜单命令，打开图 2-15 所示的"选项"对话框，切换至"打开和保存"选项卡，勾选"自动保存"复选框，然后在"保存间隔分钟数"文本框中输入定时保存的时间间隔（分钟），单击【确定】按钮即可。

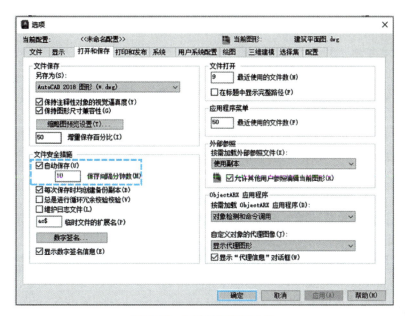

图 2-15　自动保存图形文件

2.2.4　图形文件的关闭

需要关闭当前视图中的图形文件时，可采用以下方法：

1）菜单栏：执行"文件"→"关闭（Close）"命令。

2）工具栏：单击【关闭】按钮。

3）命令行：输入"Quit"或"Exit"命令，并按〈Enter〉键。

4）快捷键：按〈Ctrl+Q〉组合键。

执行"关闭"命令，如果当前图形没有存盘，AutoCAD 将弹出图 2-16 所示的提示框，询问是否保存文件。此时，单击【是】按钮或按〈Enter〉键，可保存当前图形文件并将其关闭；单击【否】按钮，可关闭当前图形文件但不存盘；单击【取消】按钮，取消关闭当前图形文件操作，既不保存也不关闭。

如果当前所编辑的图形文件没有命名，单击【是】按钮后，AutoCAD 会打开"图形另存为"对话框，以确定图形文件的名称与存放位置。

图 2-16　文件保存提示框

2.3 绘图环境与辅助功能设置

2.3.1 设置图形单位

在 AutoCAD 中，可采用 1∶1 的比例因子绘图，此时所有的直线、圆和其他对象均可按真实大小绘制，需要打印出图时，再将图形按图纸大小缩放。图形单位的设置包括长度和角度单位。AutoCAD 中可通过以下两种方式设置图形单位：

1）菜单栏：执行"格式（O）"→"单位（U）"命令。

2）命令行：输入"Units"或"UN"命令，并按〈Enter〉键。

执行"单位"命令，弹出图 2-17 所示的"图形单位"对话框，可设置绘图使用的长度单位、角度单位、单位的显示格式及精度等参数。"图形单位"对话框中各主要选项的含义如下：

1）长度、角度：可通过列表框选择长度和角度的记数类型与精度。一般来说，建筑工程制图的"长度"单位类型常为"小数"，"角度"单位类型为"十进制度数"，精度均为"0"（取整数，如 625mm、35°等）。

2）顺时针：确定角度正方向是顺时针或逆时针，默认的正方向为逆时针方向。

3）插入时的缩放单位：用于设置从设计中心将图块插入图中时的长度单位，若创建图块时的单位与此处所选单位不同，系统将自动对图块缩放。

4）光源：用于设置当前图形中控制光源强度的测量单位，列表框中提供了"国际""美国"和"常规"三种测量单位。

5）方向：单击【方向】按钮，弹出图 2-18 所示的"方向控制"对话框，可设置起始角度的方向。默认情况下，起始角度的方向为正东（图面水平向右），逆时针方向为角度增加的正方向。在对话框中提供了东、北、西、南四种起始角度的方向选择，也可选中"其他"，再单击【拾取】按钮，就可在图形窗口中拾取两点来确定起始角度的方向。

图 2-17 "图形单位"对话框

图 2-18 "方向控制"对话框

2.3.2 设置图形界限

图形界限即绘图区域，可在模型空间设置想象的矩形绘图区域，所有绘图操作均在图形界限内完成。默认情况下，AutoCAD 对绘图区域没有限制，可通过以下方式进行设置：

1）菜单栏：执行"格式（O）"→"图形界限（I）"命令。
2）命令行：输入"Limits"命令，并按〈Enter〉键。

以 A4 绘图范围为例说明图形界限设置的操作方法，执行"图形界限"命令，命令行提示：

```
命令:'_limits
重新设置模型空间界限：
指定左下角点或［开(ON)/关(OFF)］<0.0000,0.0000>：
指定右上角点<420.000,297.000>:210,297
```

上述命令中，各选项的含义如下：

1）开（ON）：打开图形界限检查，防止拾取点超出图形界限。
2）关（OFF）：关闭图形界限检查（默认设置），可在图形界限之外拾取点。
3）指定左下角点：设置图形界限左下角的坐标，默认为（0.0000,0.0000）。
4）指定右上角点：设置图形界限右上角的坐标，本例中设置为"210,297"。

以上操作虽设置了图形界限，但此时窗口内看不到整个图限界限，需执行缩放命令（Zoom），才能观察全部图形界限区域。具体步骤如下：

```
命令:Zoom
指定窗口角点,输入比例因子(nX 或 nP)或［全部(A)/中心点(C)/动态(D)/范围(E)/上一个(P)/比例(S)/窗口(W)］<实时>：    \\输入 A,按〈Enter〉键确认
```

2.3.3 设置绘图窗口颜色

在绘图区空白处右击，在快捷菜单中选择"选项"命令，打开"选项"对话框，可对"文件""显示""打开和保存""打印和发布""系统""用户系统配置""绘图""三维建模""选择集"和"配置"参数进行详细设置。其中"显示"选项卡用于设置窗口元素、布局元素、显示精度、显示性能、十字光标大小和淡入度控制等多种显示属性。以图形窗口的颜色设置为例，单击【颜色】按钮，打开图 2-19 所示的"图形窗口颜色"对话框，在颜色下拉框中选择需要的背景颜色后，单击【应用并关闭】按钮即可。

2.3.4 设置捕捉和栅格

实际绘图操作中，使用鼠标定位方便快捷，但精度不高，绘制的图形尺寸不够精确，不能满足建筑制图要求，此时可使用系统提供的绘图辅助功能。AutoCAD 提供的绘图辅助功能可在"草图设置"对话框中进行设置，"草图设置"对话框的打开方式如下：

1）菜单栏：执行"工具"→"绘图设置"菜单命令。
2）命令行：输入"Dsetting"或"SE"命令，并按〈Enter〉键。

捕捉和栅格是 AutoCAD 提供的精确绘图工具。"捕捉"用于设置光标移动的间距；"栅

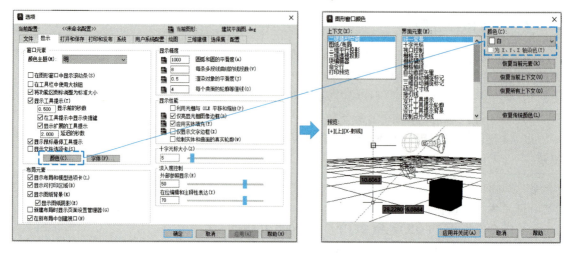

图 2-19 设置绘图窗口颜色

"格"是一些标示定位的位置点,可提供直观的距离和位置参照,类似于坐标纸上定位点的作用。栅格不是图形的组成部分,也不会被打印或输出。

如图 2-20 所示,在"草图设置"对话框的"捕捉和栅格"选项卡中,可启动或关闭"捕捉"和"栅格"功能,并设置"捕捉"和"栅格"的间距与类型。

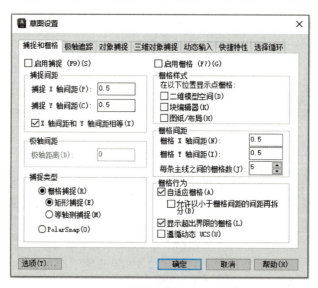

图 2-20 "捕捉和栅格"选项卡

此外,在状态栏中右击【图形栅格】按钮▦或【栅格捕捉】按钮▦,在弹出的快捷菜单中选择"网格设置"或"捕捉设置"命令,也可打开"草图设置"对话框。"捕捉和栅格"选项卡中,各选项的含义如下:

1)启用捕捉:用于打开或关闭捕捉方式。
2)捕捉间距:用于设置 X 轴和 Y 轴的捕捉间距。
3)启用栅格:用于打开或关闭栅格的显示。
4)栅格样式:用于设置栅格的显示位置,包括二维模型空间、块编辑器、图纸/布局

5）栅格间距：用于设置 X 轴和 Y 轴的栅格间距，以及每条主线间的栅格数量。

6）栅格行为：设置栅格的相应规则，具体来说：①"自适应栅格"复选框，用于限制缩放时栅格的密度；②"允许以小于栅格间距的间距再拆分"复选框，放大时，生成更多间距更小的栅格线（仅当勾选"自适应栅格"复选框时，此选项才有效）；③"显示超出界限的栅格"复选框，用于确定是否显示图形界限之外的栅格；④"遵循动态 UCS"复选框，随着动态 UCS 的 X-Y 平面改变栅格平面。

设置好"捕捉"和"栅格"后，可通过以下方法打开或关闭"捕捉"或"栅格"：

1）状态栏：单击【图形栅格】按钮 ⊞ 或【栅格捕捉】按钮 ⋮⋮⋮。

2）快捷键：按〈F7〉或〈F9〉键。

2.3.5 动态输入

使用动态输入功能可在光标位置处显示标注输入和命令提示信息，提高绘图便捷性。启动"动态输入"功能后，其工具栏提示信息将在光标附近显示，该信息会随光标移动而动态更新，效果如图 2-21 所示。可通过以下方法打开或关闭"动态输入"：

1）状态栏：单击【动态输入】按钮（注：状态栏未显示该图标时，可单击 ≡ 按钮，在弹出的列表框中选择）。

2）快捷键：按〈F12〉键。

如图 2-22 所示，在输入字段中输入值并按〈Tab〉键后，该字段将显示锁定图标，且光标会受输入值的约束，随后可在第二个输入字段中输入值。另外，若输入值后按〈Enter〉键，则第二个字段被忽略，且该值将被视为直接距离输入。

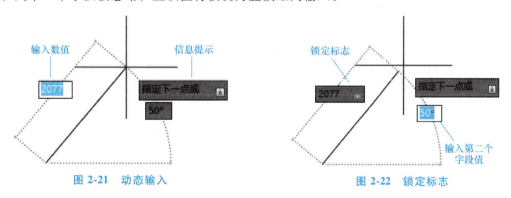

图 2-21　动态输入　　　　　　图 2-22　锁定标志

右击状态栏的【动态输入】按钮，从弹出的快捷菜单中选择"设置"命令，将弹出图 2-23 所示"草图设置"对话框的"动态输入"选项卡。当勾选"启用指针输入"复选框，且有命令在执行时，十字光标的位置将在光标附近的工具栏提示中显示为坐标。

在"指针输入"或"标注输入"选项组中单击【设置】按钮，将弹出图 2-23 所示的"指针输入设置"或"标注输入的设置"对话框，可设置坐标的默认格式，并控制指针输入工具栏提示的可见性。

2.3.6 设置正交模式

"正交"是指在绘制图形时指定第一点后，连接光标和起点的直线总是平行于 X 轴或 Y

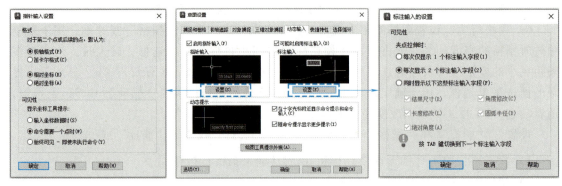

图 2-23 "动态输入"选项卡

轴。在"正交"模式下，使用光标只能绘制水平或垂直直线，此时只需输入直线的长度。可通过以下方法打开或关闭"正交"模式：

1）状态栏：单击【正交】按钮 。
2）快捷键：按〈F8〉键。
3）命令行：输入"Ortho"命令，并按〈Enter〉键。

执行上述命令后，可进行正交功能打开与关闭的切换。

2.3.7 设置自动与极轴追踪

自动追踪也是一种精确定位方法，当要求输入的点在一定的角度线上，或输入的点与其他对象有一定关系时，可利用自动追踪功能来确定位置。

如图 2-24 所示，自动追踪包括"极轴追踪"和"对象捕捉追踪"两种方式。"极轴追踪"按事先给定的角度进行追踪；"对象捕捉追踪"按与已绘图形对象的某种特定关系来追踪。若事先知道要追踪的角度（方向），可采用"极轴追踪"；若事先不知道具体的追踪角度（方向），但知道与其他对象的某种关系，可采用"对象捕捉追踪"。可通过以下方法打开或关闭"自动追踪"模式：

1）状态栏：单击【极轴追踪】按钮 或【对象捕捉追踪】按钮 。
2）快捷键：按〈F10〉键或〈F11〉键。

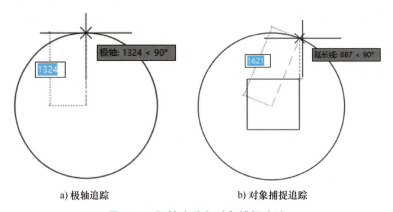

a) 极轴追踪　　　　　　　　b) 对象捕捉追踪

图 2-24 极轴追踪和对象捕捉追踪

要设置极轴追踪的角度或方向，在图 2-25 所示的"草图设置"对话框中，切换至"极轴追踪"选项卡，然后启用极轴追踪并设置极轴的角度。

在"极轴追踪"选项卡中，各选项的含义如下：

1）极轴角设置：用于设置极轴追踪的角度。默认的极轴追踪角度是 90°，可在"增量角"列表框中设置角度增量。若该列表框中的角度不能满足制图要求，可勾选下侧的"附加角"复选框，单击【新建】按钮并输入角度值，将其添加到附加角列表框中。

图 2-25 "极轴追踪"选项卡

2）对象捕捉追踪设置：若选择"仅正交追踪"，可在启用对象捕捉追踪的同时，显示正交对象的捕捉追踪路径；若选择"用所有极轴角设置追踪"，可将极轴追踪设置应用到对象捕捉追踪。

3）极轴角测量：用于设置极轴追踪对其角度的测量基准。若选择"绝对"，表示以用户坐标 UCS 和 X 轴正方向为 0°时计算极轴追踪角；若选择"相对上一段"，可基于最后绘制的线段确定极轴追踪角度。

2.3.8 设置对象的捕捉方式

在实际绘图过程中，若用光标选择点坐标，难免有一定误差；若采用键盘输入点坐标，又可能不知道准确的坐标数据。对于这些点，可利用对象捕捉功能进行定位。AutoCAD 对已有图形的特殊点，如圆心点、切点、中点、象限点等，均设有对象捕捉功能，可迅速定位这些特殊点的精确位置，而不必知道其具体坐标。

"对象捕捉"与"捕捉"的区别如下："对象捕捉"是把光标锁定在已有图形的特殊点上，它不是独立的绘图命令，而是在执行命令过程中结合使用；"捕捉"是将光标锁定在可见或不可见的栅格点上，是可单独执行的命令。

如图 2-26 所示，在"草图设置"对话框中切换至"对象捕捉"选项卡，分别勾选要设置的捕捉模式。设置好捕捉选项后，可通过以下方法打开或关闭"对象捕捉"模式：

1）状态栏：单击【对象捕捉】按钮。

2）快捷键：按〈F3〉键。

3）按住〈Ctrl〉键（或〈Shift〉键），右击，弹出图 2-27 所示"对象捕捉"快捷菜单。

激活"对象捕捉"后，若光标放在捕捉点附近 3s 以上，则系统将显示捕捉对象的提示信息。

通过调整对象捕捉靶框大小，可只对落在靶框内的对象使用对象捕捉。靶框大小应根据选择的对象、图形的缩放设置、显示分辨率和图形的密度进行设置。

执行"工具 | 选项"菜单命令，或单击"草图设置"对话框中的【选项】按钮，打开图 2-28 所示的"选项"对话框，切换至"绘图"选项卡，可进行对象捕捉的参数设置。

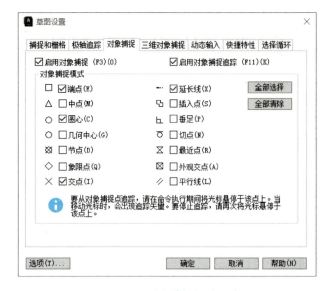
图 2-26 "对象捕捉"选项卡

图 2-27 "对象捕捉"快捷菜单

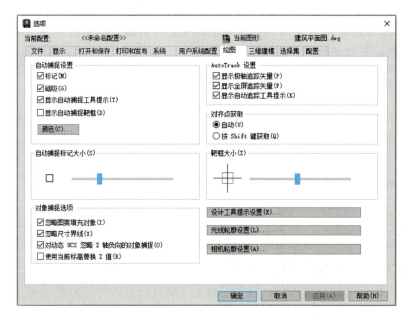
图 2-28 "绘图"选项卡

在"绘图"选项卡中，各主要选项的含义如下：

1）标记：当光标移到对象上或接近对象时，将显示对象捕捉位置。标记的形状取决于它所标记的捕捉。

2）磁吸：吸引并将光标锁定到检测到的最接近的捕捉点。

3）显示自动捕捉工具提示：在光标位置用一个小标志指示正在捕捉对象的部分。

4）显示自动捕捉靶框：围绕十字光标并定义对象捕捉的区域。可选择显示或不显示靶框，也可改变靶框的大小。

2.4 图层设置与管理

2.4.1 概述

AutoCAD 中所有图形对象均绘制在图层上，每一图层都有颜色、线型和线宽的定义，即所有图形对象都具有图层、颜色、线型和线宽四个基本属性。图层设置即定义图形对象的属性，为完成工程设计与制图提供必要的颜色、线型和线宽信息。建筑工程制图中，主要包括基准线、轮廓线、虚线、剖面线、尺寸标注及文字说明等图形元素。用图层来管理它们，能使图形的各种信息清晰、有序、便于观察，并为图形的编辑、修改和输出带来方便。

图层可看作一张全透明的纸，在每张"纸"的相应位置绘制图形后，将所有"纸"叠放在一起，组合出最终的图形。AutoCAD 中图层数量及每一图层上的对象数量不限，但只能在当前图层上绘制对象。AutoCAD 图层管理选项板如图 2-29 所示。

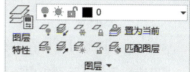

图 2-29　图层管理选项板

2.4.2 图层的创建

"0"图层默认使用"7 号"颜色（白色或黑色，由背景色决定）、"Continuous"线型、"默认"线宽和"Normal"打印样式。在绘图过程中，可通过图 2-30 所示的"图层特性管理器"面板创建新的图层，"图层特性管理器"面板可采用以下方法打开：

1) 菜单栏：选择"格式"→"图层"菜单命令。
2) 工具栏：单击"图层"工具栏→【图层特性】按钮 。
3) 命令行：输入"Layer"或"LA"命令，并按〈Enter〉键。

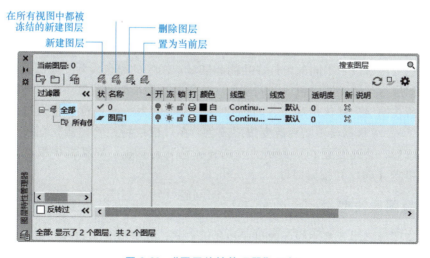

图 2-30　"图层特性管理器"面板

在"图层特性管理器"面板中单击【新建图层】按钮，图层列表中将出现名称为"图层 1"的新图层。默认情况下，新建图层与当前图层的状态、颜色、线型及线宽等设置相同。如果要更改图层名称，可单击该图层名或按〈F2〉键，然后输入新的图层名并按〈Enter〉键确认。

2.4.3 图层的删除

绘图时，若发现有多余图层，可通过"图层特性管理器"面板进行删除。删除图层时，只能删除未参照的图层。参照图层包括"0"图层、"Defpoints"图层、包含对象（包括块定义中的对象）的图层、当前图层和依赖外部参照的图层。不包含对象和不依赖外部参照的非当前图层，可采用图层删除（Purge）命令进行删除。

删除图层时，在"图层特性管理器"面板中选择需要删除的图层，然后单击【删除图层】按钮 或按〈Alt+D〉组合键。需删除多个图层时，可配合〈Ctrl〉或〈Shift〉键选择多个图层。

2.4.4 设置当前图层

AutoCAD中图形对象均在当前图层中绘制，且图形对象的属性继承当前图层的属性。在"图层特性管理器"面板中选择某一图层，并单击【置为当前】按钮 ，即可将该图层设置为当前图层，并在当前图层名称前显示图2-31所示的标记 。此外，如图2-32所示，在"图层"工具栏单击【置为当前】按钮，然后用鼠标选择指定的对象，即可将对象所属图层置为当前图层。

图2-31 当前图层

图2-32 "图层"工具栏

2.4.5 设置图层颜色

图层颜色可用来表示不同的组件、功能和区域。图层的颜色实际上是图层中图形对象的颜色，不同图层可设置相同颜色或不同颜色。绘制复杂图形时可设置不同的图层颜色，快速区分各对象所在图层。默认情况下，新创建图层的颜色为黑色（背景色为黑色时，新建图层默认为白色），可根据绘图需要改变图层颜色。在"图层特性管理器"面板中，单击图层对应的颜色图标，会弹出图2-33所示的"选择颜色"对话框。对话框中根据绘图需要选择颜色，然后单击【确定】按钮即可。

2.4.6 设置图层线型

线型是指图形基本元素中线条的组成和显示方式，如虚线、实线等。每一图层和每一图形对象都有相应的线型。默认情况下，图层的线型为"Continuous"（实线），可根据绘图需要进行设置。

AutoCAD中既有简单线型，也有由特殊符号组成的复杂线型，以满足不同工程制图要求。"图层特性管理器"面板中单击某一图层的线型名，会弹出图2-34所示的"选择线型"

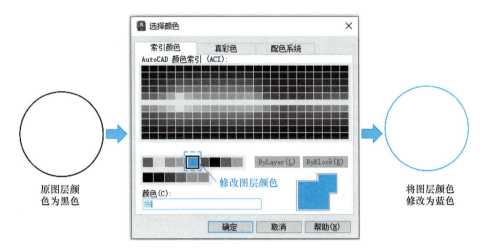

图 2-33 设置图层颜色

对话框,从中选择相应的线型,然后单击【确定】按钮完成线型设置。此外,在对话框中单击【加载】按钮,打开图 2-35 所示的"加载或重载线型"对话框,可将更多线型加载到"选择线型"对话框中,以便进行图层线型的进阶设置。

图 2-34 设置图层线型

①单击加载　　②选择要加载的线型　　③添加完成选中的线型

图 2-35 加载 AutoCAD 线型

2.4.7 设置线型比例

选择"格式"→"线型"菜单命令,弹出"线型管理器"对话框,选择某种线型,单击【显示细节】按钮,以在图 2-36 所示的"详细信息"中设置线型比例。

线型比例分为"全局比例因子""当前对象缩放比例"和"缩放时使用图纸空间单位"

43

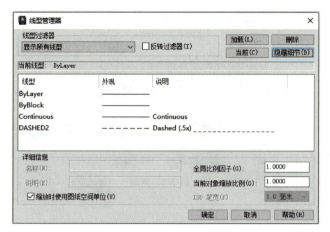

图 2-36 线型管理器

三种。"全局比例因子"控制所有线型比例;"当前对象缩放比例"控制新建对象的线型比例;"缩放时使用图纸空间单位"自动调整不同图纸空间视窗中线型的缩放比例。这三种线型比例分别由系统变量 LTSCALE、CELTSCALE 和 PSLTSCALE 控制。图 2-37 比较了设置图元对象不同线型比例时的绘图效果。

2.4.8 设置图层线宽

线宽即对象的宽度,可用于除 True type 字体、光栅图像、点和实体填充(二维实体)外的所有图形对象。制图时应根据对象特性设置合适的线条宽度,对象将根据此线宽进行显示和打印。

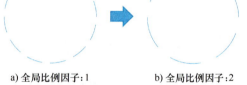

a) 全局比例因子:1　　b) 全局比例因子:2

图 2-37 不同比例因子的比较

"图层特性管理器"面板中,单击某一图层的"线宽"图标,将弹出图 2-38 所示的"线宽"对话框,选择需要的线宽后,单击【确定】按钮完成设置。

设置线宽后,应在状态栏中激活【线宽】按钮 ,才能在图 2-39 所示的绘图区显示线宽。

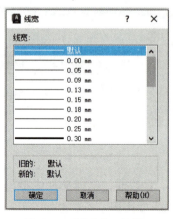

图 2-38 "线宽"对话框

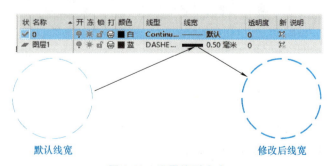

图 2-39 设置线型宽度

此外，选择"格式"→"线宽"菜单命令，弹出图2-40所示的"线宽设置"对话框，可对线宽的显示比例进行调整，使图形中的线宽显示得更宽或更窄。

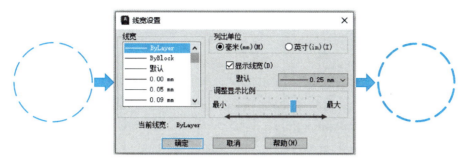

图 2-40　不同线宽显示比例的绘图效果

2.4.9　控制图层状态

如图2-41所示，在"图层特性管理器"面板中，图层状态包括图层的打开/关闭、冻结/解冻、锁定/解锁等；同样，在"图层"工具栏中，也可设置并管理各图层的特性。

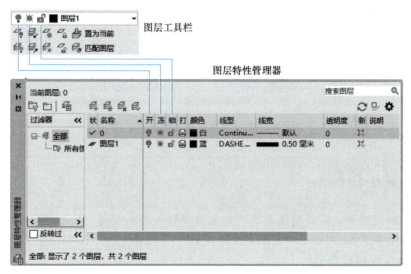

图 2-41　图层状态

1）"打开/关闭"图层。在"图层"工具栏的列表框中，单击图层的 或 图标，可打开或关闭图层显示。显示 图标时，图层为打开状态，该图层的对象将显示在视图中，并可在输出设备上打印；显示 图标时，图层为关闭状态，该图层的对象不会显示和打印。图2-42为打开或关闭图层的对比效果。

2）"冻结/解冻"图层。在"图层"工具栏的列表框中，单击图层的 或 图标，可冻结或解冻图层。显示 图标时，图层冻结，图形对象不能被显示和打印，也不能编辑或修改图层上的对象；显示 图标时，图层解冻，图层上的对象可进行编辑和修改。

3）"锁定/解锁"图层。在"图层"工具栏的列表框中，单击图层的 或 图标，可锁定或解锁图层。显示图标 🔒 时，图层锁定，图层上的对象仍能显示和打印，但不能编辑和修改。锁定的图层上，仍可绘制新的图形对象。

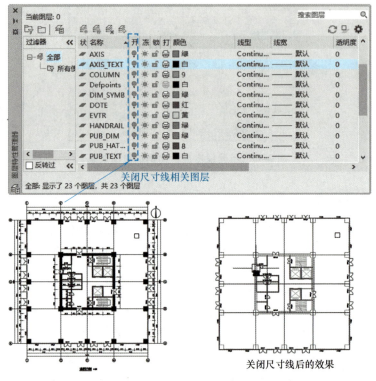

图 2-42　打开与关闭图层的效果比较

2.5　图形显示控制

绘制和编辑图形时，常需对图形进行放大或平移等显示控制，从而灵活地观察图形的整体效果或局部细节。AutoCAD 中可采用多种方法进行显示控制，其中，图 2-43 所示的"缩放"和"平移"视图最常用。

2.5.1　缩放视图

在绘制图形的局部细节时，常需使用缩放工具放大绘图区域，当绘制完成后，再使用缩放工具缩小图形，从而观察图形的整体效果。通过缩放视图可放大或缩小视图显示比例，但图形的真实（绘制）尺寸保持不变。

要对图形进行缩放操作，可采用以下方法：

1）菜单栏：选择"视图"→"缩放"菜单命令，在下级菜单中选择相应命令。
2）工具栏：单击"缩放"工具栏上相应的功能按钮。
3）命令行：输入"Zoom"或"Z"命令，并按〈Enter〉键。
4）鼠标键：上下滚动中键。

若选择"视图"→"缩放"→"窗口"命令，命令行提示：

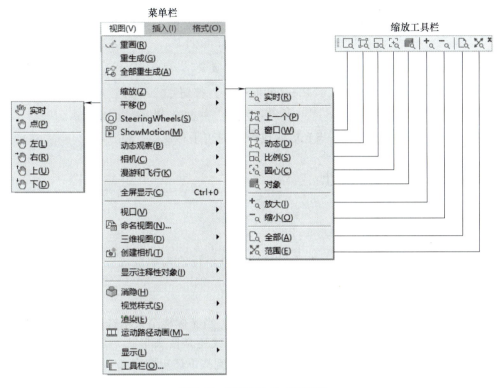

图 2-43 "缩放"与"平移"

```
命令:Zoom
指定窗口的角点,输入比例因子(nX 或 nXP),或者[全部(A)中心(C)动态(D)范围(E)上
一个(P)比例(S)窗口(W)/对象(O)<实时>:
```

上述命令提示信息中,各选项的含义如下:

1) 全部(A):用于在当前视图显示整个图形,其大小取决于图形界限或有效绘图区域。

2) 中心(C):要求确定中心点(视图的缩放中心),然后指定缩放系数或高度值。

3) 动态(D):集成了"平移"或"缩放"命令中"全部"和"窗口"选项的功能。使用时,系统将显示平移观察框,拖动该观察框至适当位置并单击将显示缩放观察框,并能够调整观察框的尺寸。如果按〈Enter〉键或单击,则系统将利用该观察框中的内容填充视图。

4) 范围(E):用于将图形在视图中最大限度地显示出来。

5) 上一个(P):用于恢复当前视图中上一次显示的图形。

6) 窗口(W):用于缩放由两个角点所确定的矩形区域。

7) 比例(S):将当前窗口中心作为中心点,并依据输入的数值进行缩放。

2.5.2 平移视图

通过平移视图,可重新定位图形,以便清楚地观察图形的其他部分。使用平移命令平移视图时，视图的显示比例不变。除可以通过选择相应命令向左、右、上、下4个方向平移视图外，还可使用"实时"和"定点"命令平移视图。对图形进行平移操作，可采用以下方法：

1) 菜单栏：执行"视图"→"平移"→"实时"命令。
2) 工具栏：单击"标准"工具栏→【实时平移】按钮 。
3) 命令行：输入"Pan"或"P"命令，并按〈Enter〉键。
4) 鼠标键：按住中键不放，当光标变成 形时可平移视图。

2.6 绘图命令输入与终止

2.6.1 命令的输入方式

AutoCAD中可通过菜单命令、工具栏按钮、命令行输入和系统变量等方式执行命令。命令是AutoCAD制图的核心。

1. 使用鼠标操作执行命令

在绘图窗口，光标通常显示为"+"字线形状。当光标移至菜单选项、工具栏或对话框内时，会变成箭头形状。无论光标是"+"字线形式还是箭头形式，当单击或按住鼠标键时，都会执行相应的命令或动作。AutoCAD中鼠标键按下述规则定义：

1) 拾取键：通常指鼠标左键，用于指定屏幕上的点，也可用来选择Windows对象、AutoCAD对象、工具栏按钮和菜单命令等。
2) 回车键：通常指鼠标右键，相当于〈Enter〉键，用于结束当前命令，或根据当前绘图状态弹出相应的快捷菜单。
3) 弹出菜单：当使用〈Shift〉键和鼠标右键的组合时，系统将弹出快捷菜单用于设置捕捉点的方法。

2. 使用命令行输入

AutoCAD中可在当前命令行提示下输入命令、对象参数等内容。如需显示更多的命令内容，可将光标置于命令行上侧，当光标呈 形状时，上下拖动命令行窗口，改变命令行窗口的高度。

3. 使用透明命令

透明命令是指在执行其他命令的过程中可执行的命令。常使用的透明命令多为修改图形设置的命令、绘图辅助工具命令，如Snap、Grid、Zoom命令等。

使用透明命令，应在输入命令前输入单引号（'）。命令行中，透明命令的提示前会有双折号（>>）。当完成透明命令后，将继续执行原命令。

2.6.2 数据的输入方式

AutoCAD中绘图或编辑图形时，系统常会出现提示输入点的情况，以执行后续绘图操作。点可分为起始点、基点、位移点、中心点和终点等。

1. 键盘输入点坐标

AutoCAD中，点的坐标可采用直角坐标、极坐标、球面坐标和柱面坐标表示，每一种

48

坐标又分别具有两种输入方式，即绝对坐标和相对坐标。直角坐标和极坐标在建筑制图中最为常用。

1）输入绝对坐标值。绝对坐标指以坐标原点为参照基准点的坐标值。在命令行中，按"X，Y"形式输入坐标值即表示输入点的直角坐标；按"X<Y"形式输入坐标值，则表示输入点的极坐标，其绝对极坐标的极径为 X，极角为 Y。

2）输入相对坐标值。命令行中，如果在输入坐标值前增加符号@，如"@X，Y"表示新输入点与原来输入点的相对直角坐标为"X，Y"。在动态输入文本框中，先输入 X 值，按键盘上逗号键后再输入 Y 值，也表示输入点的相对直角坐标；如果输入 X 值，按〈Tab〉键后再输入 Y 值，则表示输入点的相对极坐标。如图 2-44 所示，A 点的绝对坐标为"10，20"，B 点对于 A 点的相对坐标为"@30，0"，C 点对于 B 点的相对极坐标为"@10<150°"。

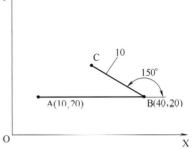

图 2-44　点坐标输入示例

2. 对象捕捉方式

对象捕捉是将指定点限制在现有对象的某一特殊位置上，如端点、中点、交点等。利用对象捕捉可快速定位点的精确位置，而不必知道点的坐标。打开对象捕捉时，只要将鼠标移到捕捉点附近，AutoCAD 即会显示标记和工具栏提示。

2.6.3　命令的终止、撤销与重做

AutoCAD 绘制图形时，对所执行的操作可终止、撤销及重做。

1. 终止命令

执行命令过程中，可采用以下方法终止正在进行的命令：

1）按〈Esc〉键。

2）右击，从弹出的快捷菜单中选择"取消"命令。

2. 撤销命令

操作完成后，可使用以下方法撤销：

1）命令行：输入"Undo"命令，在命令行输入要撤销的命令数。

2）工具栏：在"标准"工具栏中单击【放弃】按钮 ⇦。

3）快捷键：按〈Ctrl+Z〉组合键撤销最近一次的操作。

3. 重做命令

需要恢复撤销的命令或重复执行命令，可采用以下方法通过"重做"命令进行操作：

1）按〈Enter〉键或空格键。

2）右击，在弹出的快捷菜单中选择"重复"命令。

3）工具栏：在"标准"工具栏中单击【重做】按钮 ⇨。

课后练习

1.【上机练习】熟悉 AutoCAD 2025 的操作界面；

1）启动 AutoCAD 2025，熟悉操作界面的各功能区。

2）调整 AutoCAD 2025 操作界面的大小。

3）尝试移动、打开、关闭工具栏。

4）设置绘图窗口的颜色和十字光标的大小。

5）利用下拉菜单和工具栏按钮绘制任意图形。

6）尝试缩放和平移视图。

2.【上机练习】设置绘图环境：

1）执行"文件"→"新建"命令，新建图形文件。

2）选择菜单栏中的"格式"→"图形界限"。

3）指定左下角点为 0。

4）指定右上角点为 420 和 297。

5）按〈Enter〉键确认，完成 A3 图幅的设置。

3.【上机练习】管理图形文件：

1）执行"文件"→"打开"命令，弹出"选择文件"对话框。

2）选择某一图形文件。

3）绘制简单图形。

4）执行"文件"→"另存为"命令，指定图形名称和路径后保存。

4.【上机练习】图层设置：

1）打开图层特性管理器。

2）尝试新建和删除图层操作。

3）设置图层颜色、线型和线宽。

4）尝试打开/关闭、冻结/解冻、锁定/解锁图层。

5. 总结 AutoCAD 2025 中调用绘图命令的常用方法。

6. 通过上机操作，简述打开/关闭、冻结/解冻、锁定/解锁图层的功能与区别。

7. 菜单栏执行"工具"→"自定义"→"编辑程序参数"，在弹出的"acad.pgp"文本中了解 AutoCAD 2025 的常用快捷命令。

8. 总结绝对坐标与相对坐标的区别。

9. 建筑工程制图时，常用的图形单位如何在 AutoCAD 2025 中进行设置？

10. 简述正交模式与极轴追踪的区别。

第3章 AutoCAD二维图形绘制

本章详细地介绍了 AutoCAD 中图形对象绘制与编辑的基本操作，具体包括点、直线、射线、构造线、多段线、矩形、圆、多边形、圆弧、修订云线、填充的绘制、移动、复制、镜像、修剪、倒角、缩放、延伸等图形对象编辑操作，以及图块、外部参照与设计中心的基础知识。从本质上讲，建筑制图就是通过适当的绘图功能进行基本图形对象的绘制与组合。因此，通过本章学习，系统地掌握 AutoCAD 的基本绘图功能与操作步骤，是准确、高效完成建筑制图的基础。

3.1 线性对象绘制

各类图形对象均是由基本的点、线、几何图形、填充内容组成的，故熟练地掌握基本二维图形绘制十分重要。AutoCAD 中常用绘图命令的菜单栏、工具栏和功能区选项板如图 3-1 所示。

建筑制图中，最基本的线性对象包括直线、射线、构造线。直线常用来绘制建筑轮廓，射线和构造线常用作辅助线。多段线可创建由直线段、圆弧段组成的对象。多段线具有可变化线宽的特点，常用于创建箭头图形。

3.1.1 直线

AutoCAD 中直线是指两点确定的一条线段，而非数学中无限长的直线。构成直线段的两点可是图元的圆心、端点（顶点）、中点和切点等。启动绘制直线命令可采用以下方法：

1) 菜单栏：选择"绘图"→"直线"命令。

图 3-1 绘图命令相关菜单栏、工具栏和功能区选项板

2）功能区选项板：单击"默认"→"绘图"→"直线"命令。

3）工具栏：单击"绘图"工具栏→【直线】按钮 ⁄ 。

4）命令行：输入"Line"或"L"命令，并按〈Enter〉键。

执行"直线"命令后，命令行提示：

```
指定第一点：\\用鼠标确定起始点 1
指定下一点或[放弃(U)]：\\用相对极坐标(@500<90)给定第 2 点
指定下一点或[闭合(C)/放弃(U)]：\\用相对直角坐标(@500,0)给定第 3 点
指定下一点或[闭合(C)/放弃(U)]：\\按〈Enter〉键结束命令
```

操作完成后，绘图效果如图 3-2 所示。若在出现提示"指定下一点或 [闭合（C）/放弃（U）]："时，输入"C"，则图形首尾封闭，效果如图 3-3 所示。

绘图时，可单击或输入线段的起点和终点。AutoCAD 中允许以上一条线段的终点为起点，连续绘制直线，只有按〈Enter〉键或〈Esc〉键时才会终止命令。默认状态下，"直线"命令绘制的线段是没有宽度的，但可通过其所在图层定义线宽和颜色。

图 3-2 画直线

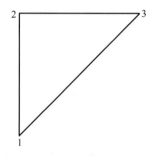

图 3-3 用"C"封闭画直线

3.1.2 射线

射线是一端固定，另一端无限延伸的直线，即只有起点而没有终点或终点无穷远。"射线"命令主要用于绘制标高的参考辅助线及角分线。绘制射线对象可采用以下方法：

1）菜单栏：选择"绘图"→"射线"命令。

2）功能区选项板：单击"默认"→"绘图"→【射线】按钮 ╱ 。

3）命令行：输入"Ray"命令，并按〈Enter〉键。

执行"射线"命令，在绘图区分别指定射线的起点和通过点，即可绘制一条射线。

3.1.3 构造线

构造线是向两个方向无限延长的直线，没有起点和终点。构造线一般用作绘图的辅助线。绘制构造线对象可采用以下方法：

1）菜单栏：选择"绘图"→"构造线"命令。

2）功能区选项板：单击"默认"→"绘图"→【构造线】按钮 ╱ 。

3）工具栏：单击"绘图"工具栏→【构造线】按钮 ╱ 。

4)命令行:输入"Xline"或"XL"命令,并按〈Enter〉键。

执行"构造线"命令后,可按命令行提示绘制构造线,效果如图3-4所示。

```
命令:Xline
指定点或[水平(H)/垂直(V)/角度(A)/二等分(B)/偏移(O)]:         \\给出点1
指定通过点:        \\给定通过点2,绘制一条双向无限长直线
指定通过点:        \\继续给点,继续绘制线,如图3-4所示,按〈Enter〉键结束
```

上述命令行提示中,各选项的含义如下:

1)水平(H):创建一条经过指定点且与当前坐标 X 轴平行的构造线。

2)垂直(V):创建一条经过指定点且与当前坐标 Y 轴平行的构造线。

3)角度(A):创建与 X 轴成指定角度的构造线;也可先指定一条参考线,再指定参考线与构造线的角度;还可先指定构造线的角度,再设置通过点。

4)二等分(B):创建二等分指定的构造线,即角平分线,需先指定等分角的顶点,然后指出该角两条边上的点。

5)偏移(O):创建平行指定基线的构造线,需要先指定偏移距离,选择基线,然后指明构造线位于基线的哪一侧。基线可以是辅助线、直线或复合线。

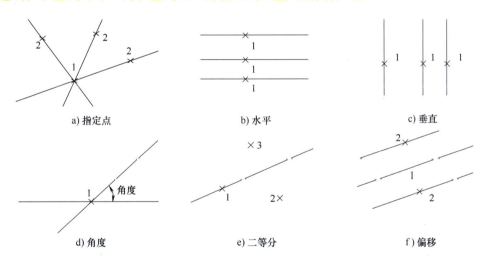

图3-4 构造线的绘制方式

3.1.4 多段线

多段线是作为单个对象创建的相互连接的线段组。"多段线"命令可创建直线段、圆弧段或两者的组合线段,还可在各段间设置不同的线宽。该命令适用于绘制轮廓线、布线图等。绘制多段线对象可采用以下方法:

1)菜单栏:选择"绘图"→"多段线"命令。

2)工具栏:单击"绘图"工具栏→【多段线】按钮。

3)命令行:输入"Pline"或"PL"命令,并按〈Enter〉键。

执行"多段线"命令,根据命令行提示可绘制带箭头的多段线。命令行提示中各选项

的含义如下：

1）圆弧（A）：从绘制直线方式切换到绘制圆弧方式，效果如图3-5所示。

2）半宽（H）：设置多段线的1/2宽度，可分别指定多段线的起点半宽和终点半宽。图3-6所示为半宽为5和宽度为5的绘制效果对比。

3）长度（L）：指定绘制直线段的长度。

4）放弃（U）：删除多段线的前一段对象，便于修改多段线绘制过程中的错误。

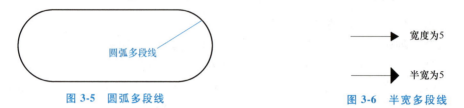

图3-5　圆弧多段线　　　　　　图3-6　半宽多段线

5）宽度（W）：如图3-7所示，用于设置多段线的不同起点和端点宽度。设置多段线宽度时，可通过"Fill"命令设置是否对多段线进行填充。如果"Fill"命令为"开（On）"，则表示填充；若设置为"关（Off）"，则表示不填充，效果对比如图3-8所示。

图3-7　绘制不同宽度的多段线　　　　　　图3-8　是否填充的效果

6）闭合（C）：与起点闭合并结束命令。当多段线的宽度大于0时，只有通过"闭合（C）"选项才绘制完全闭合的多段线，否则会出现图3-9所示的起点与终点重合但有缺口的现象。

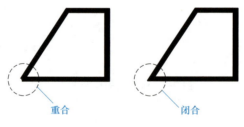

图3-9　起点与终点是否闭合

3.2　曲线对象绘制

3.2.1　圆

圆是工程制图中常见的基本实体，绘制圆对象可采用以下方法：

1）菜单栏：如图3-10所示，选择"绘图"→"圆"子菜单下的相关命令。

2）工具栏：单击"绘图"工具栏→【圆】按钮。

3）命令行：输入"Circle"或"C"命令，并按〈Enter〉键。

"绘图｜圆"命令的子菜单中，可使用图 3-11 所示的 6 种方法绘制圆对象，具体说明如下：

1）圆心、半径：指定圆心和半径绘制圆。

2）圆心、直径：指定圆心和直径绘制圆。

3）两点：指定两个点，并以两个点间的距离为直径绘制圆。

4）三点：指定三个点绘制圆。

5）相切、相切、半径：以指定值为半径，绘制与两个对象相切的圆，绘制时需先指定与圆相切的两个对象，然后指定圆的半径。

6）相切、相切、相切：依次指定与圆相切的三个对象绘制圆。

需注意，在命令行提示"指定圆的半径或〈直径(D)〉:"时，也可移动十字光标至合适位置单击，系统将自动把圆心和十字光标确定的点间的距离作为圆的半径。

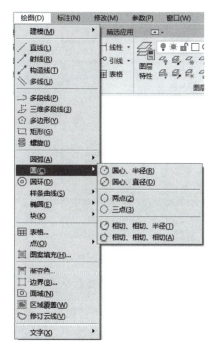

图 3-10 "圆"子菜单的相关命令

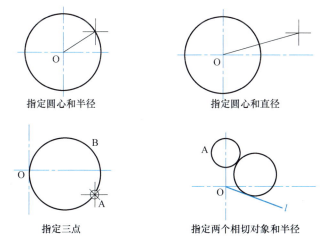

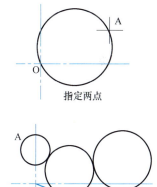

指定圆心和半径　　指定圆心和直径　　指定两点

指定三点　　指定两个相切对象和半径　　指定三个相切对象

图 3-11 圆的绘制方法

3.2.2 圆弧

AutoCAD 提供了多种圆弧绘制方式，包含指定圆心、端点、起点、半径、角度、弦长和方向值的各种组合形式。绘制圆弧对象可采用以下方法：

1）菜单栏：如图 3-12 所示，选择"绘图"→"圆弧"子菜单下的相关命令。

2）工具栏：单击"绘图"工具栏→【圆弧】按钮。

3）命令行：输入"Arc"或"A"命令，并按〈Enter〉键。

执行圆弧命令后，根据命令行提示操作，即可绘制图 3-13 所示的圆弧。

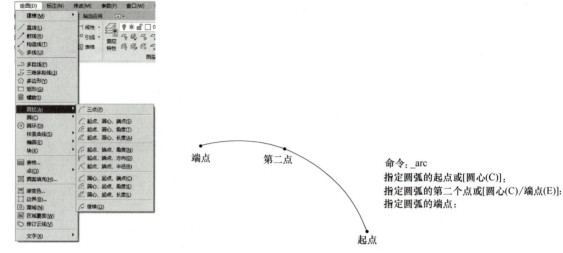

图 3-12　圆弧的子菜单命令　　　　　　　图 3-13　绘制的圆弧

在"绘图"→"圆弧"子菜单下，有多种绘制圆弧的方式，其具体含义如下：

1）三点：通过指定三点可以绘制圆弧。

2）起点、圆心、端点：如果已知起点、圆心和端点，可以通过首先指定起点或圆心来绘制圆弧，如图 3-14 所示。

3）起点、圆心、角度：如果存在可以捕捉到的起点和圆心点，并且已知包含角度，请使用"起点、圆心、角度"或"圆心、起点、角度"选项，如图 3-15 所示。

图 3-14　"起点、圆心、端点"画圆弧　　　　图 3-15　"起点、圆心、角度"画圆弧

4）起点、圆心、长度：存在可捕捉的起点和圆心，且弦长已知时，可使用该选项绘制圆弧，效果如图 3-16 所示。

5）起点、端点、方向/半径：已知起点和端点时，可使用该选项绘制圆弧，效果如图 3-17 所示。

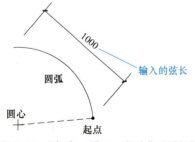
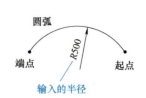

图 3-16　"起点、圆心、长度"画圆弧　　　　图 3-17　"起点、端点、方向/半径"画圆弧

需注意，完成圆弧绘制后，启动直线命令"Line"，在命令行提示"指定第一点:"时按〈Enter〉键，再输入直线的长度值，可直接绘制一端与该圆弧相切的直线。相应命令行提示及绘图效果如图3-18所示。

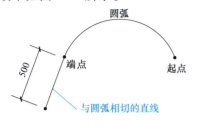

图3-18 绘制与圆弧相切的直线段

3.2.3 圆环

可通过指定圆环的内、外直径绘制圆环和填充圆。绘制圆环对象可采用以下方法：

1）命令行：输入"Donut"命令，并按〈Enter〉键。

2）菜单栏：选择"绘图"→"圆环"命令。

3）功能区：单击"默认"选项卡→"绘图"面板→【圆环】按钮 。

执行"圆环"命令后，依命令行提示分别设置圆环的内径和外径，并按〈Enter〉键确认，即可绘制图3-19所示的圆环。

绘制圆环前，命令行输入"Fill"命令，可通过切换"开（On）"或"关（Off）"模式控制圆环内部填充的显示状态，效果对比如图3-20所示。

图3-19 绘制圆环

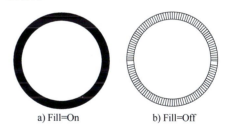

图3-20 控制圆环内部填充显示

3.2.4 椭圆和椭圆弧

椭圆是指平面上到定点距离与到定直线的距离之比为常数的所有点的集合，其形状主要由长轴、短轴和椭圆中心三个参数确定。绘制椭圆或椭圆弧对象可采用以下方法：

1）菜单栏："绘图"→"椭圆"→"圆心"或"轴、端点"或"圆弧"。

2）工具栏：单击"绘图"工具栏→ 或 按钮。

3）功能区：如图3-21所示，单击"默认"选项卡→"绘图"面板→"椭圆"下拉菜单。

绘制椭圆时，各选项说明如下：

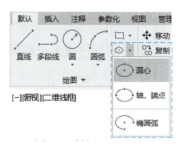

图3-21 "椭圆"下拉菜单

1）指定椭圆的轴端点：根据两个端点定义椭圆的第一条轴，该轴的角度确定了整个椭圆的角度。第一条轴既可定义椭圆的长轴，也可定义短轴。

2）旋转（R）：通过绕第一条轴旋转圆来创建椭圆，相当于将圆绕圆轴翻转一个角度后的投影视图，效果如图 3-22 所示。

a）角度 =0°　　　　b）角度 =45°　　　　c）角度 =60°

图 3-22　旋转

3）中心点（C）：通过指定的中心点创建椭圆。

4）圆弧（A）：用于创建椭圆弧。与"绘制"工具栏中【椭圆弧】按钮的功能相同。其中第一条轴的角度确定了椭圆弧的角度。选择该项后，命令行会提示：

```
指定椭圆弧的轴端点或［圆弧(A)/中心点(C)］：        \\指定端点或输入 C
指定椭圆弧的轴端点或［中心点(C)］：
指定轴的另一个端点：          \\指定另一端点
指定另一条半轴长度或［旋转(R)］：     \\指定另一条半轴长度或输入 R
指定绕长轴旋转的角度
指定起始角度或［参数(P)］：        \\指定起始角度或输入 P
指定端点角度或［参数(P)/夹角(I)］：
```

上述命令行提示中，各选项的含义如下：

1）角度：指定椭圆弧端点的方式之一，如图 3-23 所示，光标和椭圆中心点连线与水平线的夹角为椭圆端点位置的角度。

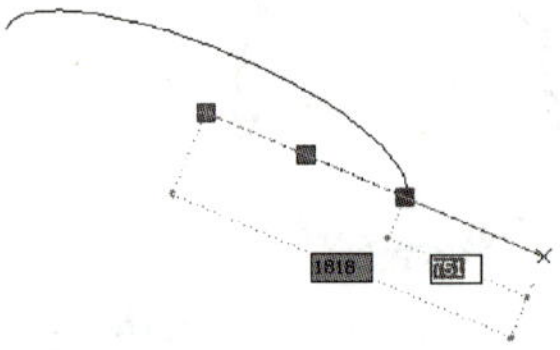

2）参数（P）：指定椭圆弧端点的另一种方式，通过以下矢量参数方程创建椭圆弧：

$$p(u)=c+a\cos(u)+b\sin(u)$$

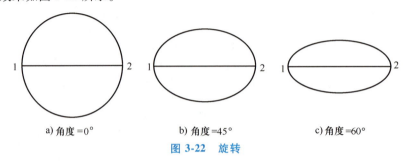

图 3-23　椭圆弧

式中，c 是椭圆的中心点，a 和 b 分别是椭圆的长轴和短轴，u 为光标与椭圆中心点连线的夹角。

3）夹角（I）：定义从起始角度开始包含的角度。

3.2.5　修订云线

修订云线可用于在检查图形时进行标记，以提高工作效率。在"绘图"选项板中单击【修订云线】按钮 ，命令行显示"指定起点或［弧长（A）/对象（O）/样式（S）］<对象>："的提示信息。各选项含义如下：

1）指定起点：从起点开始绘制修订云线。在绘图区指定起始点，拖动鼠标将显示云线，当光标再次移至起点时自动闭合，并退出云线操作，绘制效果如图 3-24 所示。

2）弧长（A）：指定云线的最小弧长和最大弧长，弧长的默认最小值为 0.5 个单位，最大值不能超过最小值的 3 倍。

3）对象（O）：选择该选项，可将指定对象转换为云线。可转换为云线的对象包括圆、椭圆、矩形、多边形等，转换效果如图 3-25 所示。

4）样式（S）：指定修改云线的外观样式，包括"普通"和"手绘"两种，图 3-26 所示为两种样式的效果对比。

图 3-24　绘制修订云线

图 3-25　转换对象后的两种情况

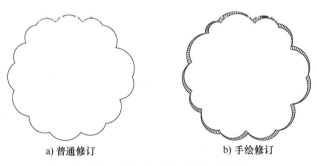

图 3-26　两种样式绘制的修订云线

3.3　多边形和点绘制

3.3.1　矩形对象

"矩形"命令是 AutoCAD 平面绘图的基本命令之一，绘制矩形时需提供两个对角的坐标。使用该命令创建的矩形由封闭的多段线作为四条边，并可在绘制时进行多种设置。绘制矩形对象可采用以下方法：

1）菜单栏：选择"绘图"→"矩形"命令。

2）工具栏：单击"绘图"工具栏→【矩形】按钮。

3）命令行：输入"Rectang"或"REC"命令，并按〈Enter〉键。

执行"矩形"命令，并根据命令行提示进行操作，可绘制图 3-27 所示的矩形。

在绘制矩形的过程中，各选项含义如下：

1）倒角（C）：指定矩形的第一个与第二个倒角的距离，效果如图 3-28 所示。

2）标高（E）：指定矩形所在水平面的标高。

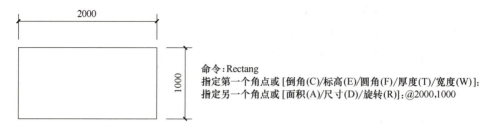

图 3-27　绘制矩形

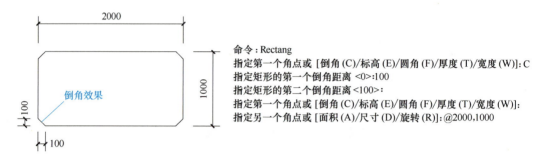

图 3-28　绘制倒角矩形

3）圆角（F）：指定带圆角半径的矩形，效果如图 3-29 所示。

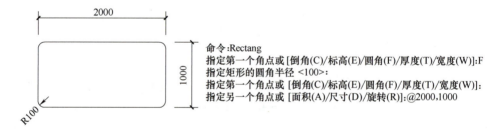

图 3-29　绘制圆角矩形

4）厚度（T）：指定矩形的厚度，效果如图 3-30 所示。

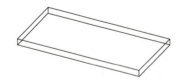

命令:Rectang
指定第一个角点或 [倒角(C)/标高(E)/圆角(F)/厚度(T)/宽度(W)]: T
指定矩形的厚度 <100>:100
指定第一个角点或 [倒角(C)/标高(E)/圆角(F)/厚度(T)/宽度(W)]:
指定另一个角点或 [面积(A)/尺寸(D)/旋转(R)]:@2000,1000

图 3-30　绘制厚度为 100 的矩形

5）宽度（W）：指定矩形的线宽，效果如图 3-31 所示。

命令:_ rectang
指定第一个角点或 [倒角(C)/标高(E)/圆角(F)/厚度(T)/宽度(W)]:W
指定矩形的线宽 <0>:100
指定第一个角点或 [倒角(C)/标高(E)/圆角(F)/厚度(T)/宽度(W)]:
指定另一个角点或 [面积(A)/尺寸(D)/旋转(R)]:@2000,1000

图 3-31　绘制宽度为 100 的矩形

6）面积（A）：通过指定矩形的面积来确定矩形的长或宽。

7）尺寸（D）：通过指定矩形的宽度、高度和矩形另一角点的方向来确定矩形。

8）旋转（R）：通过指定矩形旋转的角度来绘制矩形。

在 AutoCAD 中，执行"矩形"命令所绘制的矩形对象是一个整体，不能对各条边单独进行编辑。若需要进行单独编辑，应将其分解后再操作。

3.3.2 正多边形对象

正多边形由多条等长的封闭线段构成。AutoCAD 中的"正多边形"命令可绘制由 3～1024 条边组成的正多边形。绘制正多边形对象，可采用以下方法：

1）菜单栏：选择"绘图"→"正多边形"命令。

2）工具栏：单击"绘图"工具栏→【正多边形】按钮。

3）命令行：输入"Polygon"或"POL"命令，并按〈Enter〉键。

执行"正多边形"命令，并根据提示进行操作。在绘制正多边形的过程中，各选项含义如下：

1）中心点：通过指定一个点来确定正多边形的中心点。

2）边（E）：通过指定正多边形的边长和数量来绘制正多边形，如图 3-32 所示。

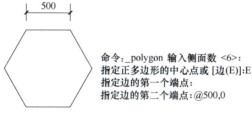

图 3-32 指定边长及角度

3）内接于圆（I）：以指定多边形内接圆半径的方式绘制正多边形，效果如图 3-33 所示。

图 3-33 绘制内接正六边形

4）外切于圆（C）：以指定多边形外接圆半径的方式绘制正多边形，效果如图 3-34 所示。

利用 AutoCAD 绘制正多边形时，需注意以下几点：

1）执行"正多边形"命令时，绘制的正多边形是一个整体，不能对各条边单独编辑，如需单独编辑，应将其对象分解后再操作。

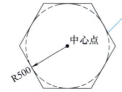

图 3-34 绘制外切正六边形

2）利用边长绘制正多边形时，指定的两点距离为多边形的边长，两个点可通过捕捉栅格或输入相对坐标的方式确定。

3）利用边长绘制正多边形时，正多边形的位置和方向与指定端点的相对位置有关。

3.3.3 点对象

AutoCAD 中可一次绘制多个点，也可绘制单点。可通过"单点""多点""定数等分"和"定距等分"四种方式来创建点对象。

（1）单点或多点 绘制点对象可采用以下方法：

1）菜单栏：如图 3-35 所示，选择"绘图"→"点"子菜单下的相关命令。

2）工具栏：单击"绘图"工具栏→ 按钮。

3）命令行：输入"Point"或"PO"命令，并按〈Enter〉键。

执行"点"命令，命令行提示"指定点："时，单击指定位置即可绘制点对象。

AutoCAD 可设置点的不同样式和大小，执行"格式"→"点样式"命令，或在命令行输入"ddptype"，弹出图 3-36 所示的"点样式"对话框，可用于设置点的样式和大小。

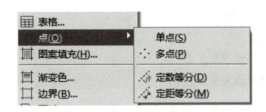

图 3-35 绘制点的几种方式

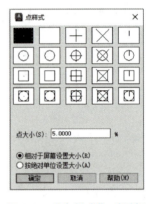

图 3-36 "点样式"对话框

"点样式"对话框中，各选项的含义如下：

1）点样式：对话框上侧列出了 AutoCAD 提供的所有点样式。

2）点大小：设置点的显示大小，可相对于屏幕或按绝对单位设置大小。

3）相对于屏幕设置大小（R）：按屏幕尺寸的百分比设置点的显示大小，进行缩放时点的显示大小不改变。

4）按绝对单位设置大小（A）：按"点大小"文本框的数值设置点大小，进行缩放时点的显示大小会随之改变。

（2）定数等分 "定数等分"命令可按相等的长度设置点或图块在实体对象中的位置，被等分的对象可是线段、圆、圆弧及多段线等，等分的效果如图 3-37 所示。绘制定数等分点可采用以下方法：

1）菜单栏：选择"绘图"→"点"→"定数等分"命令。

2）功能区：单击"默认"选项卡"绘图"面板中的【定数等分】按钮。

3）命令行：输入"Divide"或"DIV"命令，并按〈Enter〉键。

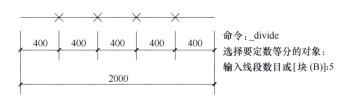

图3-37 五等分后的线段

(3)定距等分 "定距等分"命令可在实体对象上按给定的距离放置点或图块,等距等分点的效果如图3-38所示。绘制等距等分点可采用以下方法:

1)菜单栏:"绘图"→"点"→"定距等分"命令。

2)功能区:单击"默认"选项卡→"绘图"面板→【定距等分】按钮。

3)命令行:输入"Measure"或"ME"命令,并按〈Enter〉键。

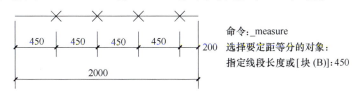

图3-38 定距等分线段

3.4 填充对象绘制

3.4.1 图案填充创建

当要用重复的图案或颜色填充某一区域时,可使用图案和渐变色填充命令建立填充阴影对象。填充的内容可是纯色、渐变色、图案或自定义的图案等。建筑图中常采用填充来表达剖面或表示建筑墙面和地面的材质等。渐变色填充主要用于装潢、美工图案的绘制。AutoCAD中渐变色填充有单色渐变和双色渐变两类。执行"图案填充"或"渐变色填充"可采用以下方法:

1)菜单栏:选择"绘图"→"图案填充"或"渐变色填充"命令。

2)工具栏:单击"绘图"工具栏→【图案填充】按钮或【渐变色填充】按钮。

3)命令行:输入"Bhatch"或"Gradient"命令,并按〈Enter〉键。

执行"填充"命令后,弹出图3-39所示的"图案填充创建"选项卡,根据要求选择封闭的图形区域,并设置填充的图案、比例、原点等。此外,也可通过单击"选项"面板的按钮,打开图3-40所示的"图案填充和渐变色"对话框进行相关设置。

图3-39 "图案填充创建"选项卡

图 3-40 所示的对话框中，主要选项的含义如下：

（1）图案　选择填充的图案，单击图 3-39 中"图案"面板的 按钮或图 3-40 中"图案"参数后的 按钮，打开图 3-41 所示的"填充图案选项板"对话框，可从中选择合适的图案。

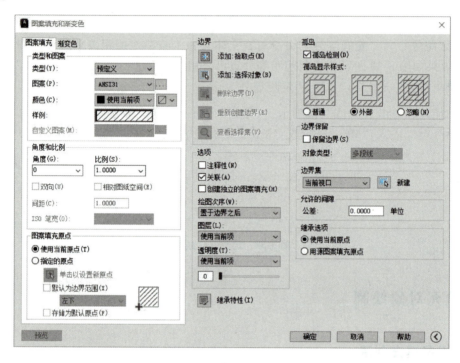

图 3-40 "图案填充和渐变色"对话框

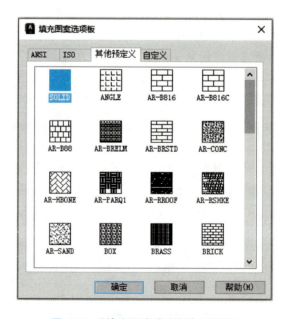

图 3-41 "填充图案选项板"对话框

（2）边界

1）拾取点：以拾取点的形式指定填充区域的边界，单击该按钮时自动切换至绘图区，在需要填充的区域内任意指定一点即可，效果如图 3-42 所示。

2）选择对象：单击该按钮时自动切换至绘图区，在需要填充的对象上单击即可，效果如图 3-43 所示。

3）删除边界：单击该按钮时可取消自动计算或指定的边界，效果如图 3-44 所示。

4）重新创建边界：围绕选定的图案填充创建多段线或面域，并使其与图案填充对象相关联。

5）显示边界对象：选择图案填充的边界对象，通过调整显示的夹点可修改图案填充边界。

6）保留边界对象：指定如何处理图案填充边界对象，选项包括：①不保留边界，不创建独立的图案填充边界对象；②保留边界多段线，创建封闭图案填充对象的多段线；③保留边界面域，创建封闭图案填充对象的面域对象；④选择新边界集，指定对象的有限集（也称边界集）。

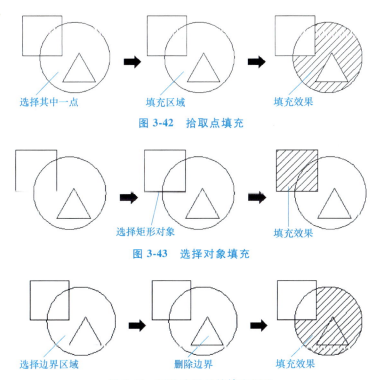

图 3-42 拾取点填充

图 3-43 选择对象填充

图 3-44 删除边界后的填充图形

（3）特性

1）图案填充类型：指定使用纯色、渐变色图案或自定义图案进行填充。

2）图案填充颜色：替代当前图案填充的颜色。

3）背景色：指定填充图案背景的颜色。

4）图案填充透明度：设定新图案填充或填充的透明度，替代当前对象的透明度。

5）图案填充角度：指定图案填充或填充的角度，效果如图 3-45 所示。

 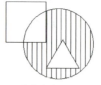 

a) 填充角度: 0°　　b) 填充角度: 45°　　c) 填充角度: 90°

图 3-45　不同的填充角度

6）填充图案比例：放大或缩小填充图案的绘制比例，效果如图 3-46 所示。

7）相对图纸空间：相对于图纸空间单位缩放填充图案，可方便地以适当的比例显示填充图案。

a) 填充比例:1　　b) 填充比例:2　　c) 填充比例:5

图 3-46　不同的填充比例

（4）图案填充原点

1）设定原点：直接指定新的图案填充原点。

2）左下：将图案填充原点设定在图案填充边界矩形范围的左下角。

3）右下：将图案填充原点设定在图案填充边界矩形范围的右下角。

4）左上：将图案填充原点设定在图案填充边界矩形范围的左上角。

5）右上：将图案填充原点设定在图案填充边界矩形范围的右上角。

6）中心：将图案填充原点设定在图案填充边界矩形范围的中心。

7）使用当前原点：将图案填充原点设定在系统存储的默认位置。

8）存储为默认原点：将新图案填充原点的值存储在系统变量中。

（5）选项

1）关联：指定图案填充为关联图案填充。关联的图案填充在修改其边界对象时将会更新。

2）注释性：指定图案填充为注释性，自动完成缩放注释，使注释能以正确的大小显示或打印。

3）创建独立的图案填充：指定多个单独的闭合边界时，创建单个或多个图案填充对象。

4）绘图次序：为填充指定绘图次序，包括不更改、后置、前置、置于边界之后和置于边界之前等。

（6）继承选项

1）使用当前原点：使用选定图案填充对象（除图案填充原点外）设定图案填充的特性。

2）使用源图案填充的原点：使用选定图案填充对象（包括图案填充原点）设定图案填

充的特性。

（7）允许的间隙　设定将对象用作图案填充边界时可忽略的最大间隙，默认值为0。

（8）孤岛检测

1）普通孤岛检测：从外部边界向内填充。如果遇到内部孤岛，填充将关闭，直到遇到孤岛中的另一孤岛，效果如图3-47所示。

2）外部孤岛检测：从外部边界向内填充，不影响内部孤岛，效果如图3-48所示。

3）忽略孤岛检测：忽略所有内部孤岛，按外部边界填充，效果如图3-49所示。

图3-47　普通孤岛检测　　　　图3-48　外部孤岛检测　　　　图3-49　忽略孤岛检测

3.4.2　图案填充编辑

已创建的图案填充还可进行修改。对于图案填充可修改图案的比例、角度、填充原点位置、填充边界，也可指定新的图案取代原有图案，或删除填充；对于渐变填充，可修改渐变的颜色、角度、透明度等。编辑图案或渐变色填充可采用以下方法：

1）菜单栏：选择"修改"→"对象"→"图案填充"命令。

2）工具栏：单击"修改Ⅱ"工具栏→按钮。

3）命令行：输入"Hatchedit"命令，并按〈Enter〉键。

执行"图案填充"命令，打开图3-50所示的"图案填充编辑"对话框，修改相应参数

图3-50　"图案填充编辑"对话框

进行图案填充编辑。

AutoCAD中还可利用"特性"面板修改图案填充。鼠标指针移至需要进行图案填充编辑的填充图案，打开右键菜单"特性"或"快捷特性"，可对填充图案的样式等属性进行修改，如图3-51所示。

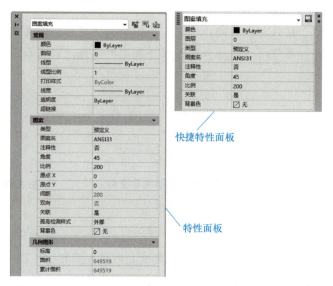

图3-51 利用"特性"或"快捷特性"面板修改图案填充

3.5 对象位置调整

3.5.1 移动

工程制图时，可利用"移动"工具将图形对象移动到适当的位置，该操作可在指定的方向上按指定距离移动对象。在指定移动基点与目标点时，可在图中拾取现有点作为移动参照，或通过输入坐标值定义参照点的具体位置。移动对象操作仅是图形对象位置的平移，不改变对象的大小和方向。执行"移动"命令可采用以下方法：

1）菜单栏：选择"修改"→"移动"命令。
2）功能区选项板：单击"默认"→"修改"→【移动】按钮 ✥。
3）工具栏：单击"修改"工具栏→【移动】按钮 ✥。
4）命令行：输入"Move"或"M"命令，并按〈Enter〉键。

执行"移动"命令，选取要移动的对象并指定基点，然后根据命令行提示指定第二个点或输入相对坐标来确定目标点，即可完成移动操作，效果如图3-52所示。

3.5.2 对齐

利用"对齐"工具可将选定的对象移动、旋转或倾斜，使其与另一个对象对齐。执行"对齐"命令可采用以下方法：

1）菜单栏：选择"修改"→"三维操作"→"对齐"命令。

2）功能区选项板：单击"默认"→"修改"→【对齐】按钮。
3）命令行：输入"Align"命令，并按〈Enter〉键。

执行"对齐"命令，选取要对齐的对象，并依次指定该对象上的源点和另一个对象上的目标点，即可将两个对象对齐。

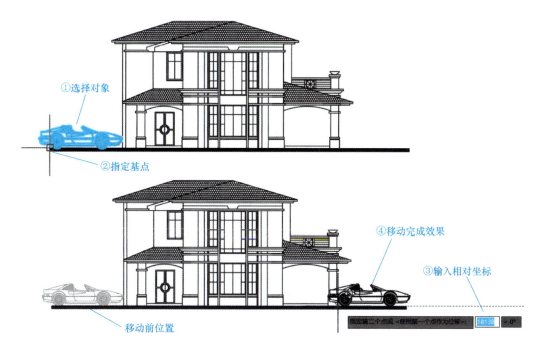

图 3-52 移动轿车

如图 3-53 所示，选取右侧房屋为要对齐的对象，并指定房屋左下角为源点，然后指定左侧房屋右下角为目标点，按〈Enter〉键完成对齐操作。

图 3-53 一对点对齐

此外，还可通过依次指定一个对象上的两个源点和另一个对象上的两个目标点来对齐。采用该方式时，会以两个目标点间的距离作为缩放对象的参考长度，对选定的对象进行缩放。如图 3-54 所示，执行对齐命令，依次指定第一源点 A1、第一目标点 A2、第二源点 B1、第二目标点 B2，按〈Enter〉键完成对齐操作。

69

图 3-54 两对点对齐

3.5.3 旋转

旋转是指将图形对象绕指定点旋转任意角度，即以旋转点到旋转对象间的距离和指定的旋转角度为参照，调整图形对象的方向和位置。执行"旋转"命令可采用以下方法：

1) 菜单栏：选择"修改"→"旋转"命令。

2) 功能区选项板：单击"默认"→"修改"→【旋转】按钮 。

3) 工具栏：单击"修改"工具栏→【旋转】按钮 。

4) 命令行：输入"Rotate"或"Ro"命令，并按〈Enter〉键。

（1）一般旋转　该方法在旋转图形对象时，原对象将按指定的旋转中心和旋转角度旋转至新位置，且不保留原始对象。执行"旋转"命令，选取旋转对象并指定旋转基点，并根据命令行提示输入旋转角度后，按〈Enter〉键完成旋转对象操作，效果如图3-55所示。

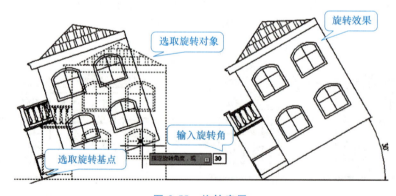

图 3-55 旋转房屋

（2）复制旋转　该方法在旋转图形对象时，不仅可调整图形对象的角度，还可在旋转形成新对象的同时保留原有对象。按上述相同的旋转操作方法指定旋转基点后，在命令行中输入字母"C"，然后指定旋转角度并按〈Enter〉键完成复制旋转操作，效果如图3-56所示。

需注意，默认情况下输入角度为正数时，图形对象按逆时针旋转；反之，图形对象按顺时针旋转。

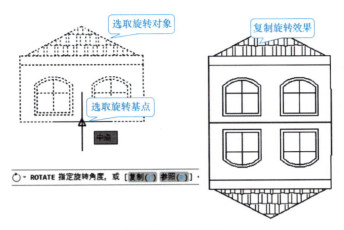

图 3-56 复制旋转

3.6 对象复制

建筑制图时,常会出现大量的相同对象,如一栋楼的门窗,整体对称布局的楼层及按一定距离和角度均匀排列的设备和座椅等。这些重复对象可通过复制、镜像、阵列的方式快速生成,从而提高绘图效率。本节介绍的"复制",包括通常意义上的复制,以及镜像、阵列和偏移。这几种操作都能在保留原对象的同时,生成与原对象相同或相似的对象。

3.6.1 复制

执行"复制"命令可采用以下方法:

1)菜单栏:选择"修改"→"复制"命令。

2)功能区选项板:单击"默认"→"修改"→【复制】按钮 。

3)工具栏:单击"修改"工具栏→【复制】按钮 。

4)命令行:输入"Copy"或"Co"命令,并按〈Enter〉键。

执行"复制"命令,选取需要复制的对象后指定复制基点,然后指定新的位置点完成复制操作,效果如图 3-57 所示。此外,还可在选取复制对象并指定复制基点后,在命令行输入新位置点相对于移动基点的相对坐标值来确定复制目标点,效果如图 3-58 所示。

图 3-57 复制窗

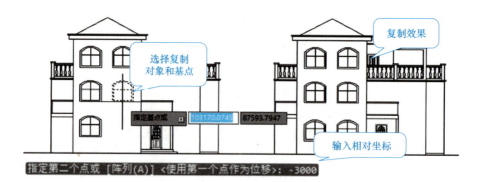

图 3-58　输入相对坐标复制对象

需注意，执行复制操作时，系统默认采用多次复制模式。通过命令行提示中的参数"模式（O）"，可将复制模式设置为单个复制。

3.6.2　镜像

镜像是将指定对象按给定的基准线进行镜像复制，适用于对称图形的编辑。执行"镜像"命令可采用以下方法：

1）菜单栏：选择"修改"→"镜像"命令。

2）功能区选项板：单击"默认"→"修改"→【镜像】按钮 ⚠。

3）工具栏：单击"修改"工具栏→【镜像】按钮 ⚠。

4）命令行：输入"Mirror"或"Mi"命令，并按〈Enter〉键。

在绘制门窗等具有对称性质的图形时，可先绘制处于对称中线一侧的图形轮廓线，然后执行"镜像"命令，选取绘制的图形轮廓线并右击，然后指定对称中心线上的两点确定基准线，并按〈Enter〉键完成镜像操作，效果如图 3-59 所示。

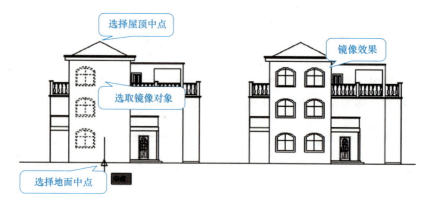

图 3-59　镜像窗对象

默认情况下，对图形执行镜像操作后，系统仍保留原对象。如果需要在镜像后删除原对象，选取原对象并指定镜像中心线后，在命令行提示"Mirror 要删除原对象吗？［是（Y）否（N）］"时，输入"Y"删除原对象，效果如图 3-60 所示。

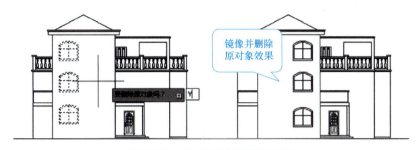

图 3-60 删除原对象的镜像效果

3.6.3 偏移

利用"偏移"工具可创建与原对象形状相同或相似的新对象。对于直线,可绘制与其平行的多条直线;对于圆、椭圆、矩形及由多段线围合的封闭图形,可绘制具有一定偏移距离的同心相似图形。执行"偏移"命令可采用以下方法:

1)菜单栏:选择"修改"→"偏移"命令。

2)功能区选项板:单击"默认"→"修改"→【偏移】按钮 ⊂。

3)工具栏:单击"修改"工具栏→【偏移】按钮 ⊂。

4)命令行:输入"Offset"命令,并按〈Enter〉键。

(1)定距偏移 系统默认的偏移方式以输入的偏移距离为参照,以指定的方向为偏移方向,执行偏移操作。执行"偏移"命令,依命令行提示输入偏移距离并按〈Enter〉键,然后选取图中的对象,在对象的偏移侧单击,完成定距偏移操作,效果如图 3-61 所示。需注意,"偏移"是单对象的编辑命令,只能以直接选取的方式选择图形对象,且定距偏移对象时,距离值需大于零。

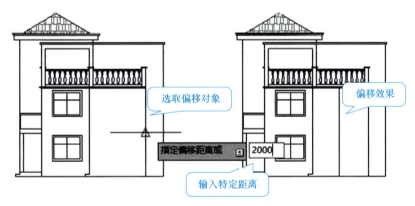

图 3-61 定距偏移效果

(2)定点偏移 指定现有的端点、节点、切点等作为原对象的偏移参照,对图形执行偏移操作。单击 ⊂ 按钮,并在命令行提示"Offset 指定偏移距离或〔通过(T)删除(E)图层(L)〕<通过>:"时,输入"T"或单击"通过(T)",然后选取图中的偏移对象并指定通过点完成该偏移操作,效果如图 3-62 所示。

(3)删除原对象偏移 系统默认的偏移操作是在保留原对象的基础上偏移形成新对象。

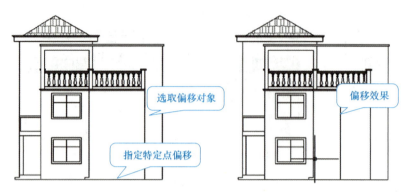

图 3-62 定点偏移效果

如需执行偏移操作后删除原对象,可在命令行提示"Offset 指定偏移距离或 [通过(T)删除(E)图层(L)] <通过>:"时,输入"E"或单击"删除(E)",然后继续执行后续操作即可,效果如图 3-63 所示。

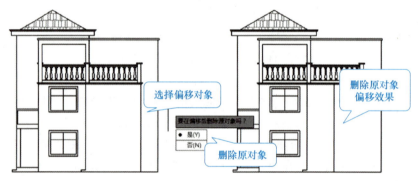

图 3-63 删除原对象偏移

此外,执行"偏移"命令时,可通过命令行提示中的"图层(L)"选项,选择将偏移对象创建在当前图层或原对象所在图层。

3.6.4 阵列

"阵列"命令可按矩形、路径或环形的方式,以定义的距离或角度复制原对象的多个对象副本。该命令适合绘制大量规则排列的相同图形对象,如建筑立面窗等。执行"阵列"命令可采用以下方法:

1)菜单栏:选择"修改"→"阵列"→"矩形阵列""路径阵列""环形阵列"命令。

2)功能区选项板:单击"默认"→"修改"→【矩形阵列】按钮、【路径阵列】按钮或【环形阵列】按钮。

3)工具栏:单击"修改"工具栏→【矩形阵列】按钮、【路径阵列】按钮或【环形阵列】按钮。

4)命令行:输入"Array"命令,并按〈Enter〉键。

(1)矩形阵列 矩形阵列是以控制行数、列数及行列间距,或添加倾斜角度的方式,使选取的对象进行阵列复制,从而创建对象的多个副本。执行"矩形阵列"命令,在绘图区选取对象后按〈Enter〉键，当命令行提示"Array 输入矩阵类型［矩形（R）路径（PA）极轴（PO）]<矩形>:"时，输入"R"或单击"矩形（R）"，打开图3-64所示的"阵列创建"选项卡。在选项卡中依次设置矩形阵列的行数、列数、行间距和列间距，完成矩形阵列的创建，效果如图3-65所示。需注意，行距、列距和阵列角度值的正负性将影响阵列的方向。行距、列距为正值时，对象沿X轴或Y轴正方向阵列；角度为正值时，对象沿逆时针方向阵列，反之亦然。

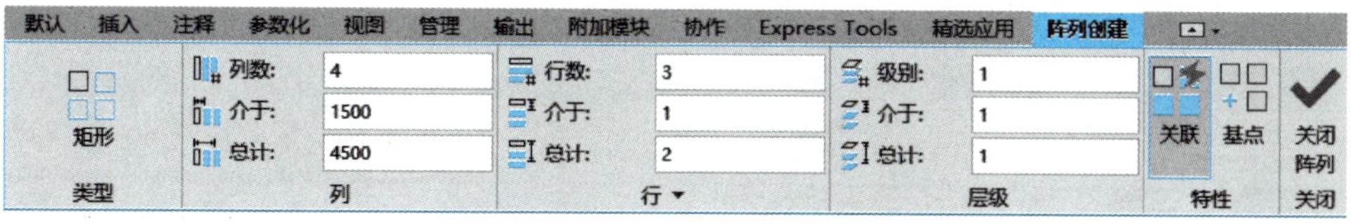

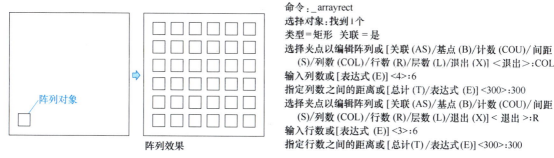

图3-64 "阵列创建"选项卡（一）

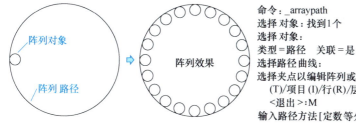

图3-65 矩形阵列效果

命令：_arrayrect
选择对象:找到1个
类型=矩形 关联=是
选择夹点以编辑阵列或[关联(AS)/基点(B)/计数(COU)/间距(S)/列数(COL)/行数(R)/层数(L)/退出(X)]<退出>:COL
输入列数或[表达式(E)]<4>:6
指定列数之间的距离或[总计(T)/表达式(E)]<300>:300
选择夹点以编辑阵列或[关联(AS)/基点(B)/计数(COU)/间距(S)/列数(COL)/行数(R)/层数(L)/退出(X)]<退出>:R
输入行数或[表达式(E)]<3>:6
指定行数之间的距离或[总计(T)/表达式(E)]<300>:300

（2）路径阵列　路径阵列中，阵列的对象均匀地沿路径排列，路径可以是直线、多段线、三维多段线、样条曲线、圆弧、圆或椭圆等。执行"路径阵列"命令，选取对象和路径曲线后，打开图3-66所示的"阵列创建"选项卡。在选项卡中设置参数完成阵列，效果如图3-67所示。

（3）环形阵列　环形阵列能以任一点为阵列中心点，将阵列对象按圆周或扇形的方向，

图3-66 "阵列创建"选项卡（二）

命令：_arraypath
选择对象:找到1个
选择对象:
类型=路径 关联=是
选择路径曲线:
选择夹点以编辑阵列或[关联(AS)/方法(M)/基点(B)/切向(T)/项目(I)/行(R)/层(L)/对齐项目(A)/z方向(Z)/退出(X)]<退出>:M
输入路径方法[定数等分(D)/定距等分(M)]<定距等分>:D

图3-67 路径阵列效果

以指定的阵列填充角度或数目进行图形对象的阵列复制。该阵列方式在绘制餐桌椅等具有圆周分布特征的图形时经常使用。执行"环形阵列"命令，依次选取对象和阵列的中心点，自动打开图 3-68 所示的"阵列创建"选项卡。在"项目"选项板中，可通过设置项目数、角度参数完成环形阵列操作。"项目数""介于"和"填充"参数的含义如下：

1）项目数：阵列项目的个数。

2）介于：各项目间的夹角。

3）填充：环形阵列所包含的夹角。

图 3-68 "阵列创建"选项卡（三）

3.7 对象形状调整

除对图形进行位置调整和复制外，有时需改变图形的形状和大小。AutoCAD 提供了"拉长""拉伸""缩放"等命令用于修改图形对象的形状和大小。

3.7.1 缩放

"缩放"命令可将图形对象以指定的基点为参照，按一定的比例进行放大或缩小，从而创建与原对象成一定比例且形状相同的新图形对象。在 AutoCAD 中，缩放可分为参数缩放、参照缩放和复制缩放三种类型。执行"缩放"命令可采用以下方法：

1）菜单栏：选择"修改"→"缩放"命令。

2）功能区选项板：单击"默认"→"修改"→【缩放】按钮。

3）工具栏：单击"修改"工具栏→【缩放】按钮。

4）命令行：输入"Scale"命令，并按〈Enter〉键。

(1) 参数缩放　通过指定缩放比例因子对图形对象进行放大或缩小。当输入的比例因子大于 1 时，将放大对象；比例因子在 0 和 1 之间时，将缩小对象。执行"缩放"命令，选择缩放对象并指定缩放基点，然后在命令行中输入比例因子，按〈Enter〉键完成缩放操作，效果如图 3-69 所示。

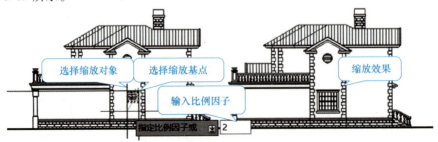

图 3-69 参数缩放图形

（2）参照缩放 以指定参照长度和新长度的方式，自动计算两长度间的比例，从而定义图形的缩放因子并对图形进行缩放操作。当参照长度大于新长度时，图形将被缩小；反之，图形将被放大。执行"缩放"命令，当命令行提示"Scale 指定比例因子或 [复制（C）参照（R）]："时，选择"参照（R）"或输入"R"，然后根据提示依次定义参照长度和新长度，按〈Enter〉键完成参照缩放，效果如图 3-70 所示。

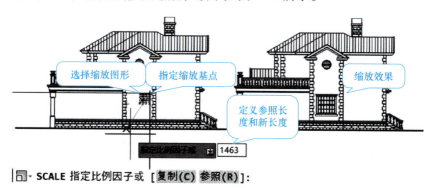

图 3-70 参照缩放图形

（3）复制缩放 在保持原图形对象不变的情况下，创建满足缩放要求的新图形对象。利用该方法进行图形缩放操作时，在指定缩放对象和基点后，当命令行提示"Scale 指定比例因子或 [复制（C）参照（R）]："时，选择"复制（C）"或输入"C"，然后按上述参数缩放或参照缩放的方法完成后续操作，效果如图 3-71 所示。

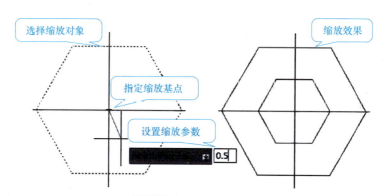

图 3-71 复制缩放效果

3.7.2 拉伸

"拉伸"命令能将图形的一部分拉伸、移动或变形，而其余部分保持不变。选取拉伸对象时，可使用"交叉窗口"的方式，全部位于窗口内的图形对象不变形只移动，与窗口边界相交的对象将按指定的方向进行拉伸变形。执行"拉伸"命令可采用以下方法：

1) 菜单栏：选择"修改"→"拉伸"命令。

2) 功能区选项板：单击"默认"→"修改"→【拉伸】按钮。

3) 工具栏：单击"修改"工具栏→【拉伸】按钮。

4）命令行：输入"Stretch"命令，并按〈Enter〉键。

执行"拉伸"命令，选取对象并按〈Enter〉键后，命令行提示"Stretch 指定基点或［位移（D）］<位移>："。其中，"指定基点"和"指定位移"两种拉伸方式的含义如下：

（1）指定基点拉伸对象 系统默认的拉伸方式，指定一点作为拉伸基点，命令行提示"Stretch 指定第二个点或<使用第一个点作为位移>："时，在绘图区指定第二点，自动按两点间的距离执行拉伸操作，效果如图 3-72 所示。

图 3-72 指定基点拉伸对象

（2）指定位移拉伸对象 将对象按指定的位移进行拉伸。选取拉伸对象后，选择"位移（D）"或输入"D"，然后输入位移量并按〈Enter〉键，自动按指定的位移进行拉伸操作，效果如图 3-73 所示。

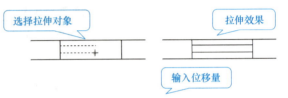

图 3-73 指定位移拉伸对象

3.7.3 拉长

AutoCAD 中"拉伸"和"拉长"命令都可改变对象的大小，但"拉伸"命令可同时改变对象的大小与形状，而"拉长"命令只改变对象的长度。

非闭合的直线、圆弧、多段线、椭圆弧、样条曲线的长度及圆弧的角度可通过"拉长"命令改变。该命令常用于调整建筑墙体的轴线长度。执行"拉长"命令可采用以下方法：

1）菜单栏：选择"修改"→"拉长"命令。

2）功能区选项板：单击"默认"→"修改"→【拉长】按钮 。

3）命令行：输入"Lengthen"命令，并按〈Enter〉键。

执行"拉长"命令，当命令行提示"Lengthen 选择要拉长的对象或［增量（DE）/百分比（P）/总计（T）/动态（DY）］<总计（T）>："时，指定拉长方式并选取要拉长的对象，完成拉长操作。各拉长方式的含义如下：

（1）增量拉长 以指定的增量修改对象长度，且该增量从距选择点最近的端点处开始测量。命令行输入"DE"，当命令行提示"输入长度增量或［角度（A）]<0.0000>："时，输入长度值并选取对象，自动以指定的增量修改对象长度，效果如图 3-74 所示。

（2）百分数拉长 以相对于原长度的百分比修改直线或圆弧的长度。命令行输入"P"，出现"输入长度百分数<100.0000>："的提示信息。此时，输入小于 100 的参数值可缩短对象，输入大于 100 的参数值可拉长对象，效果如图 3-75 所示。

（3）总计拉长 通过指定总长度来修改选定对象的长度。命令行输入"T"，然后输入对象的总长度，并选取要修改的对象，该对象将按设置的总长度缩短或拉长，效果如图 3-76 所示。

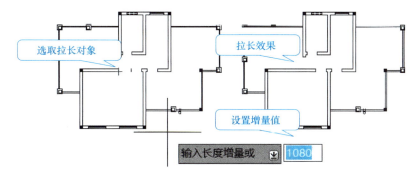

图 3-74 设置增量拉长对象

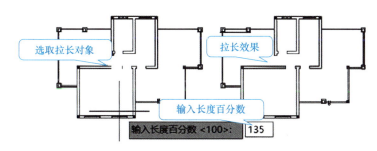

图 3-75 以百分数形式拉长对象

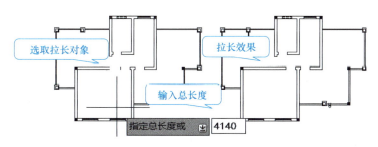

图 3-76 按输入的总长度拉长对象

（4）动态拉长　通过拖动选定对象的端点改变其长度，允许动态修改直线或圆弧的长度。命令行输入"DY"并选取对象，然后拖动光标，对象将随之拉长或缩短，效果如图 3-77 所示。

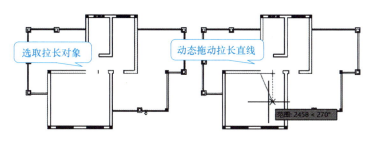

图 3-77 动态拉长轴线

3.7.4 延伸

利用"延伸"工具可将指定的对象延伸到选定的边界,被延伸的对象包括圆弧、椭圆弧、直线、二维多段线、三维多段线和射线等。执行"延伸"命令可采用以下方法:

1) 菜单栏:选择"修改"→"延伸"命令。

2) 功能区选项板:单击"默认"→"修改"→【延伸】命令 。

3) 工具栏:单击"修改"工具栏→【延伸】命令 。

4) 命令行:输入"Extend"命令,并按〈Enter〉键。

执行"延伸"命令,选取延伸边界后右击,选取需要延伸的对象,自动将该对象延伸到指定的边界上,效果如图 3-78 所示。

图 3-78 指定边界延伸

3.8 其他编辑功能

3.8.1 夹点编辑

选取某一图形对象时,对象上会出现若干小正方形,这些小正方形即夹点。选中某一夹点时,可对图形对象执行移动、旋转、缩放、拉伸和镜像等操作。夹点编辑采用"先选择后编辑"的方式。

(1) 拉伸 在拉伸编辑模式下,当选取的夹点是线条端点时,可拉长或缩短对象;当选取的夹点是线条的中点、圆或圆弧的圆心,或块、文字、尺寸数字等对象时,只能移动对象。如图 3-79 所示,选取楼梯的指引线将显示其夹点,选取底部夹点,并打开正交功能,向下拖动即可改变该指引线的长度。

(2) 移动 夹点移动模式可编辑一个或一组对象,利用该模式可改变对象的放置位置,而不

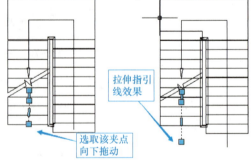

图 3-79 拖动夹点拉伸指引线长度

改变大小和方向。在夹点编辑模式下选取基点后,输入"MO"进入移动模式,然后输入移动距离或指定标点的位置,则自动以基点为起点将对象移动到指定的位置,效果如图 3-80 所示。

(3) 旋转 使用夹点旋转功能可使对象绕基点旋转。在夹点编辑模式下指定基点后,输入"RO"进入旋转模式,如图 3-81 所示,旋转的角度可通过输入角度值精确定位,或通过指定点位置进行设置。

图 3-80 利用夹点移动

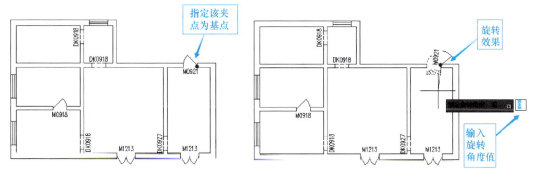

图 3-81 利用夹点旋转

(4) 缩放　夹点编辑模式下指定基点后，输入"SC"进入缩放模式，可通过定义比例因子或缩放参照的方式缩放对象。当比例因子大于 1 时会放大对象，当比例因子为 0~1 时会缩小对象，效果如图 3-82 所示。

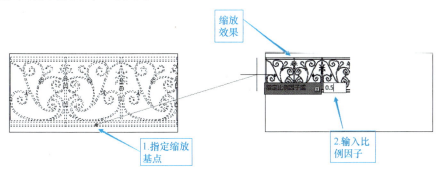

图 3-82 利用夹点缩放

(5) 镜像　以指定两点的方式定义镜像中心线，进行图形的镜像操作。夹点编辑模式下指定基点，输入"MI"进入镜像模式后，自动以选择的基点作为镜像第一点，输入"C"并指定镜像第二点，按〈Enter〉键完成镜像操作，效果如图 3-83 所示。

3.8.2 修剪

"修剪"命令可以某些图元为边界，删除边界内的指定图元。利用该命令编辑图形对象时，需先选择用于定义修剪边界的对象，且修剪边可同时作为被修剪边。修剪边可是直线、圆弧、圆、多段线、椭圆、样条曲线、构造线、射线和图纸空间的视口。执行修剪操作的前提是修剪对象与修剪边界相交。执行"修剪"命令可采用以下方法：

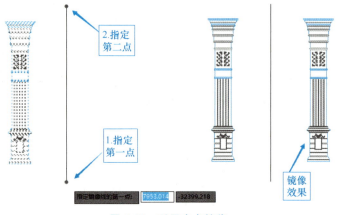

图 3-83　利用夹点镜像

1）菜单栏：选择"修改"→"修剪"命令。

2）功能区选项板：单击"默认"→"修改"→【修剪】按钮。

3）工具栏：单击"修改"工具栏→【修剪】按钮。

4）命令行：输入"Trim"命令，并按〈Enter〉键。

执行"修剪"命令，选取边界并右击，然后选取图形中要删除的部分，完成修剪操作，效果如图 3-84 所示。此外，选择对象时，按住〈Shift〉键会自动将"修剪"命令转换为"延伸"命令。

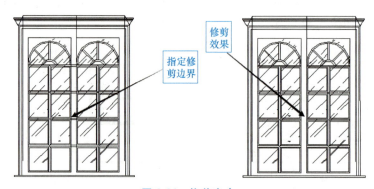

图 3-84　修剪窗户

3.8.3　倒角

AutoCAD 中利用"倒角"命令可连接两个不平行的对象，包括直线、多段线、参照线和射线等线性图形。可采用图 3-85 所示的两种方法进行倒角操作。

执行"倒角"命令可采用以下方法：

1）菜单栏：选择"修改"→"倒角"。

2）功能区选项板：单击"修改"→【倒角】按钮。

3）工具栏：单击"修改"工具栏→【倒角】按钮。

4）命令行：输入"Chamfer"命令，并按〈Enter〉键。

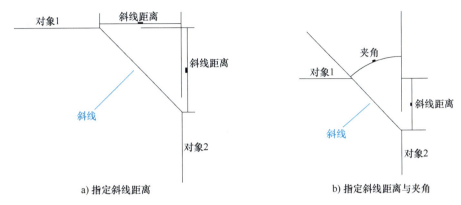

图 3-85 倒角方式

执行"倒角"命令,命令行提示"Chamfer 选择第一条直线或 [放弃(U)多段线(P)距离(D)角度(A)修剪(T)方式(E)多个(M)]:",各选项的含义如下:

1) 多段线:如果选择的对象是多段线,可方便地对整条多段线进行倒角。选择"多段线(P)"或在命令行输入"P",然后选择多段线,会自动以当前设定的倒角参数进行倒角操作,效果如图 3-86 所示。

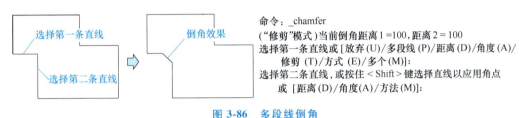

图 3-86 多段线倒角

2) 距离:通过输入直线与倒角线的距离定义倒角。如果两个倒角距离均为零,倒角操作将修剪或延伸这两个对象直至二者相接,但不会创建倒角线。选择"距离(D)"或命令行输入"D"后,依次输入两倒角距离,并分别选取两倒角边,可获得图 3-87 所示的倒角效果。

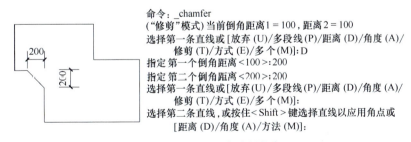

图 3-87 指定距离绘制倒角

3) 角度:通过指定倒角的长度及其与第一条直线的角度来创建倒角。选择"角度(A)"选项或命令行输入"A"后,分别指定第一条直线的倒角长度和角度,并依次选取两直线对象,可获得图 3-88 所示的倒角效果。

4) 修剪:默认情况下,对象在倒角时需要修剪,但也可设置为不修剪。选择"修剪

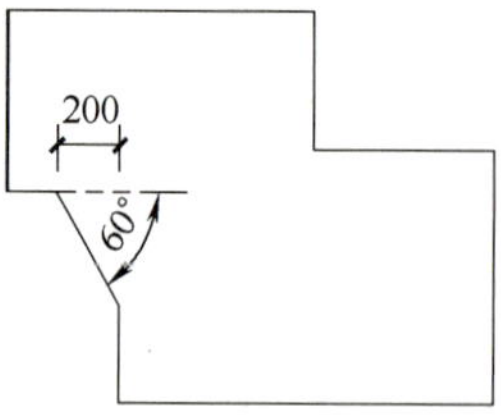

```
命令:_chamfer
("修剪"模式)当前倒角长度=0,角度=45
选择第一条直线或[放弃(U)/多段线(P)/距离(D)/角度(A)/
    修剪(T)/方式(E)/多个(M)]:A
指定第一条直线的倒角长度<0>:200
指定第一条直线的倒角角度<45>:60
选择第一条直线或[放弃(U)/多段线(P)/距离(D)/角度(A)/
    修剪(T)/方式(E)/多个(M)]:
选择第二条直线,或按住<Shift>键选择直线以应用角点或
[距离(D)/角度(A)/方法(M)]:
```

图 3-88　指定角度绘制倒角

(T)"选项或命令行输入"T"后,选择"不修剪"选项时,倒角操作的效果如图 3-89 所示。

```
命令:_chamfer
("修剪"模式)当前倒角长度=200,角度=60
选择第一条直线或[放弃(U)/多段线(P)/距离(D)/角度(A)/
    修剪(T)/方式(E)/多个(M)]:T
输入修剪模式选项[修剪(T)/不修剪(N)]<修剪>:N
选择第一条直线或[放弃(U)/多段线(P)/距离(D)/角度(A)/
    修剪(T)/方式(E)/多个(M)]:
选择第二条直线,或按住<Shift>键选择直线以应用角点或
[距离(D)/角度(A)/方法(M)]:
```

图 3-89　不修剪倒角

3.8.4　圆角

AutoCAD 中利用"圆角"命令可通过指定半径的圆弧光滑地连接两个图形对象。可执行圆角操作的对象包括圆弧、圆、椭圆、椭圆弧、直线和射线等。此外,直线、构造线和射线在相互平行时也可进行圆角操作,且此时圆角半径自动计算(平行直线距离的一半)。

AutoCAD 中采用"倒角"或"圆角"工具能以平角或圆角的连接方式,修改图形相接处的形状。不同的是,"倒角"命令只能用于图形对象间具有相交性的情况,而"圆角"工具可用于任何位置关系的图形对象。

执行"圆角"命令可采用以下方法:

1)菜单栏:选择"修改"→"圆角"。

2)功能区选项板:单击"默认"→"修改"→【圆角】按钮。

3)工具栏:单击"修改"工具栏→【圆角】按钮。

4)命令行:输入"Fillet"命令,并按〈Enter〉键。

执行"圆角"命令,命令行提示"Fillet 选择第一个对象或 [放弃(U)多段线(P)半径(R)修剪(T)多个(M)]:",各选项的含义如下:

1)半径:最常用的圆角创建方式。单击【圆角】按钮,选择"半径(R)"选项或命令行输入"R"并设置圆角半径值,然后依次选取两对象,可获得图 3-90 所示的圆角效果。

2)不修剪:单击【圆角】按钮,选择"修剪(T)"选项或命令行输入"T",指定相应的修剪模式(设置倒圆角后是否保留原对象),选择"不修剪"时,可获得图 3-91 所示的不修剪的圆角效果。

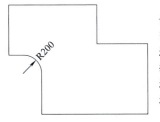

命令：_fillet
当前设置：模式＝修剪,半径＝0
选择第一个对象或[放弃(U)/多段线(P)/半径(R)/修剪(T)/多个(M)]:R
指定圆角半径 <0>:200
选择第一个对象或[放弃(U)/多段线(P)/半径(R)/修剪(T)/多个(M)]:
选择第二个对象,或按住<Shift>键选择对象以应用角点或[半径(R)]:

图 3-90　指定半径绘制圆角

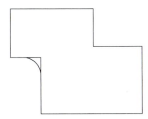

命令：_fillet
当前设置：模式＝修剪,半径＝200
选择第一个对象或[放弃(U)/多段线(P)/半径(R)/修剪(T)/多个(M)]:R
指定圆角半径 <200>:200
选择第一个对象或[放弃(U)/多段线(P)/半径(R)/修剪(T)/多个(M)]:T
输入修剪模式选项[修剪(T)/不修剪(N)]<修剪>:N
选择第一个对象或[放弃(U)/多段线(P)/半径(R)/修剪(T)/多个(M)]:
选择第二个对象,或按住<Shift>键选择对象以应用角点或[半径(R)]:

图 3-91　不修剪倒圆角效果

3.8.5　打断

"打断"可删除部分图形对象或将对象分解为两部分。AutoCAD中可打断的对象包括直线、圆、圆弧、椭圆和参照线等。"打断"命令主要用于删除断点间的对象。例如,圆的中心线或对称中心线过长时,可采用该命令进行删除。执行"打断"命令可采用以下方法：

1）菜单栏：选择"修改"→"打断"命令。

2）功能区选项板：单击"默认"→"修改"→【打断】按钮 凸。

3）工具栏：单击"修改"工具栏→【打断】按钮 凸。

4）命令行：输入"Break"命令,并按〈Enter〉键。

执行"打断"命令,命令行提示选取要打断的对象。在对象上单击时,默认以单击时所选点作为断点1,然后指定另一点作为断点2后,自动删除两点间的对象,效果如图3-92所示。

如果选择"第一点（F）"选项或命令行输入"F",则可重新定位第一点。确定第二个打断点时,如果在命令行输入@,可使两个打断点重合,此时相当于打断于该点。

另外,默认情况下,AutoCAD总是删除从第一个打断点到第二个打断点间的部分,且对圆和椭圆等封闭图形进行打断时,将按逆时针方向进行删除操作。

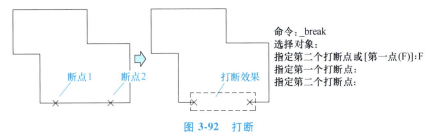

图 3-92　打断

3.8.6 合并

"合并"是将相似的对象合并为一个对象。AutoCAD 中可执行合并操作的对象包括圆弧、椭圆弧、直线、多段线和样条曲线等。利用该工具可将被打断为两部分的线段合并为整体，也可利用该工具将圆弧或椭圆弧创建为完整的圆和椭圆。执行"合并"命令可采用以下方法：

1）菜单栏：选择"修改"→"合并"命令。

2）功能区选项板：单击"默认"→"修改"→【合并】按钮 ➤➤。

3）工具栏：单击"修改"工具栏→【合并】按钮 ➤➤。

4）命令行：输入"Join"命令，并按〈Enter〉键。

执行"合并"命令，按命令行提示选取源对象。如果选取的对象是圆弧，当命令行提示"选择圆弧，以合并到源或进行［闭合（L）］："时，选取需要合并的另一对象，按〈Enter〉键完成操作；如果在命令行中输入"L"，系统将创建完整的圆，效果如图 3-93 所示。

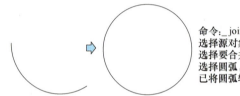

图 3-93 合并圆弧

3.8.7 分解

对于矩形、块、多边形和各类尺寸标注等对象，或由多个图形对象组成的组合对象，需对单个对象进行编辑操作时，要先利用"分解"命令将组合对象拆分为单个的图形对象，然后再执行其他编辑命令。AutoCAD 中可分解的对象包括三维网格、三维实体、块、矩形、标注、多线、多面网格、多段线和面域等。执行"分解"命令可采用以下方法：

1）菜单栏：选择"修改"→"分解"命令。

2）功能区选项板：单击"默认"→"修改"→【分解】按钮。

3）工具栏：单击"修改"工具栏→【分解】按钮。

4）命令行：输入"Explode"命令，并按〈Enter〉键。

执行"分解"命令，然后选取要分解的对象，右击或按〈Enter〉键完成分解操作，效果如图 3-94 所示。

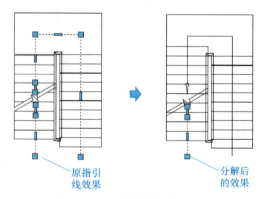

图 3-94 分解楼梯指引线效果

3.9 图块创建与编辑

3.9.1 创建图块

AutoCAD 制图时,常会绘制某些形状相似的图形,如图框、标题栏、卫生洁具、门窗等。一般情况下,可事先画好图形后再进行复制、粘贴与缩放。然而,当图形内容发生变化时,采用上述方法绘制的图形需要逐一修改,效率较低。此时,利用 AutoCAD 的图块功能更为便捷。图块是由多个图形对象组成的整体,其图形实体可分布在不同的图层,具有不同的线型和颜色等,但图块作为整体参与图形编辑和调用。

图块创建是将选定的一个或几个图形对象组合成整体并取名保存。此时,图块被视作一个实体对象,可随时进行调用和编辑,即所谓的"内部图块"。创建图块可采用以下方法:

1)菜单栏:选择"绘图"→"块"→"创建"命令。

2)工具栏:单击"绘图"工具栏→【创建块】按钮 。

3)命令行:输入"Block"或"B"命令,并按〈Enter〉键。

执行"创建图块"命令后,弹出图 3-95 所示的"块定义"对话框。单击【选择对象】按钮 ,切换到绘图区中选择构成块的对象后返回。单击【拾取点】按钮 ,选择一个点作为基点后返回,在"名称"文本框中输入块的名称,最后单击【确定】按钮完成图块创建。

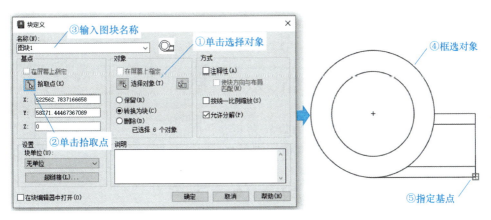

图 3-95 创建图块

在"块定义"对话框中,各选项的含义如下:

1)名称:输入块的名称,最多可使用 255 个字符,包括字母、数字、空格等。

2)基点:用于确定插入点位置,默认值为"0,0,0"。可单击【拾取点】按钮 ,用十字光标在绘图区内选择一点;或在 X、Y、Z 文本框中输入插入点的具体坐标。一般来说,基点应选在块的对称中心、左下角或其他特殊位置。

3)对象:设置组成块的对象。单击【选择对象】按钮 ,可切换到绘图区中选择构成块的对象;单击【快速选择】按钮 ,在弹出的"快速选择"对话框中进行过滤设置;

选中"保留",表示创建块后原图形仍在绘图窗口中;选中"转换为块",表示创建块后将组成块的各对象保留,并将其转换为块;选中"删除",表示创建块后原图形将在视图中删除。

4)方式:设置组成块对象的显示方式。

5)设置:用于设置块的单位是否链接。单击【超链接】按钮,将打开"插入超链接"对话框,可插入超链接的文档。

6)说明:在其中输入与块定义有关的说明文字。

3.9.2 插入图块

在图形文件中定义块后,可在内部文件中进行插入块操作,并可改变插入块的比例和角度。插入图块可采用以下方法:

1)菜单栏:选择"插入"→"块选项板"命令。

2)工具栏:单击"绘图"工具栏→【插入块】按钮。

3)命令行:输入"Insert"或"I"命令,并按〈Enter〉键。

执行"插入图块"命令后,弹出图3-96所示的"插入图块"对话框。选择已定义的图块,并在该对话框中设置插入块的基点、比例和旋转角度,然后单击【确定】按钮完成插入操作。

在"插入"对话框中,各选项的含义如下:

1)插入点:确定块的插入点位置。若勾选"在屏幕上指定",表示将在绘图窗口内确定插入点;若不勾选该选项,可在其下的X、Y、Z文本框中输入插入点的坐标值。

2)比例:文本框中输入块在X、Y、Z坐标方向的比例。

3)旋转:用于设置块插入时的旋转角度,可直接在"角度"文本框中输入角度值,或屏幕指定旋转角度。

4)分解:是否将插入的块分解为基本对象,也可在插入图块后单击"修改"工具栏的【分解】按钮对其进行分解。

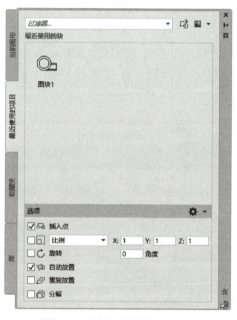

图3-96 "插入图块"对话框

3.9.3 保存图块

创建图块后,只能在当前图形文件插入块,而其他图形文件无法引用该图块。为实现图块在不同图形文件间的共享,AutoCAD提供了图块存储命令,用于将已创建的图块作为外部图块保存。采用图块存储命令保存的图块文件与其他图形文件无本质区别,同样可打开和编辑,也可在其他图形文件中进行插入。

需要保存图块时,在命令行中输入"Wblock"命令(快捷键"W"),弹出图3-97所示的"写块"对话框,利用该对话框可将图块或图形对象存储为独立的外部图块。

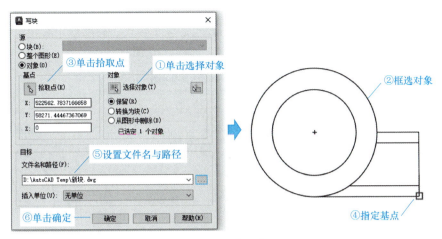

图 3-97 保存图块

需要注意的是，可使用"Save"或"Save as"命令创建并保存整个图形文件，也可使用"Export"或"Wblock"命令从当前图形中创建选定的对象，然后保存到新图形中。无论使用哪一种方法创建的图形文件，均可作为块插入到其他图形文件中。

3.9.4 属性图块的定义

AutoCAD 允许为图块附加文本信息，以增强图块的通用性，这些文本信息称为属性。如果某一图块带有属性，在插入该图块时，可通过属性为图块设置文本信息。定义属性后，可采用第 3.9.1 节和第 3.9.3 节的方法创建或存储图块。定义图块对象的属性可采用以下方法：

1）菜单栏：选择"绘图"→"块"→"定义属性"命令。

2）命令行：输入"Attded"或"ATT"命令，并按〈Enter〉键。

当执行命令后，弹出图 3-98 所示的"属性定义"对话框，各选项的含义如下：

1）不可见：设置插入块后是否显示其属性值。

2）固定：设置属性是否为固定值。当为固定值时，插入块后该属性值不再变化。

3）验证：用于验证所输入属性值是否正确。

4）预设：表示是否将该值预设为默认值。

5）锁定位置：表示固定插入块的坐标位置。

6）多行：表示可使用多行文字来标注块的属性值。

7）标记：用于输入属性的标记。

8）提示：输入插入块时系统显示的提示信息。

图 3-98 "属性定义"对话框

9）默认：用于输入属性的默认值。

10）文字设置：用于设置属性文字的对正方式、文字样式、高度值、旋转角等。

如图 3-99 所示：以轴号对象为例，属性定义的操作步骤如下：

图 3-99 属性定义

1）绘制适当直径的圆。

2）执行相关命令，打开属性定义对话框。

3）输入属性参数，本例中的属性参数为轴号内的编号文字。

4）设置编号的具体文字样式。

5）在绘制的圆内指定文字的位置。

6）单击【确定】按钮，完成块定义。

3.9.5 属性图块的插入

属性图块的插入方法与普通块的插入方法一致，但在设置块的旋转角度后，需输入属性值。执行"插入块"命令，弹出"插入"对话框，根据要求选择要插入的属性图块，并设置插入点、比例及旋转角度后，AutoCAD 会要求输入具体属性值。例如，插入前述轴号图块时，操作步骤如图 3-100 所示。

3.9.6 图块属性的编辑

插入属性图块时，可对其属性值进行修改操作。图块属性的编辑可采用以下方法：

1）菜单栏：选择"修改"→"对象"→"属性"→"单个"命令。

2）工具栏：单击"修改Ⅱ"工具栏→【编辑属性】按钮 。

3）功能区选项板：单击"插入"→【编辑属性】按钮 。

4）命令行：输入"Eattedit"命令，并按〈Enter〉键。

执行"编辑块属性"命令，使用鼠标在视图中选择属性图块，打开图 3-101 所示的"增强属性编辑器"对话框，根据制图需要编辑属性值。"增强属性编辑器"对话框中各选项卡的功能如下：

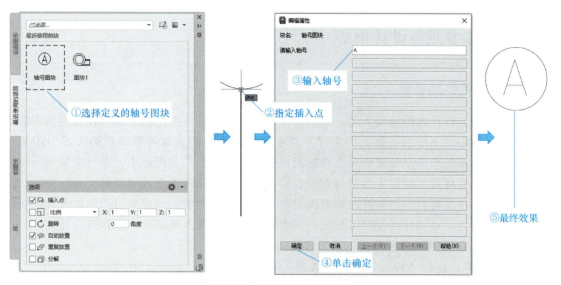

图 3-100 插入带属性的图块

图 3-101 "增强属性编辑器"对话框

1)"属性"选项卡：修改属性值。

2)"文字选项"选项卡：如图 3-102 所示，可修改该属性的文字特性，包括文字样式、对正方式、文字高度、宽度因子、倾斜角度等。

3)"特性"选项卡：如图 3-103 所示，可修改该属性文字的图层、线宽、线型、颜色等特性。

图 3-102 "文字选项"选项卡

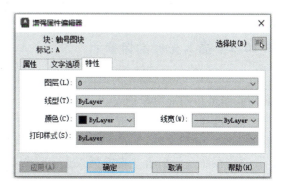

图 3-103 "特性"选项卡

3.10 外部参照与设计中心

3.10.1 使用外部参照

当把图形文件作为图块插入时，块的定义及其相关的具体图形信息都保存在当前图形数据库中，当前图形文件与被插入的文件不存在任何关联。而当以外部参照的方式引用文件时，并不在当前图形中记录被引用文件的具体信息，只是在当前图形中记录外部参照的位置和名字，当含有外部参照的文件被打开时，会按照记录的路径搜索外部参照文件。此时，含外部参照的文件会随被引用文件的修改而更新。在建筑制图中，需要项目组的设计人员协同工作、相互配合，采用外部参照可保证外部参照文件引用都是最新的，以提高设计效率。

执行"外部参照"命令可采用以下方法：

1）菜单栏：选择"插入"→"外部参照"命令。

2）工具栏：单击"参照"工具栏→【外部参照】按钮。

3）命令行：输入"Xref"命令，并按〈Enter〉键。

执行"外部参照"命令后，弹出"外部参照"面板，单击左上角的【附着 DWG】按钮并选择要参照的文件后，打开图 3-104 所示的"附着外部参照"对话框。利用该对话框可将图形文件以外部参照的方式插入当前图形中。

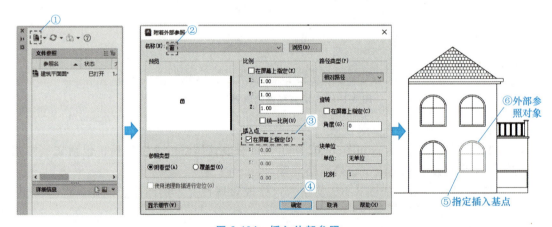

图 3-104　插入外部参照

3.10.2 插入光栅图像参照

AutoCAD 中除绘制并编辑图形外，还可插入光栅图像文件（如.jpg 格式），并以此作为参照底图进行图形对象描绘。具体可按以下步骤进行操作：

1）选择"插入"→"光栅图像参照"命令，打开图 3-105 所示的"选择参照文件"对话框，选择"光栅文件.jpg"图像文件，依次单击【打开】和【确定】按钮。

2）在命令行提示"指定插入点<0，0>:"时，在视图空白位置单击确定插入点，此时命令行将显示图片的基本信息。

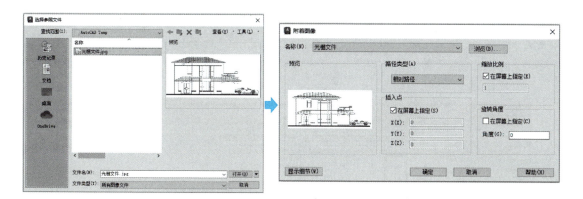

图 3-105 选择光栅文件

3)命令行提示"指定缩放比例因子或[单位(U)]<1>:"时,若缩放比例因子未知,可按〈Enter〉键以默认的"比例因子 1"进行缩放,此时即可在屏幕的空白位置看到插入的光栅图像,效果如图 3-106 所示。

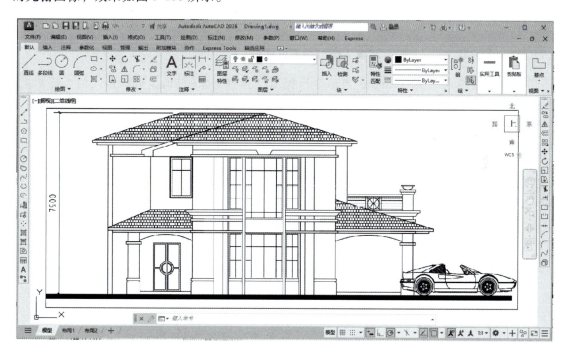

图 3-106 插入的光栅文件

4)为使插入的图像能作为参照底图,可选择该对象并右击,从弹出的快捷菜单中选择"绘图次序置于对象之下"命令(图 3-107)。

5)为使插入的图像比例因子合适,可在"标注"工具栏单击【线性标注】按钮,然后对指定的区域(7900 处)"测量"直线距离为 12466.6(图 3-108)。

6)由于原始的距离为 7900,而测量数值为 12466.6,计算得比例因子 7900÷12466.6 = 0.6337,即需要将插入的光栅图像缩放 0.6337 倍。

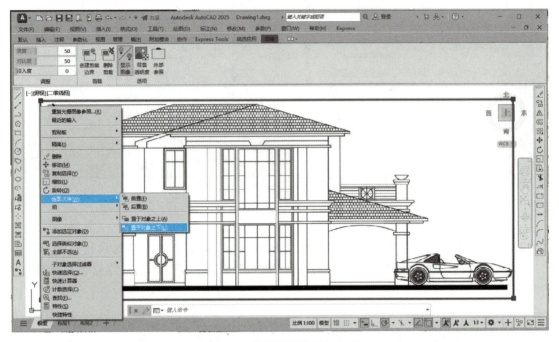

图 3-107　将图像置于对象之下

7）命令行输入"SC"命令，当命令行提示"选择对象："时，选择插入的光栅对象；当命令行提示"指定基点："时，指定光栅对象的任意角点；当命令行提示"指定比例因子或［复制（C）参照（R）］："时，输入比例因子 0.6337。

8）单击【线性标注】按钮，测量的数值为 7902，基本上接近 7900，如图 3-109 所示。

9）为使描绘的图形对象与底图的光栅对象置于不同图层，可新建图层进行对象"描绘"，颜色常选为"红色"，完成描绘后将光栅对象的图层关闭显示即可。

图 3-108　缩放前的测量数值

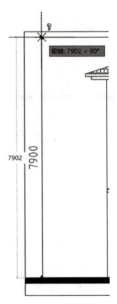

图 3-109　缩放后的测量数值

3.10.3 使用设计中心

AutoCAD 的设计中心与 Windows 资源管理器类似，可方便地在当前图形中插入块、引用光栅图像及外部参照，或在图形间复制块、复制图层、线型、文字样式、标注样式等。打开"设计中心"面板可采用以下方法：

1）菜单栏：选择"工具"→"选项板"→"设计中心"命令。
2）工具栏：单击"标准"工具栏→【设计中心】按钮。
3）命令行：输入"Adcenter"或"ADC"命令，并按〈Enter〉键。
4）组合键：按<Ctrl+2>组合键。

执行"设计中心"命令后，弹出图 3-110 所示的"设计中心"面板。

图 3-110 "设计中心"面板

AutoCAD 设计中心的主要功能包括：

1）创建图形、文件夹和 Web 站点的快捷方式。
2）根据不同的查询条件在本地计算机和网络上查找图形文件，并加载到绘图区或设计中心。
3）浏览不同的图形文件，包括当前打开的图形和 Web 站点的图形库。
4）查看块、图层和其他图形文件的定义，并将这些图形定义插入到当前图形文件。

3.10.4 通过设计中心添加图层和样式

绘制图形前应先规划绘图环境，包括设置图层、设置文字样式、设置标注样式等。如果已有图形文件中的图层、文字样式、标注样式等符合当前图形的要求，可以通过设计中心提取已有文件的图层、文字样式、标注样式信息，从而方便、快捷地设置绘图环境，具体操作步骤如下：

1）选择"文件打开"菜单命令，打开已有的图形文件（以"建筑平面图.dwg"为例）。
2）新建图形文件（以"建筑样板.dwg"为例）。
3）在"标准"工具栏单击【设计中心】按钮，切换至图 3-111 所示的"打开的图形"

选项卡，选择"建筑平面图.dwg"文件，可看到图形文件的已有图层对象和文字样式。

4）依次将"建筑平面图.dwg"已有的图层和标注样式拖拽到"建筑样板.dwg"视图的空白位置。

5）如图 3-112 所示，在"设计中心"面板的"打开的图形"选项卡中，选择"建筑样板.dwg"文件，并分别选择"图层"和"文字样式"选项，即可看到拖拽到新图形文件的图层和文字样式。

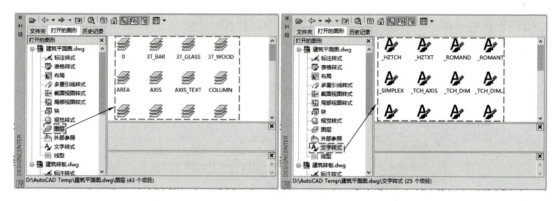

图 3-111　已有的图层和文字样式

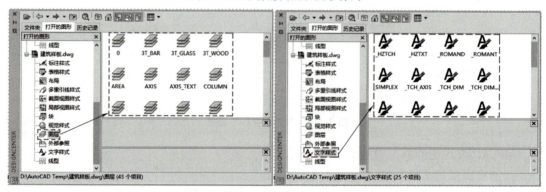

图 3-112　拖拽的图层和文字样式

课后练习

1.【上机练习】参考以下步骤绘制图 3-113 所示的圆形。

1）调用"圆心、半径"方法绘制两个小圆。

2）调用"相切、相切、半径"方法绘制中间与两个小圆均相切的大圆。

3）执行"绘图"→"圆"→"相切、相切、相切"菜单命令，以 3 个小圆为相切对象，绘制最外侧大圆。

2.【上机练习】使用适当的命令绘制图 3-114 所示的草坪。

3.【上机练习】练习对图 3-114 所示的图形进行缩放和拉伸操作。

4.【上机练习】绘制图 3-115 所示的洗脸盆。具体步骤可参考图 3-116，即按"绘制水龙头"→"绘制旋钮"→"绘制脸盆外沿"→"绘制脸盆内沿"的顺序进行操作。

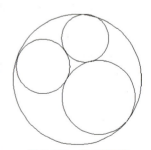

图 3-113　绘制圆形

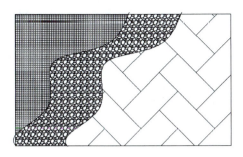

图 3-114　绘制草坪

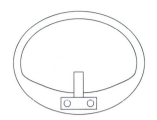

图 3-115　浴室洗脸盆图形

图 3-116　浴室洗脸盆绘制过程分解

5．【上机练习】将图 3-115 所示的洗脸盆制作成属性图块。

6．【上机练习】绘制任意图形，分别使用"复制""镜像""偏移"和"阵列"命令进行图形对象复制，并总结不同命令的特点。

7．如何绘制带有宽度的正多边形？

8．简述修订云线在建筑工程制图中的主要功能。

9．简述 AutoCAD 中调整对象尺寸的方法。

10．倒角与圆角在功能上有何相似之处和不同点？

11．简述普通图块与属性图块的主要区别。

12．简述使用图块和外部参照插入图形对象的区别。

第4章 天正建筑绘图基础

第2~3章介绍了计算机辅助设计软件 AutoCAD 2025 的基础知识及二维图形绘制与编辑的操作方法。然而,在实际的建筑工程设计活动中,除直接使用 AutoCAD 自带的制图、编辑与文件管理功能,还常会使用基于 AutoCAD 开发的各种插件,以提高专业制图的效率。为此,本章以房屋建筑制图最为常用的天正建筑插件为例进行介绍,主要内容包括设置轴网柱子、墙体、门窗、房间、屋顶、室内外设施等平面图绘制,以及建筑立面与剖面图生成。天正建筑 T30 插件的功能菜单如图 4-1 所示。

图 4-1 天正建筑 T30 插件的功能菜单

4.1 轴网绘制

4.1.1 直线轴网

轴网是由轴线、轴号、尺寸标注构成的平面网格系统,是建筑平面布置和构件定位的依据。

直线轴网是建筑制图中常用的轴网形式,由两个方向的轴线共同构成。正交轴网是常用的直线轴网形式,两个方向的轴线夹角为90°。执行"直线轴网"命令可采用以下方法:

1)命令行:输入"HZZW"命令,并按〈Enter〉键。
2)菜单栏:单击"轴网柱子"→"绘制轴网"。

执行"绘制轴网"命令,打开图 4-2 所示的"绘制轴网"对话框,默认进入"直线轴网"选项卡。单击【下开】按钮,设置开间参数;单击【左进】按钮,设置左进深参数。参数输入完成后,按如下命令行提示选择插入点:

请选择插入点[旋转90度(A)/切换插入点(T)/左右翻转(S)/上下翻转(D)/改转角(R)]

操作完成后,直线轴网的绘制结果如图 4-3 所示。

图 4-2 "直线轴网"选项卡

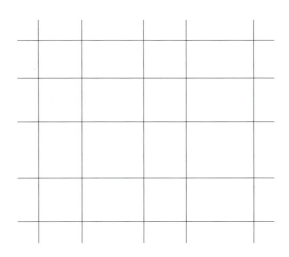

图 4-3 正交轴网绘制

4.1.2 弧线轴网

弧线轴网是由弧线和径向直线组成的定位轴线，为绘制弧墙等提供参考和依据。天正建筑中可通过指定圆心角、进深等参数绘制弧线轴网。执行"弧线轴网"命令可采用以下方法：

1）命令行：输入"HZZW"命令，并按〈Enter〉键。

2）菜单栏：单击"轴网柱子"→"绘制轴网"。

执行"绘制轴网"命令，切换至图 4-4 所示的"弧线轴网"选项卡。单击【夹角】按钮，设置夹角参数；单击【进深】按钮，设置进深参数。参数输入完成后，按命令行提示选择插入点完成绘制。

图 4-4 "弧线轴网"选项卡

4.1.3 墙生轴网

"墙生轴网"命令可在已有墙体中按墙基线生成定位轴线。在方案设计阶段，当设计者修改或移动墙柱时，难免需要修正轴网关系。此时，可使用墙生轴网功能，先绘制墙柱，待平面方案确定后，再生成轴网。执行"墙生轴网"命令可采用以下方法：

1）命令行：输入"QSZW"命令，并按〈Enter〉键。

2）菜单栏：单击"轴网柱子"→"墙生轴网"。

执行"墙生轴网"命令，选择要生成轴网的墙体后，按〈Enter〉键完成操作。

4.1.4 轴线裁剪

"轴线裁剪"命令可根据设定的多边形与直线范围,裁剪多边形内或直线某一侧的轴线。执行"轴线裁剪"命令可采用以下方法:

1)命令行:输入"ZXCJ"命令,并按〈Enter〉键。
2)菜单栏:单击"轴网柱子"→"轴线裁剪"。

以图 4-3 为例,单击"轴线裁剪"命令,默认为矩形裁剪,按以下命令行提示选择裁剪边界:

```
矩形的第一个角点或[多边形裁剪(P)/轴线取齐(F)]<退出>:     \\选择裁剪边界角点
另一个角点<退出>:     \\选择裁剪边界角点
```

操作完成后,轴线裁剪的结果如图 4-5 所示。

4.1.5 轴改线型

"轴改线型"命令可实现点画线和实线两种轴网线型的转换,建筑制图时常需以轴线交点作为基准点,而点画线不便于对轴线交点进行识别与捕捉。因此,实际制图时,轴线可先采用实线,出图时再转换为点画线。执行"轴改线型"命令可采用以下方法:

1)命令行:输入"ZGXX"命令,并按〈Enter〉键。
2)菜单栏:单击"轴网柱子"→"轴改线型"。

执行"轴改线型"命令,图中轴线按比例显示为点画线或连续线。轴改线型也可通过 AutoCAD 命令,将轴线所在图层的线型改为点画线来实现。

以图 4-3 为例,执行"轴改线型"命令,完成线型切换,结果如图 4-6 所示。

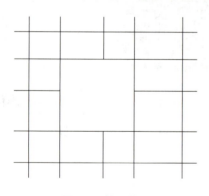

图 4-5 轴线裁剪

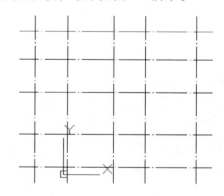

图 4-6 轴改线型

4.1.6 轴网合并

"轴网合并"命令可将多组矩形轴网合并,并自动清理重合轴线。执行"轴网合并"命令可采用以下方法:

1)命令行:输入"ZWHB"命令,并按〈Enter〉键。
2)菜单栏:单击"轴网柱子"→"轴网合并"。

执行"轴网合并"命令，先选择需合并对齐的目标轴线，然后选择要对齐的边界，并按〈Enter〉键完成轴网合并。

4.2 轴网标注

4.2.1 多轴标注

多轴标注包括轴号和尺寸标注，轴号可按规范要求用数字、大写字母、小写字母、双字母、双字母间隔连字符等方式标注。天正建筑可完成双侧标注、单侧标注、对侧标注等，且在轴号排序时会自动跳过字母I、O、Z。多轴标注默认执行"轴网标注"命令，可采用以下方法：

1）命令行：输入"ZWBZ"命令，并按〈Enter〉键。
2）菜单栏：单击"轴网柱子"→"轴网标注"。

以图4-2为例，执行"轴网标注"命令，打开图4-7所示的对话框。首先进行竖向轴网标注，默认起始轴号为①，选择"双侧标注"，按以下命令行提示进行操作：

请选择起始轴线<退出>：	\\选择起始轴线
请选择终止轴线<退出>：	\\选择终止轴线
请选择不需要标注的轴线：	\\选择无须进行标注的轴线
请选择起始轴线<退出>：	\\按〈Enter〉键退出

再次执行本命令，选择水平轴网，默认起始轴号为Ⓐ，重复上述操作步骤，完成水平轴网标注。操作完成后，直线轴网标注的绘制结果如图4-8所示。

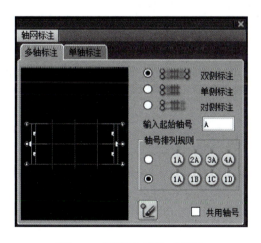

图4-7 "多轴标注"对话框

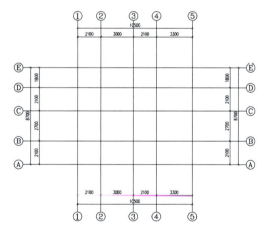

图4-8 多轴标注示例

4.2.2 单轴标注

"单轴标注"命令可对单个轴线标注轴号，轴号独立生成，不与已存在的轴号和尺寸系统发生关联，常用于立面、剖面和详图中单独轴线的标注。执行"单轴标注"命令可采用以下方法：

1）命令行：输入"DZBZ"命令，并按〈Enter〉键。

2）菜单栏：单击"轴网柱子"→"单轴标注"。

执行"单轴标注"命令，弹出图4-9所示的"单轴标注"对话框，可在对话框中直接输入轴号信息，并根据需要设置引线长度。

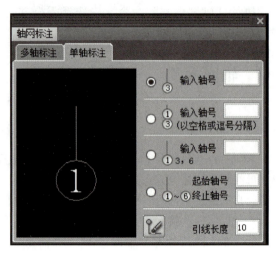

图4-9　"单轴标注"对话框

4.2.3　添加轴线

"添加轴线"命令可参考已有轴线添加新轴线，即在原有轴线的任意一侧添加新轴线，并根据指定的新轴号，把新轴线和轴号与原有轴网系统合并。添加轴线需在轴网标注完成后执行。执行"添加轴线"命令可采用以下方法：

1）命令行：输入"TJZX"命令，并按〈Enter〉键。

2）菜单栏：单击"轴网柱子"→"添加轴线"。

执行"添加轴线"命令，按以下命令行提示进行操作：

```
请选择参考轴线<退出>：      \\选择生成新轴线所参考的轴线
新增轴号是否为附加轴号？[是(Y)/否(N)]<N>：   \\确定新增轴号在轴号系统的关系
是否重排轴号？[是(Y)/否(N)]<Y>：   \\选择新增轴号后，是否需要对轴号系统重新排列
距参考轴线距离<退出>：    \\输入参数距离
```

以图4-10为例，选择参考线、偏移方向，输入到参考轴线的距离等参数，完成轴线添加，结果如图4-11所示。

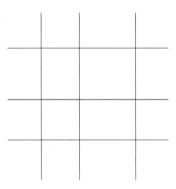

图4-10　正交轴网示例

图4-11　添加轴线

4.2.4　添补轴号

"添补轴号"命令可在轴网中对新添加的轴线添补轴号。新添轴号与原有轴号是一个整

体,适用于以其他方式增添或修改轴线后进行轴号标注。执行"添补轴号"命令可采用以下方法:

1) 命令行:输入"TBZH"命令,并按〈Enter〉键。

2) 菜单栏:单击"轴网柱子"→"添补轴号"。

以图 4-8 为例,单击"添补轴号"命令,按以下命令行提示进行操作:

```
请选择轴号对象<退出>:        \\所需填补轴号的既有参照轴号
请单击新轴号的位置或[参考点(R)]<退出>:   \\单击所需添补轴号的轴线
新增轴号是否双侧标注?[是(Y)/否(N)]<Y>:    \\Y
新增轴号是否为附加轴号?[是(Y)/否(N)]<N>:   \\N
```

完成操作后,绘制结果如图 4-12 所示。

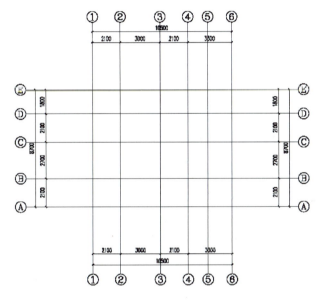

图 4-12 添补轴号

4.2.5 删除轴号

"删除轴号"命令可删除不需要的轴号,支持一次删除多个轴号,并根据需要决定是否重排轴号。执行"删除轴号"命令可采用以下方法:

1) 命令行:输入"SCZH"命令,并按〈Enter〉键。

2) 菜单栏:单击"轴网柱子"→"删除轴号"。

以图 4-8 为例,执行"删除轴号"命令,框选要删除的轴号。本例选择不重排轴号,操作完成后,结果如图 4-13 所示。

4.2.6 一轴多号

"一轴多号"命令可在平面图中快速生成共用轴线的轴号。执行"一轴多号"命令可采用以下方法:

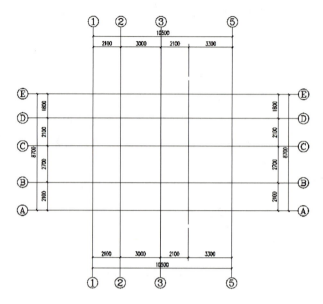

图 4-13 删除轴号

1) 命令行：输入"YZDH"命令，并按〈Enter〉键。
2) 菜单栏：单击"轴网柱子"→"一轴多号"。

以图 4-8 为例，单击"一轴多号"命令，按以下命令行提示进行操作：

```
请选择已有轴号或[框选轴圈局部操作(F)/单侧创建多号(Q)]<退出>：
请输入复制排数<1>：
```

完成操作后，绘制结果如图 4-14 所示。

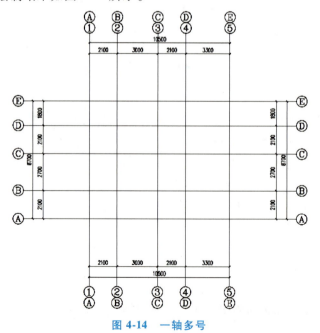

图 4-14 一轴多号

4.2.7 轴号隐现

"轴号隐现"命令可隐藏或恢复显示轴号。执行"轴号隐现"命令可采用以下方法：
1）命令行：输入"ZHYX"命令，并按〈Enter〉键。
2）菜单栏：单击"轴网柱子"→"轴号隐现"。

执行"轴号隐现"命令，按以下命令提示进行操作：

请选择需要隐藏的轴号或[显示轴号(F)/设为双侧操作(Q),当前:单侧隐藏]〈退出〉：
使用窗选方式选取需要隐藏的轴号,请选择需隐藏的轴号或[显示轴号(F)设为双侧操作(Q),当前:单侧隐藏]〈退出〉： \\按〈Enter〉键退出选取状态。

4.3 柱子

4.3.1 标准柱创建

标准柱是具有规则断面形状的竖向构件，"标准柱"命令可在轴线的交点或任意位置插入矩形、圆形或多边形截面的柱子。执行"标准柱"命令可采用以下方法：
1）命令行：输入"BZZ"命令，并按〈Enter〉键。
2）菜单栏：单击"轴网柱子"→"标准柱"。

以图4-8为例，执行"标准柱"命令，打开图4-15所示的"标准柱"对话框。在"材料"下拉列表框中选择柱材料类型，默认为"钢筋砼"，即钢筋混凝土。柱子截面形状默认为矩形，还可设置为圆形及多边形。在柱子尺寸区域，依次设置横向、纵向尺寸与柱高；本例中"横向"设置为500，"纵向"设置为500，"柱高"设置为3000，"转角"设置为0。

参数设置完成后，对话框下侧提供了三种柱子布置方式："点选插入柱子" "沿轴线布置柱子" "指定矩形区域内的轴线交点插入柱子"。采用"点选插入柱子"时，在绘图区域捕捉轴线交点插入柱子；采用"沿轴线布置柱子"时，按命令行提示选择需要布置柱子的轴线，即可将柱子布置在所选轴线与其他轴线交点处；采用"指定矩形区域内的轴线交点插入柱子"时，按命令行提示框选角点，完成柱子布置。选择任一方式完成操作后，本例柱子布置结果如图4-16所示。

图4-15 "标准柱"对话框

4.3.2 角柱创建

"角柱"命令可在墙角插入形状与墙角一致的柱子，可改变各肢长度和宽度，高度为当前层高。天正建筑插件生成的角柱可通过夹点调整长度及宽度。执行"角柱"命令可采用以下方法：

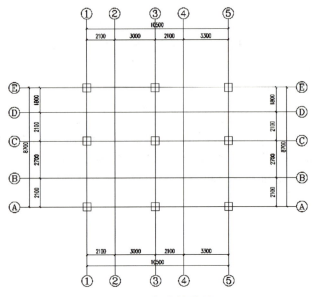

图 4-16 标准柱绘制

1)命令行:输入"JZ"命令,并按〈Enter〉键。
2)菜单栏:单击"轴网柱子"→"角柱"。

采用"绘制墙体"命令绘制图 4-17,执行"角柱"命令,命令行提示:

请选取墙角或[参考点(R)]<退出>:

选取要添加角柱的墙角,弹出图 4-18 所示的"转角柱参数"对话框,按以下方式进行参数设置:选中"取点 A<","长度"设置为 500,"宽度"设置为 240;选中"取点 B<","长度"设置为 500,"宽度"设置为 240;单击【确定】按钮后,绘制结果如图 4-19 所示。

图 4-17 墙体平面示例

图 4-18 "转角柱参数"对话框

图 4-19 角柱绘制

4.3.3 构造柱创建

"构造柱"命令可在墙角交点或墙体内插入构造柱,柱宽度不超过墙体宽度,材质为钢筋混凝土,且仅生成二维对象。执行"构造柱"命令可采用以下方法:

1)命令行:输入"GZZ"命令,并按〈Enter〉键。
2)菜单栏:单击"轴网柱子"→"构造柱"。

以图 4-17 为例,执行"构造柱"命令,命令行提示:

请选取墙角或[参考点(R)]<退出>:

选取要添加构造柱的墙角，弹出图 4-20 所示的"构造柱参数"对话框。构造柱默认材料为钢筋混凝土。设置构造柱尺寸等参数后单击【确定】按钮，绘制结果如图 4-21 所示。

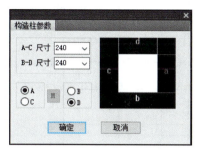

图 4-20 "构造柱参数"对话框

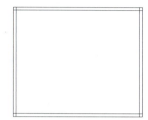

图 4-21 构造柱绘制

4.3.4 柱替换

"柱替换"命令具有对已布置柱子进行截面替换的功能。以图 4-16 为例，执行"标准柱"命令，打开图 4-22 所示的"标准柱"对话框，设置柱子参数，单击【替换图中已插入的柱子】按钮，选择需要替换的柱子，并按〈Enter〉键完成操作，结果如图 4-23 所示。

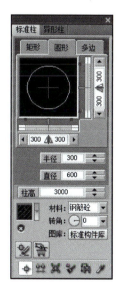

图 4-22 "标准柱"对话框

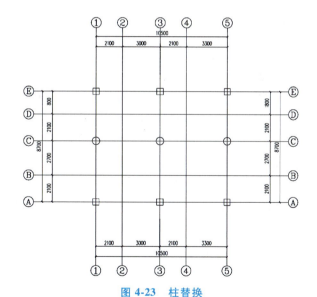

图 4-23 柱替换

4.3.5 柱编辑

"柱替换"命令适用于批量修改柱截面，当需要修改单个柱截面时，可利用夹点编辑或对象编辑功能。以图 4-24 为例，双击要替换的柱子 A，弹出"标准柱"对话框，"横向"修改为 700，"纵向"修改为 700，单击【确定】按钮完成编辑。

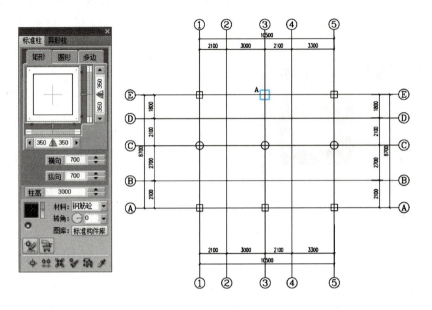

图 4-24　柱编辑

4.3.6　柱齐墙边

"柱齐墙边"命令可将柱边与指定墙边对齐，当多个柱子位于同一墙段且对齐方向截面边长相同时，可一次选择多个柱子与墙边对齐。执行"柱齐墙边"命令可采用以下方法：

1) 命令行：输入"ZQQB"命令，并按〈Enter〉键。
2) 菜单栏：单击"轴网柱子"→"柱齐墙边"。

绘制图 4-25 所示的墙柱平面，执行"柱齐墙边"命令，按以下命令行提示进行操作：

```
请点取墙边<退出>：        \\选取基准墙面
选择对齐方式相同的多个柱子<退出>：    \\找到 4 个
选择对齐方式相同的多个柱子<退出>：
请点取柱边<退出>：        \\选取与基准墙面对齐的柱边
```

完成操作后，绘制结果如图 4-26 所示。

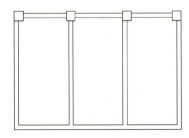

图 4-25　墙柱平面示例

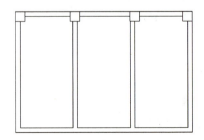

图 4-26　柱齐墙边

4.4 墙体

4.4.1 墙体创建

天正建筑插件的墙体绘制功能考虑了实际墙体的特性，可实现墙角自动修剪、按材料进行墙体连接、与柱子和门窗关联等。墙体包含位置、高度、厚度、类型、材料、内外等属性。值得注意的是，内墙和外墙的图形表示相同，但外墙可进行保温层设计。墙体材料用于控制墙体的二维平面图效果，相同材料墙体在墙角连通，不同材料的墙体相交时按预设的优先级处理，优先级低的墙体被打断。优先级由高到低依次为钢筋混凝土墙、石墙、砖墙、填充墙、幕墙和轻质隔墙。

1. 绘制墙体

"绘制墙体"命令可以用事先绘制的轴网为基础，输入墙体高度、宽度、属性等参数，完成墙体绘制。执行"绘制墙体"命令可采用以下方法：

1）命令行：输入"HZQT"命令，并按〈Enter〉键。
2）菜单栏：单击"墙体"→"绘制墙体"。

绘制图 4-27 所示的直线轴网，执行"绘制墙体"命令，弹出图 4-28 所示的"墙体"对话框。其中，"左宽"设置为 100，"右宽"设置为 100；"高度"设置为当前层高，"材料"设置为加气块，"用途"设置为外墙。单击【绘制直墙】按钮，按以下命令行提示进行操作：

```
起点或[参考点(R)]<退出>：           \\选取例图轴线交点
直墙下一点或[弧墙(A)/矩形画墙(R)/闭合(C)/回退(U)]<另一段>：    \\选取下一点
```

操作完成后，按〈Enter〉键结束绘制，结果如图 4-29 所示。

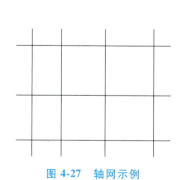

图 4-27 轴网示例

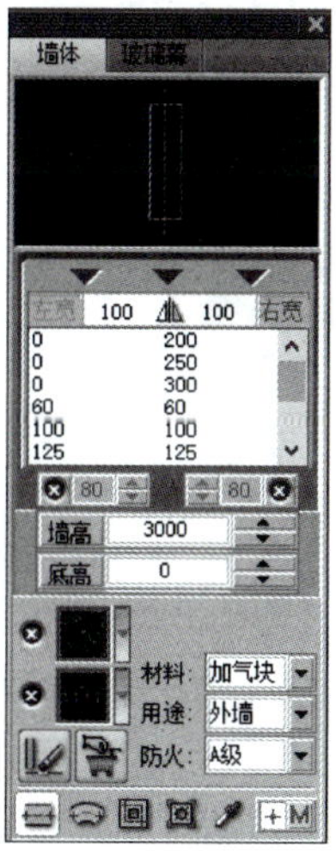

图 4-28 "墙体"对话框

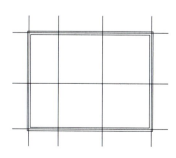

图 4-29 墙体绘制

2. 等分加墙

"等分加墙"命令可在墙段的每一等分处绘制与所选墙段垂直的墙体,可将已有大房间等分为多个小房间。执行"等分加墙"命令可采用以下方法:

1)命令行:输入"DFJQ"命令,并按〈Enter〉键。

2)菜单栏:单击"墙体"→"等分加墙"。

以图4-29为例,执行"等分加墙"命令,选择等分所参照的墙段后,弹出图4-30所示的"等分加墙"对话框。其中,"等分数"设置为2,"墙厚"设置为200,"材料"设置为加气块。设置完成后,在绘图区选择作为边界的墙段。操作完成后,绘制结果如图4-31所示。

图4-30 "等分加墙"对话框

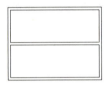

图4-31 等分加墙

3. 单线变墙

"单线变墙"命令可依据直线生成墙体,可基于设计好的轴网快速创建墙体。执行"单线变墙"命令可采用以下方法:

1)命令行:输入"DXBQ"命令,并按〈Enter〉键。

2)菜单栏:单击"墙体"→"单线变墙"。

以图4-27为例,执行"单线变墙"命令,弹出图4-32所示的"单线变墙"对话框,有"多轴生墙""轴网生墙"和"单线变墙"三种操作方式。选择要变成墙体的直线、圆弧或多段线,自动绘制墙体并识别外墙。操作完成后,生成的墙体如图4-33所示。

图4-32 "单线变墙"对话框

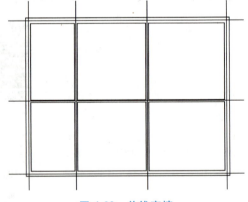

图4-33 单线变墙

4.4.2 墙体编辑

天正建筑插件对墙体有多种编辑命令,如倒墙角、修墙角、边线对齐等。此外,墙体对象编辑可采用偏移、修剪、延伸等AutoCAD命令,或双击墙体进入参数编辑模式。

1. 倒墙角

"倒墙角"命令可对两段不平行的墙体进行倒角处理，使两段墙以指定的圆角半径连接，圆角半径按墙中线计算。执行"修墙角"命令可采用以下方法：

1）命令行：输入"DQJ"命令，并按〈Enter〉键。

2）菜单栏：单击"墙体"→"倒墙角"。

以图 4-33 为例，执行"倒墙角"命令，按以下命令行提示进行操作：

```
选择第一段墙线[设圆角半径(R),当前=0]<退出>:R
请输入圆角半径<0>:1000
选择第一段墙线[设圆角半径(R),当前=1000]<退出>:     \\选中一墙线
选择另一段墙<退出>:     \\选中相交的另一墙线
```

采用相同操作方法，用"倒墙角"命令完成其他墙角操作，绘制结果如图 4-34 所示。

2. 修墙角

"修墙角"命令可对属性完全相同的墙体相交处进行清理。使用 AutoCAD 的某些编辑命令或夹点拖动对墙体进行操作后，墙体相交处如果出现未按要求打断的情况，可采用该命令修正。该命令也可更新墙体、墙体造型、柱子及围护结构的自动裁剪关系。执行"修墙角"命令可采用以下方法：

1）命令行：输入"XQJ"命令，并按〈Enter〉键。

2）菜单栏：单击"墙体"→"修墙角"。

执行"修墙角"命令，框选需处理的墙角、柱子或墙体造型，输入第一点，再单击另一对角点完成操作。

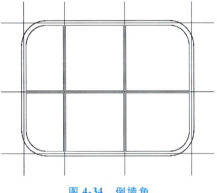

图 4-34 倒墙角

3. 边线对齐

"边线对齐"命令可维持墙体基线位置和总宽不变，通过修改左右宽度使墙体边线与指定位置对齐。通常用于处理墙体与某些特定位置的对齐，如和柱边线对齐。执行"边线对齐"命令可采用以下方法：

1）命令行：输入"BXDQ"命令，并按〈Enter〉键。

2）菜单栏：单击"墙体"→"边线对齐"。

以图 4-33 为例，执行"边线对齐"命令，按以下命令行提示进行操作：

```
请单击墙角边应通过的点或[参考点(R)]<退出>:     \\选择轴线南侧起点
请单击一段墙<退出>:     \\选择需要对齐的墙体
```

操作完成后，会弹出图 4-35 所示的"请您确认"对话框，单击【是】按钮，绘制结果如图 4-36 所示。

4. 净距偏移

"净距偏移"命令与 AutoCAD 的"Offset"命令类似，可用于自动处理墙端交接。执行"净距偏移"命令可采用以下方法：

1）命令行：输入"JJPY"命令，并按〈Enter〉键。

图 4-35 "请您确认"对话框

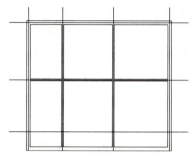

图 4-36 边线对齐

2)菜单栏:单击"墙体"→"净距偏移"。

绘制图 4-37 所示的墙体平面,执行"净距偏移"命令,输入偏移距离后,可生成图 4-38 所示的新墙体。

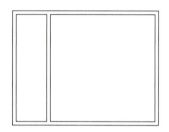

图 4-37 墙体平面示例

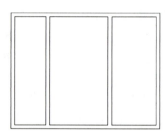

图 4-38 净距偏移

5. 墙柱保温

"墙柱保温"命令可为墙段加入或删除保温层线,遇门时自动打断保温层线,遇窗时自动增加窗厚度。执行"墙柱保温"命令可采用以下方法:

1)命令行:输入"QZBW"命令,并按〈Enter〉键。

2)菜单栏:单击"墙体"→"墙柱保温"。

以图 4-26 为例,执行"墙柱保温"命令,按以下命令行提示进行操作:

指定墙、柱、墙体造型保温的一侧或[内保温(I)/外保温(E)/消保温层(D)/保温层厚(当前=80)(T)]<退出>:T
保温层厚<80>:100   \\将保温层厚度修改为 100mm
指定墙、柱、墙体造型保温的一侧或[内保温(I)/外保温(E)/消保温层(D)/保温层厚(当前=100)(T)]<退出>:   \\选择需要添加保温的墙体

操作完成后,绘图效果如图 4-39 所示。

6. 墙体造型

"墙体造型"命令可为平面墙体绘制凸出造型,墙体造型高度与其关联墙高保持一致,可双击修改。执行"墙体造型"命令可采用以下方法:

1)命令行:输入"QTZX"命令,并按〈Enter〉键。

2)菜单栏:单击"墙体"→"墙体造型"。

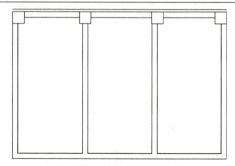

图 4-39 墙体保温层绘制

绘制图4-40所示的墙体平面,执行"墙体造型"命令,按以下命令行提示进行操作:

```
选择[外凸造型(T)/内凹造型(A)]<外凸造型>:
墙体造型轮廓起点或[点取图中曲线(P)/单击参考点(R)]<退出>:      \\绘制墙体造型控制点
直段下一点或[弧段(A)/回退(U)]<结束>:      \\按〈Enter〉键结束
```

操作完成后,左侧墙体造型效果如图4-41a所示,可参考上述步骤继续为右侧墙体添加弧线造型,绘图结果如图4-41b所示。

图4-40 墙体平面示例   图4-41 墙体造型绘制

7. 参数编辑

采用天正建筑绘制的墙体,双击时会打开参数编辑对话框,对墙高、墙宽、底高、用途、防火性能及保温层等参数进行编辑。

4.4.3 墙体编辑工具

1. 改墙厚

"改墙厚"命令可批量修改多段墙体的厚度,修改后墙体的墙基线保持居中不变,不适合修改偏心墙。执行"改墙厚"命令可采用以下方法:

1)命令行:输入"GQH"命令,并按〈Enter〉键。
2)菜单栏:单击"墙体"→"墙体工具"→"改墙厚"。

以图4-40为例,执行"改墙厚"命令,选择墙体输入新的墙宽,修改结果如图4-42所示。

2. 改外墙厚

"改外墙厚"命令可修改外墙厚度,执行该命令前,需先完成内外墙识别。执行"改外墙厚"命令可采用以下方法:

1)命令行:输入"GWQH"命令,并按〈Enter〉键。
2)菜单栏:单击"墙体"→"墙体工具"→"改外墙厚"。

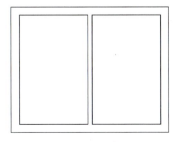

图4-42 改墙厚

以图4-33为例,执行"改外墙厚"命令,选择外墙,输入内、外侧宽,修改结果如图4-43所示。

3. 改高度

"改高度"命令可对选中的柱、墙体及造型的高度和底标高进行批量修改,调整墙柱构件的竖向位置。修改底标高时,门窗的底标高可和墙、柱联动修改。执行"改高度"命令可采用以下方法:

1)命令行:输入"GGD"命令,并按〈Enter〉键。

2)菜单栏:单击"墙体"→"墙体工具"→"改高度"。

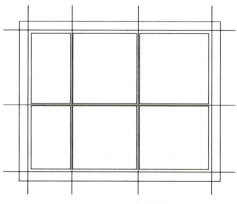

图 4-43 改外墙厚

以图 4-17 为例,为便于观察,切换至图 4-44 所示的三维视图。执行"改高度"命令,按以下命令行提示进行操作:

```
请选择墙体、柱子或墙体造型:指定对角点:        \\找到 4 个
新的高度<3000>: 6000      \\输入墙体高度
新的标高<0>:              \\输入墙体底标高
是否维持窗墙底部间距不变?[是(Y)/否(N)]<N>:    \\选择是否保持窗墙底部间距不变
```

操作完成后,绘制结果如图 4-45 所示。

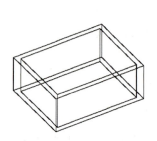

图 4-44 墙体三维视图

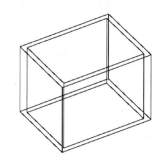

图 4-45 墙改高度

4. 改外墙高

"改外墙高"命令与"改高度"命令类似,但仅改变外墙高度,执行前需先完成内外墙识别,并自动忽略内墙。执行"改外墙高"命令,按以下命令行提示进行操作:

1)命令行:输入"GWQG"命令,并按〈Enter〉键。

2)菜单栏:单击"墙体"→"墙体工具"→"改外墙高"。

以图 4-33 为例,为便于观察切换至图 4-46 所示的三维视图,执行"改外墙高"命令,按以下命令行提示进行操作:

```
请选择外墙:找到 10 个
新的高度<3000>:6000
新的标高<0>:
是否保持墙上门窗到墙基的距离不变?[是(Y)/否(N)]<N>:
```

操作完成后，绘制结果如图4-47所示。

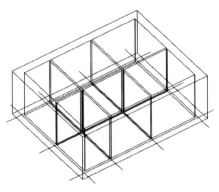

图4-46 墙体三维视图

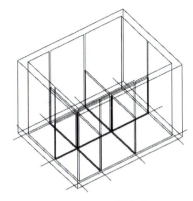

图4-47 改外墙高

5. 墙端封口

"墙端封口"命令可改变墙体对象自由端的二维显示形式，但不影响墙体的三维效果。"墙端封口"命令可使墙端在封口和开口两种形式间转换，对已经与其他墙相接的墙端不起作用。执行"墙端封口"命令可采用以下方法：

1）命令行：输入"QDFK"命令，并按〈Enter〉键。
2）菜单栏：单击"墙体"→"墙体工具"→"墙端封口"

以图4-48为例，执行"墙端封口"命令，命令行提示：

```
选择墙体:指定对角点(框选源图图源):找到17个
```

按〈Enter〉键，完成墙端封口操作，效果如图4-49所示。

图4-48 墙体平面示例　　图4-49 墙端封口

4.4.4 墙体立面工具

墙体立面工具可在立面设计方案初期用于快速生成立面轮廓。

1. 异形立面

"异形立面"命令可在立面显示状态下，按指定的轮廓线剪裁生成非矩形的立面墙体，如创建双坡或单坡屋面等。执行"异形立面"命令可采用以下方法：

1）命令行：输入"YXLM"命令，并按〈Enter〉键。

2）菜单栏：单击"墙体"→"墙体立面"→"异形立面"。

绘制图 4-50 所示的矩形立面及屋面裁剪线，执行"异形立面"命令，按以下命令行提示进行操作：

```
选择定制墙立面形状的不闭合多段线<退出>：    \\选择屋面裁剪线
选择墙体：    \\选下侧墙体
```

操作完成后，绘制结果如图 4-51 所示。

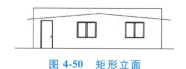

图 4-50　矩形立面

图 4-51　异形立面

2. 矩形立面

"矩形立面"命令可将异形立面恢复为矩形。执行"矩形立面"命令可采用以下方法：

1）命令行：输入"JXLM"命令，并按〈Enter〉键。

2）菜单栏：单击"墙体"→"墙体立面"→"矩形立面"。

执行"矩形立面"命令，选择要创建矩形立面的墙体，按〈Enter〉键完成操作。

3. 指定内墙

"指定内墙"命令可用于人工识别内墙，执行"指定内墙"命令可采用以下方法：

1）命令行：输入"ZDNQ"命令，并按〈Enter〉键。

2）菜单栏：单击"墙体"→"识别内外"→"指定内墙"。

执行"指定内墙"命令，选择墙体并按〈Enter〉键，可将该墙体指定为内墙。

4. 指定外墙

"指定外墙"命令可用于手动识别外墙，适用于复杂图形无法完成自动识别的情况。执行"指定外墙"命令可采用以下方法：

1）命令行：输入"ZDWQ"命令，并按〈Enter〉键。

2）菜单栏：单击"墙体"→"识别内外"→"指定外墙"。

执行"指定外墙"命令，选择外墙线，当外墙线以红色虚线显示时，表示该墙体被指定为外墙。

5. 加亮外墙

高亮显示已识别的外墙，执行"加亮外墙"命令可采用以下方法：

1）命令行：输入"JLWQ"命令，并按〈Enter〉键。

2）菜单栏：单击"墙体"→"识别内外"→"加亮外墙"。

执行"加亮外墙"命令，并按〈Enter〉键，所有外墙线会以红色虚线显示。

4.5　门窗

天正建筑插件可绘制普通门窗、组合门窗等，实现门窗规整、门窗填墙等编辑功能。此外，门窗绘制完成后，可创建门窗表，以列表的形式标注门窗规格。本节主要从以下三方面对门窗绘制功能进行介绍：

1）门窗创建：普通门窗、组合门窗等的创建。
2）门窗编号和门窗表：门窗编号与门窗表生成。
3）门窗编辑：内外翻转、左右翻转、编号复位，门窗套、门口、装饰套等。

4.5.1 门窗创建

门窗是建筑的重要组成部分，门窗创建即确定门窗的位置和尺寸。执行"门窗"命令，通过对话框选择门窗的样式并设置参数，可创建多种不同类型的门窗。天正建筑支持的门窗形式多样，门包括普通门、子母门、组合门窗和推拉门等，窗包括普通窗、弧窗、凸窗、转角窗、门连窗、带形窗、高窗和上层窗等。天正门窗分普通门窗与特殊门窗两类，定位方式基本相同。

1. 插入门

"插门"命令可用于在建筑平面图中插入门，执行"插门"命令可采用以下方法：

1）命令行：输入"MC"命令，并按〈Enter〉键。
2）菜单栏：单击"门窗"→"插门"。

绘制图 4-52 所示的建筑平面，执行"门窗"命令，弹出图 4-53 所示的"门"对话框。单击【插门】按钮，"编号"设置为 M-1，"门高"设置为 2100，"门宽"设置为 900，"门槛高"设置为 0。

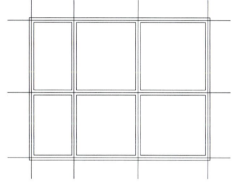

图 4-52 墙体平面示例

图 4-53 "门"对话框

参数设置完成后，在下侧工具栏中选择"插门"方式，包括"自由插入""沿墙顺序插入""依次点取位置两侧的轴线进行等分插入""在点取的墙段上等分插入""垛宽定距插入""轴线定距插入""按角度插入弧墙上的门窗""根据鼠标位置居中或定距插入门窗""充满整个墙段插入门窗""插入上层门窗""在已有洞口插入多个门窗"等方式。选择适当方式，将门 M-1 插入墙体，效果如图 4-54 所示。

2. 插入窗

"插窗"命令可用于在建筑平面图中插入窗，执行"插窗"命令可采用以下方法：

1）命令行：输入"MC"命令，并按〈Enter〉键。

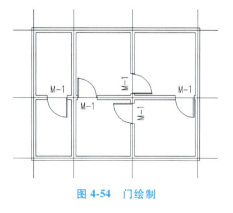

图 4-54 门绘制

2）菜单栏：单击"门窗"→"插窗"。

以图 4-54 为例，执行"门窗"命令，在图 4-55 所示的"窗"对话框中，单击【插窗】按钮 ，"编号"设置为 C-1，"窗宽"设置为 1200，"窗高"设置为 1800，"窗台高"设置为 900。参数设置完毕后，选择任一方式插入窗 C-1，效果如图 4-56 所示。

图 4-55 "窗"对话框

3. 组合门窗

"组合门窗"命令可将插入的多个门窗组合为一个对象，作为单个门窗对象统计。组合门窗各组成部分的平、立面图可单独编辑，还可使用"构件入库"命令把创建好的组合门窗图存入构件库，后续可直接调用。执行"组合门窗"命令可采用以下方法：

1）命令行：输入"ZHMC"命令，并按〈Enter〉键。

2）菜单栏：单击"门窗"→"组合门窗"。

执行"组合门窗"命令，选择需要组合的门窗和编号文字，输入编号并按〈Enter〉键完成操作，效果如图 4-57 所示。

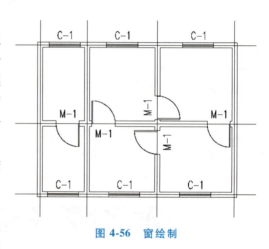

图 4-56 窗绘制

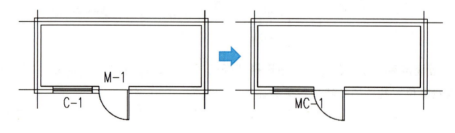

图 4-57 组合门窗

4. 带形窗

"带形窗"命令可在一段或连续多段墙上插入带形窗。执行"带形窗"命令可采用以下方法：

1）命令行：输入"DXC"命令，并按〈Enter〉键。

2）菜单栏：单击"门窗"→"带形窗"。

绘制图 4-58 所示的门窗平面，执行"带形窗"命令，按以下命令行提示进行操作：

```
起始点或[参考点(R)]<退出>：    \\选择窗起点
终止点或[参考点(R)]<退出>：    \\选择窗终点
选择带形窗经过的墙:指定对角点:找到 2 个
选择带形窗经过的墙：
```

操作完成后，绘制结果如图 4-59 所示。

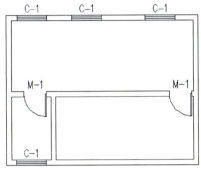

图 4-58　门窗平面示例

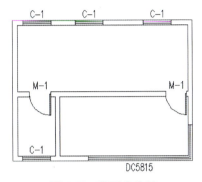

图 4-59　带形窗绘制

5. 转角窗

"转角窗"命令可用于绘制跨越两段相邻转角墙体的平窗或凸窗。执行"转角窗"命令可采用以下方法：

1）命令行：输入"ZJC"命令，并按〈Enter〉键。

2）菜单栏：单击"门窗"→"转角窗"。

以图 4-58 为例，执行"转角窗"命令，打开图 4-60 所示的"绘制角窗"对话框。勾选凸窗，单击其后三角形按钮，展开详细参数设置。"延伸"设置为 100，"出挑长"设置为 600，"窗高"设置为 3000，"窗台高"设置为 600，"窗编号"设置为 ZJC3030。参数设置完成后，按以下命令行提示进行操作：

```
请选取墙角<退出>：
转角距离 1<1000>:1400
转角距离 2<1000>:1600
请选取墙角<退出>：
```

操作完成后，绘制结果如图 4-61 所示。

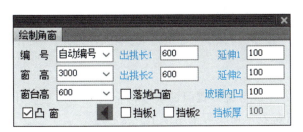

图 4-60　"绘制角窗"对话框

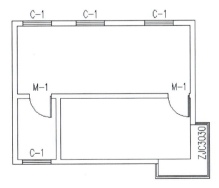

图 4-61　转角窗绘制

4.5.2 门窗编号

1. 编号设置

"编号设置"命令可设置门窗的编号规则。执行"编号设置"命令可采用以下方法：

1）命令行：输入"BHSZ"命令，并按〈Enter〉键。
2）菜单栏：单击"门窗"→"编号设置"。

执行"编号设置"命令，在图4-62所示的对话框内进行参数设置，单击【确定】按钮，完成编号设置。

2. 门窗编号

"门窗编号"命令可生成或修改门窗编号。执行"门窗编号"命令可采用以下方法：

1）命令行：输入"MCBH"命令，并按〈Enter〉键。
2）菜单栏：单击"门窗"→"门窗编号"。

绘制图4-63所示的门窗平面，执行"门窗编号"命令，选择需要修改编号的门窗，则门窗编号改变，绘制结果如图4-64所示。

图4-62 "编号设置"对话框

图4-63 门窗平面　　　　图4-64 门窗编号

3. 门窗检查

"门窗检查"命令可检查当前图中门窗数据是否合理。执行"门窗检查"命令可采用以下方法：

1）命令行：输入"MCJC"命令，并按〈Enter〉键。
2）菜单栏：单击"门窗"→"门窗检查"。

执行"门窗检查"命令，在图4-65、图4-66所示的对话框内进行检查。单击对话框左上角【设置】按钮，弹出图4-67所示的对话框中，可定义检查的内容和门窗的显示参数。

4. 门窗表

"门窗表"命令可统计本图中的门窗参数，生成传统样式门窗表或符合《建筑工程设计文件编制深度规定》要求的门窗表。执行"门窗表"命令可采用以下方法：

1）命令行：输入"MCB"命令，并按〈Enter〉键。

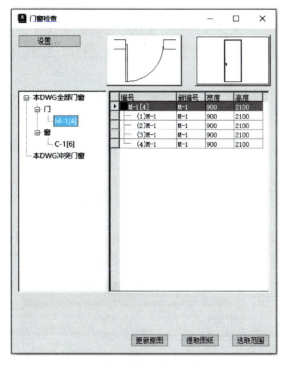

图 4-65 "门窗检查"对话框—门 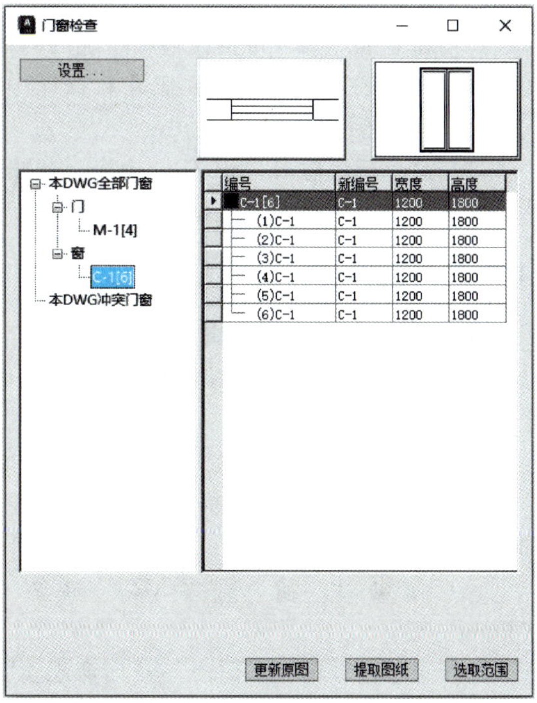　　　图 4-66 "门窗检查"对话框—窗

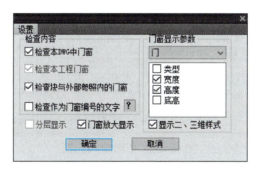

图 4-67 门窗检查"设置"对话框

2）菜单栏：单击"门窗"→"门窗表"。

执行"门窗表"命令，按以下命令提示行进行操作：

```
请选择门窗或[设置(S)]<退出>：        \\框选所需编入门窗表的门窗
请点取门窗表位置(左上角点)<退出>：    \\选取门窗表插入位置
```

操作完成后，绘制结果如图 4-68 所示。

类型	设计编号	洞口尺寸(mm)	数量	图集名称	页次	选用型号	备注
普通门	M-1	900X2100	4				
普通窗	C-1	1200X1800	6				

图 4-68 门窗表

5. 门窗总表

"门窗总表"命令可生成整座建筑的门窗表。需要注意的是，在执行门窗总表命令前，需新建或打开工程项目，并在工程数据库中建立楼层表（参考第 4.8 节）。执行"门窗总表"命令可采用以下方法：

1）命令行：输入"MCZB"命令，并按〈Enter〉键。
2）菜单栏：单击"门窗"→"门窗总表"。

4.5.3 门窗编辑

1. 对象编辑与特性编辑

双击门窗对象进入"对象编辑"模式，对门窗进行参数修改。

2. 门窗规整

绘制门窗图形时，可在"门"或"窗"对话框中设置门窗的位置参数。若需将多个不同的门窗图形进行统一设置，可调用"门窗规整"命令调整门窗位置。执行"门窗规整"命令可采用以下方法：

1）命令行：输入"MCGZ"命令，并按〈Enter〉键。
2）菜单栏：单击"门窗"→"门窗规整"。

执行"门窗规整"命令，弹出图 4-69 所示的对话框，可对门窗垛宽、门窗居中等参数进行修改。

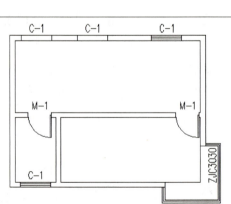

图 4-69 "门窗规整"对话框

3. 门窗填墙

"门窗填墙"命令可用于删除门窗图形，但保留门窗洞口。执行"门窗填墙"命令可采用以下方法：

1）命令行：输入"MCTQ"命令，并按〈Enter〉键。
2）菜单栏：单击"门窗"→"门窗填墙"。

以图 4-61 为例，执行"门窗填墙"命令，按以下命令行提示进行操作：

```
请选择需删除的门窗<退出>：    \\框选需要删除的门窗
请选择需填补的墙体材料:[填充墙(0)/加气块(1)/空心砖(2)/砖墙(3)/耐火砖(4)/无(5)]<3>:0
```

操作完成后，绘制结果如图 4-70 所示。

4. 内外翻转

使用夹点编辑可进行内外翻转操作，但一次只能编辑单个对象，而使用"内外翻转"命令可一次处理多个门窗。执行"内外翻转"命令可采用以下方法：

1）命令行：输入"NWFZ"命令，并按〈Enter〉键。
2）菜单栏：单击"门窗"→"内外翻转"。

以图 4-71 为例，执行"内外翻转"命令，选择

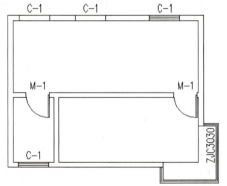

图 4-70 门窗填墙

要内外翻转的门窗，按〈Enter〉键完成操作，结果如图 4-72 所示。

5. 左右翻转

"左右翻转"命令可以门窗中垂线为轴线进行翻转。在菜单栏单击"门窗"→"左右翻转"，执行"左右翻转"命令，选择要左右翻转的门窗，按〈Enter〉键完成操作，结果如图 4-73 所示。

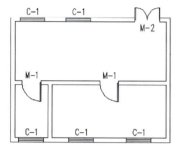

图 4-71　门窗平面示例

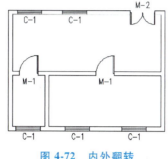

图 4-72　内外翻转

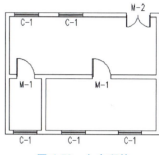

图 4-73　左右翻转

6. 编号复位

"编号复位"命令可将门窗编号恢复到默认位置。执行"编号复位"命令可采用以下方法：

1）命令行：输入"BHFW"命令，并按〈Enter〉键。

2）菜单栏：单击"门窗"→"门窗工具"→"编号复位"。

执行"编号复位"命令，选择名称待复位的门窗，完成操作。

7. 编号后缀

"编号后缀"命令可为门窗编号添加指定后缀，形成新的独立编号。执行"编号后缀"命令可采用以下方法：

1）命令行：输入"BHHZ"命令，并按〈Enter〉键。

2）菜单栏：单击"门窗"→"门窗工具"→"编号后缀"。

以图 4-71 为例，执行"编号后缀"命令，按以下命令行提示进行操作：

```
选择需要加编号后缀的门窗:指定对角点:找到 8 个
请输入需要加的门窗编号后缀<反>:
```

操作完成后，结果如图 4-74 所示。

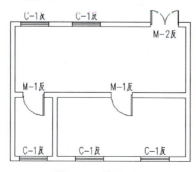

图 4-74　编号后缀

8. 门窗套

"门窗套"命令可在门窗四周加门窗框套。执行"门窗套"命令可采用以下方法：

1）命令行：输入"MCT"命令，并按〈Enter〉键。

2）菜单栏：单击"门窗"→"门窗工具"→"门窗套"。

以图4-71为例，执行"门窗套"命令，打开图4-75所示的"门窗套"对话框，"伸出墙长度"设置为200，"门窗套宽度"设置为200，选中"加门窗套"。操作完成后，绘制结果如图4-76所示。

图 4-75 "门窗套"对话框

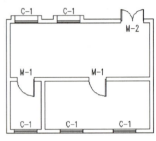

图 4-76 门窗套绘制

9. 门口线

"门口线"命令可在一个或多个门的某侧添加门口线，常表示门槛或门两侧地面标高不同。执行"门口线"命令可采用以下方法：

1）命令行：输入"MKX"命令，并按〈Enter〉键。

2）菜单栏：单击"门窗"→"门窗工具"→"门口线"。

以图4-71为例，执行"门口线"命令，键盘输入"Q"切换至"高级模式"，弹出图4-77所示的"门口线"对话框，按以下命令行提示进行操作：

请选取需要加门口线的门：   \\框选需要添加门口线的门
请点取门口线所在的一侧<退出>：

操作完成后，效果如图4-78所示。

图 4-77 "门口线"对话框

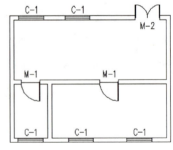

图 4-78 添加门口线

10. 加装饰套

"加装饰套"命令可用于添加门窗套线，可选择各种装饰风格和参数的装饰套。装饰套描述了门窗属性的三维特征。执行"加装饰套"命令可采用以下方法：

1）命令行：输入"JZST"命令，并按〈Enter〉键。

2)菜单栏：单击"门窗"→"门窗工具"→"加装饰套"。

以图 4-71 为例，执行"加装饰套"命令，打开如图 4-79 所示的"门窗套设计"对话框，填入截面形式和尺寸参数，绘制结果如图 4-80 所示。

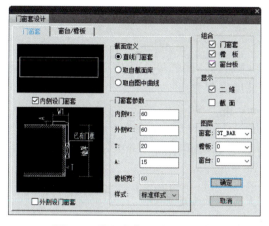

图 4-79 "门窗套设计"对话框

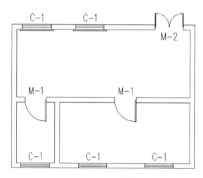

图 4-80 加装饰套

11. 窗棂展开

"窗棂展开"命令可将窗立面展开到平面上，以便更改窗棂划分。执行"窗棂展开"命令可采用以下方法：

1）命令行：输入"CLZK"命令，并按〈Enter〉键。

2）菜单栏：单击"门窗"→"门窗工具"→"窗棂展开"。

以图 4-81 为例，执行"窗棂展开"命令，选择需要展开的目标窗 ZJC3030，展开结果如图 4-82 所示。

12. 窗棂映射

"窗棂映射"命令可在已展开的窗立面图上绘制窗棂分格线，再按所绘制的分格线尺寸在目标窗上映射，将目标窗更新为所定义的窗棂效果。执行"窗棂映射"命令可采用以下方法：

1）命令行：输入"CLYS"命令，并按〈Enter〉键。

2）菜单栏：单击"门窗"→"门窗工具"→"窗棂映射"。

以图 4-81 为例，执行"窗棂映射"命令，选择目标窗 ZJC3030，按命令行提示选择需要映射的棱线及基点，完成窗棂分格线绘制，结果如图 4-83 所示。

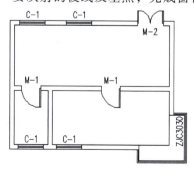

图 4-81 建筑平面示例

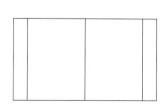

图 4-82 窗棂展开

图 4-83 窗棂映射

4.6 房间与屋顶

4.6.1 房间面积创建

1. 搜索房间

"搜索房间"命令可生成或更新已有房间信息(名称、面积等)并生成房间地面,标注位置位于房间的中心。执行"搜索房间"命令可采用以下方法:

1)命令行:输入"SSFJ"命令,并按〈Enter〉键。

2)菜单栏:单击"房间"→"搜索房间"。

以图 4-81 为例,执行"搜索房间"命令,打开图 4-84 所示的"搜索房间"对话框,设置参数后,按以下命令行提示进行操作:

请选择构成一完整建筑物的所有墙体(或门窗):　\\框选建筑物
请单击建筑物面积的标注位置<退出>:　\\选择标注建筑面积的地方

操作完成后,绘制结果如图 4-85 所示。搜索生成的房间名称可直接双击修改。

图 4-84 "搜索房间"对话框

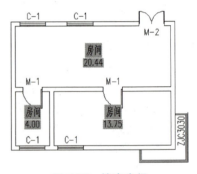

图 4-85 搜索房间

2. 房间轮廓

"房间轮廓"命令可在房间内部创建轮廓线,轮廓线可用作生成装饰踢脚线的边界。执行"房间轮廓"命令可采用以下方法:

1)命令行:输入"FJLK"命令,并按〈Enter〉键。

2)菜单栏:单击"房间"→"房间轮廓"。

以图 4-81 为例,执行"房间轮廓"命令,按命令行提示指定房间内一点,并根据屏幕提示完成操作,绘制结果如图 4-86 所示。

3. 房间排序

"房间排序"命令可按指定规则对房间编号重新排序。执行"房间排序"命令通过命令行进行,即在命令行输入"FJPX"命令,并按〈Enter〉键,然后框选显示编号的房间对象,输入新的起始编号,完成排序操作。

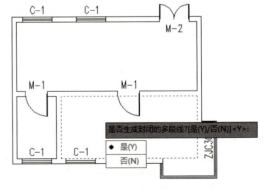

图 4-86 房间轮廓

4. 查询面积

"查询面积"命令可查询由墙体组成的房间、阳台及闭合多段线面积。执行"查询面积"命令可采用以下方法：

1）命令行：输入"CXMJ"命令，并按〈Enter〉键。

2）菜单栏：单击"房间"→"查询面积"。

以图 4-81 为例，该命令操作与"搜索房间"命令相似，可参考"搜索房间"命令进行操作，结果如图 4-87 所示。

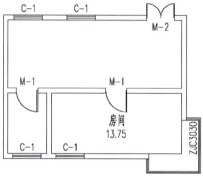

图 4-87　查询面积

5. 套内面积

"套内面积"命令可计算住宅单元的套内面积，并创建套内面积的房间对象。执行"套内面积"命令可采用以下方法：

1）命令行：输入"TNMJ"命令，并按〈Enter〉键。

2）菜单栏：单击"房间"→"套内面积"。

以图 4-81 为例，执行"套内面积"命令，打开图 4-88 所示的"套内面积"对话框。设置参数后，按以下命令行提示进行操作：

请选择同属一套住宅的所有房间面积对象与阳台面积对象:指定对角点:找到 3 个
请点取面积标注位置<中心>：

图 4-88　"套内面积"对话框

完成操作后，绘制结果如图 4-89 所示。

6. 面积计算

"面积计算"命令可对通过"查询面积"或"套内面积"等命令获得的面积进行加减计算，并标注计算结果。执行"面积计算"命令可采用以下方法：

1）命令行：输入"MJJS"命令，并按〈Enter〉键。

2）菜单栏：单击"房间"→"面积计算"。

"面积计算"命令操作与"套内面积"命令相似，可参考"套内面积"命令进行操作。

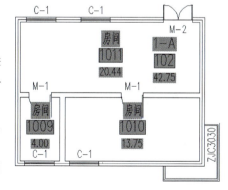

图 4-89　套内面积

4.6.2　房间布置

1. 加踢脚线

踢脚线主要用于装饰和保护墙角。"加踢脚线"命令可自动识别房间轮廓，遇到门和洞口时踢脚线会自动断开。执行"加踢脚线"命令可采用以下方法：

1）命令行：输入"JTJX"命令，并按〈Enter〉键。

2）菜单栏：单击"房间"→"加踢脚线"。

执行"加踢脚线"命令，弹出参数设置对话框，选择踢脚线截面后，确定需添加踢脚线的房间，完成操作。

2. 房间分格

"房间分格"命令可采用"定距分格"或"定数分格"方式绘制地面或吊顶平面分格。执行"房间分格"命令可采用以下方法：

1）命令行：输入"FJFG"命令，并按〈Enter〉键。

2）菜单栏：单击"房间"→"房间分格"。

以图4-81为例，执行"房间分格"命令，弹出图4-90所示的"房间分格"对话框，采用"定距分格"方式，设置分格间距后，按命令行提示，选择要分格的房间，完成操作后，绘制结果如图4-91所示。

图4-90 "房间分格"对话框

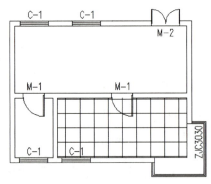

图4-91 定距分格结果

3. 布置洁具

"布置洁具"命令可用于布置指定形式的卫生洁具。执行"布置洁具"命令可采用以下方法：

1）命令行：输入"BZJJ"命令，并按〈Enter〉键。

2）菜单栏：单击"房间"→"布置洁具"。

执行"布置洁具"命令，弹出图4-92所示的"天正洁具"对话框。选择不同类型的洁具后，系统自动给出与该类型相适应的布置方法。以蹲便器为例在右侧预览框中双击所需布置的卫生洁具，打开"布置蹲便器（感应式）"对话框。设定蹲便器参数后，单击墙体边线或选择已有洁具进行蹲便器布置，绘制结果如图4-93所示。其他卫生洁具的布置方法与此类似。

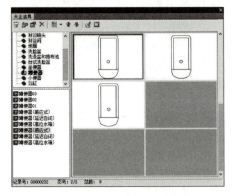

图4-92 "天正洁具"对话框

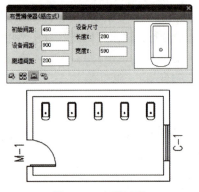

图4-93 布置洁具

4. 隔断隔板

"隔断隔板"命令可通过两点直线选取房间内已插入的洁具,通过输入隔间深度和隔断门宽自动布置卫生间隔断隔板。执行"隔断隔板"命令可采用以下方法:

1)命令行:输入"GDGB"命令,并按〈Enter〉键。

2)菜单栏:单击"房间"→"隔断隔板"。

以图4-93为例,执行"隔断隔板"命令,弹出图4-94所示对话框,输入"隔间深度""隔断门宽"等参数后,按以下命令行提示进行操作:

```
输入一直线来选洁具!
起点:选择起点
终点:选择终点
```

操作完成后,绘制结果如图4-95所示。

图4-94 "隔断隔板"对话框

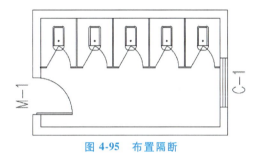

图4-95 布置隔断

4.6.3 屋顶创建

1. 搜屋顶线

"搜屋顶线"命令可搜索墙线并按外墙外边生成屋顶平面的轮廓线。执行"搜屋顶线"命令可采用以下方法:

1)命令行:输入"SWDX"命令,并按〈Enter〉键。

2)菜单栏:单击"屋顶"→"搜屋顶线"。

以图4-81为例,执行"搜屋顶线"命令,按以下命令行提示进行操作:

```
请选择构成一完成建筑物的所有墙体(或门窗):    \\框选建筑物
偏移外皮距离<600>:    \\输入屋顶线与外墙线间的距离
```

操作完成后,绘制结果如图4-96所示。

2. 任意坡顶

"任意坡顶"命令可依据封闭的多段线生成指定坡度的坡形屋面。执行"任意坡顶"命令可采用以下方法:

1)命令行:输入"RYPD"命令,并按〈Enter〉键。

2)菜单栏:单击"屋顶"→"任意坡顶"。

以图4-96为例,执行"任意坡顶"命令,按以下命令行提示进行操作:

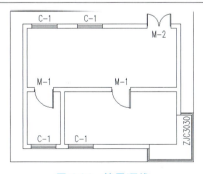

图4-96 搜屋顶线

```
选择一封闭的多段线<退出>:        \\选择封闭的多段线
请输入坡度<30>:30
出檐长<600>:600
```

操作完成后,绘制结果如图4-97所示。

3. 人字坡顶

"人字坡顶"命令可由封闭的多段线生成指定坡度的单坡或双坡屋面。执行"人字坡顶"命令可采用以下方法:

1)命令行:输入"RZPD"命令,并按〈Enter〉键。
2)菜单栏:单击"屋顶"→"人字坡顶"。

以图4-96为例,执行"人字坡顶"命令,按以下命令行提示进行操作:

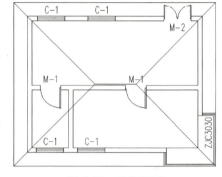

图4-97　任意坡顶

```
请选择一封闭的多段线<退出>:        \\选择屋顶轮廓
请输入屋脊线的起点<退出>:          \\选择轮廓中点
请输入屋脊线的终点<退出>:          \\选择屋顶轮廓另一个中点
```

操作完成后,弹出图4-98所示的"人字坡顶"对话框,设置参数后单击【确定】按钮完成坡顶绘制,结果如图4-99所示。

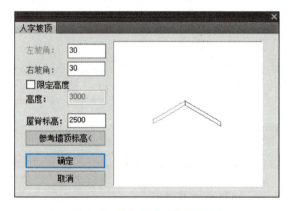

图4-98　"人字坡顶"对话框

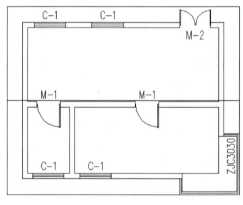

图4-99　人字坡顶绘制

4. 攒尖屋顶

"攒尖屋顶"命令可生成对称的正多边锥形攒尖屋顶。执行"攒尖屋顶"命令可采用以下方法:

1)命令行:输入"CJWD"命令,并按〈Enter〉键。
2)菜单栏:单击"屋顶"→"攒尖屋顶"。

绘制图4-100所示的墙体平面,执行"攒尖屋顶"命令,打开图4-101所示的"攒尖屋顶"对话框进行参数设置。本例中,"边数"设置为6,"屋顶高"设置为3000,"出檐长"设置为600,并按以下命令行提示进行操作:

请单击屋顶的中心点：　　　\\选择平面中点
获得第二个点：　　\\半径选择5000

操作完成后，绘制结果如图4-102所示。

图4-100　墙体平面示例

图4-101　"攒尖屋顶"对话框

5. 矩形屋顶

"矩形屋顶"命令可由三点定义矩形，生成指定坡度和屋顶高的歇山屋顶等。执行"矩形屋顶"命令可采用以下方法：

1）命令行：输入"JXWD"命令，并按〈Enter〉键。

2）菜单栏：单击"屋顶"→"矩形屋顶"。

以图4-96为例，执行"矩形屋顶"命令，按以下命令行提示进行操作：

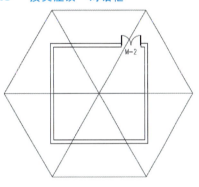

图4-102　攒尖屋顶

点取主坡墙外皮的左下角点<退出>：
点取主坡墙外皮的右下角点<退出>：
点取主坡墙外皮的右上角点<返回>：

操作完成后，绘制结果如图4-103所示。

6. 加老虎窗

"加老虎窗"命令可在三维屋顶生成多种形式的老虎窗。执行"加老虎窗"命令可采用以下方法：

1）命令行：输入"JLHC"命令，并按〈Enter〉键。

2）菜单栏：单击"屋顶"→"加老虎窗"。

绘制图4-104所示的坡屋顶，执行"加老虎窗"命令，选择坡屋顶坡面，弹出图4-105所示的"加老虎窗"对话框，输入参数后单击【确定】按钮，按命令行提示选取老虎窗的插入位置完成绘制，结果如图4-106所示。

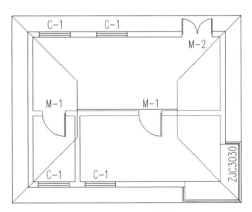

图4-103　矩形屋顶

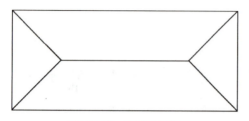

图 4-104 坡屋顶示例

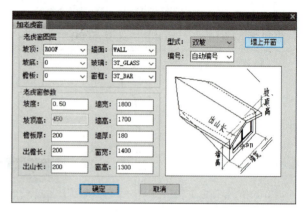

图 4-105 "加老虎窗"对话框

7. 加雨水管

"加雨水管"命令可在屋顶平面图中绘制雨水管。执行"加雨水管"命令可采用以下方法：

1）命令行：输入"JYSG"命令，并按〈Enter〉键。

2）菜单栏：单击"屋顶"→"加雨水管"。

以图 4-104 为例，执行"加雨水管"命令，给出雨水管的起始点（入水口）和结束点（出水口）完成操作，结果如图 4-107 所示。

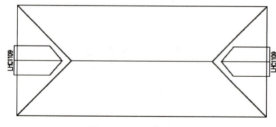

图 4-106 老虎窗绘制

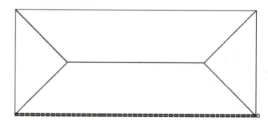

图 4-107 雨水管绘制

4.7 楼梯及其他绘制

4.7.1 楼梯创建

1. 直线梯段

最基本的楼梯样式，可用于组合成复杂楼梯。执行"直线梯段"命令可采用以下方法：

1）命令行：输入"ZXTD"命令，并按〈Enter〉键。

2）菜单栏：单击"楼梯其他"→"直线梯段"。

执行"直线梯段"命令，弹出图 4-108 所示的"直线梯段"对话框，命令行提示：

点取位置或 [转 90 度（A）/左右翻（S）/上下翻（D）/对齐（F）/改转角（R）/改基点（T）]＜退出＞：

操作完成后,绘制结果如图 4-109 所示。

图 4-108 "直线梯段"对话框

图 4-109 直线梯段绘制

2. 圆弧梯段

"圆弧梯段"命令可用于绘制单段弧线型梯段,既适合单独的圆弧楼梯,也可与直线梯段组合创建复杂楼梯。执行"圆弧梯段"命令可采用以下方法:

1)命令行:输入"YHTD"命令,并按〈Enter〉键。

2)菜单栏:单击"楼梯其他"→"圆弧梯段"。

执行"圆弧梯段"命令,弹出图 4-110 所示的"圆弧梯段"对话框,命令行提示:

```
点取位置或 [ 转 90 度 ( A ) / 左右翻 ( S ) / 上下翻 ( D ) / 对齐 ( F ) / 改转角 ( R ) / 改基点 ( T ) ] < 退出 >:
```

操作完成后,绘制结果如图 4-111 所示。

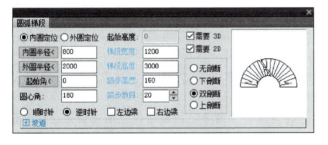

图 4-110 "圆弧梯段"对话框

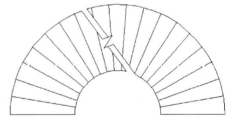

图 4-111 圆弧梯段绘制

3. 任意梯段

"任意梯段"命令可指定梯段两侧的边界创建形状多变的梯段。执行"任意梯段"命令可采用以下方法:

1)命令行:输入"RYTD"命令,并按〈Enter〉键。

2)菜单栏:单击"楼梯其他"→"任意梯段"。

绘制图 4-112 所示的梯段边线,执行"任意梯段"命令,按命令行提示选择梯段左侧和右侧边线,弹出如图 4-113 所示的"任意梯段"对话框。参数设置完成后,单击【确定】按钮完成绘制,结果如图 4-114 所示。

4. 添加扶手

"添加扶手"命令可沿楼梯或多段线路径生成扶手。执行"添加扶手"命令可采用以下方法:

 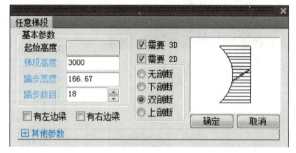 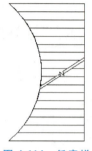

图 4-112 梯段边线示例　　图 4-113 "任意梯段"对话框　　图 4-114 任意梯段绘制

1) 命令行：输入"TJFS"命令，并按〈Enter〉键。
2) 菜单栏：单击"楼梯其他"→"添加扶手"。

以图 4-114 为例，执行"添加扶手"命令，按以下命令行提示进行操作：

请选择梯段或作为路径的曲线(线/弧/圆/多段线)：　　\\选择楼梯的左边沿
扶手宽度<60>:60
扶手顶面高度<900>:900
扶手距边<0>:0

按上述操作生成楼梯左边扶手后，重复上述命令生成右边沿扶手，绘制结果如图 4-115 所示。绘制完成后双击扶手，可进入对象编辑状态。

5. 连接扶手

"连接扶手"命令可将两段扶手连成一段，若两段待连接的扶手样式不同，则连接后的样式以第一段扶手为准。执行"连接扶手"命令可采用以下方法：

1) 命令行：输入"LJFS"命令，并按〈Enter〉键。
2) 菜单栏：单击"楼梯其他"→"连接扶手"。

绘制图 4-116 所示的转角楼梯，执行"连接扶手"命令，按命令行提示选择待连接的扶手，绘制结果如图 4-117 所示。

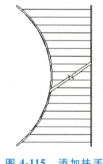 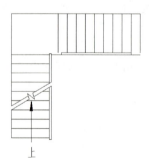 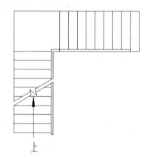

图 4-115 添加扶手　　图 4-116 转角楼梯示例　　图 4-117 连接扶手

6. 双跑楼梯

双跑楼梯是一种常用的楼梯形式，是由两个直线梯段、一个休息平台、一个（或两个）扶手和一组（或两组）栏杆构成的自定义对象。"双跑楼梯"命令采用参数化方式绘制双跑楼梯。执行"双跑楼梯"命令可采用以下方法：

1）命令行：输入"SPLT"命令，并按〈Enter〉键。
2）菜单栏：单击"楼梯其他"→"双跑楼梯"。

绘制楼梯间，执行"双跑楼梯"命令，打开图 4-118 所示的"双跑楼梯"对话框，各选项的含义如下：

楼梯高度：双跑楼梯的总高度。
踏步总数：双跑楼梯总踏步数。
一跑步数：楼梯一跑的踏步数量，与"二跑数量"互相平衡。
二跑步数：二跑步数默认与一跑数量相同，可根据设计需要进行修改。
踏步高度：每个踏步的垂直高度。
踏步宽度：每个踏步水平宽度。
梯间宽：双跑楼梯总宽。
梯段宽：默认宽度由总宽计算而来。
井宽：两个梯段间的宽度。
休息平台：连接两梯段的中间平台。
踏步取齐：除两跑步数小等时，可直接在"齐平台""居中""齐楼板"中选择两梯段相对位置，也可通过拖动夹点调整两梯段间的位置，此时"踏步取齐"需设为"自由"。
层类型：根据楼梯位置不同，分为首层、中间层、顶层三种形式。

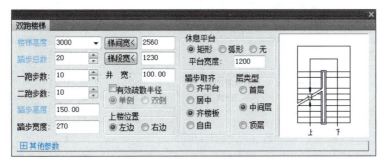

图 4-118 "双跑楼梯"对话框

执行"双跑楼梯"命令，对话框中输入相应的参数，单击【确定】按钮，按以下命令行提示进行操作：

单击位置或[转90度(A)/左右翻(S)/上下翻(D)/对齐(F)/改转角(R)/改基点(T)]<退出>：   \\选择房间左上内角点

操作完成后，绘制结果如图 4-119 所示。双跑楼梯的三维显示如图 4-120 所示。

7. 多跑楼梯

"多跑楼梯"命令可在输入的关键点建立多跑楼梯，梯段和休息平台交替布置。执行"多跑楼梯"命令可采用以下方法：

1）命令行：输入"DPLT"命令，并按〈Enter〉键。
2）菜单栏：单击"楼梯其他"→"多跑楼梯"。

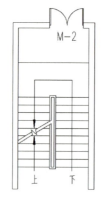

图 4-119 双跑楼梯示例

图 4-120 双跑楼梯三维视图

执行"多跑楼梯"命令,弹出图 4-121 所示的"多跑楼梯"对话框。参数设置完成后,按以下命令行提示进行操作:

```
起点:        \\选取楼梯起始点
输入下一点或[路径切换到右侧(Q)]<退出>:
输入下一点或[绘制梯段(T)/路径切换到右侧(Q)/撤销上一点(U)]<切换到绘制梯段>:
输入下一点或[绘制平台(T)/路径切换到右侧(Q)/撤销上一点(U)]<退出>:
```

操作完成后,绘制结果如图 4-122 所示。

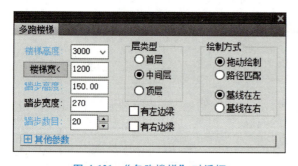

图 4-121 "多跑楼梯"对话框

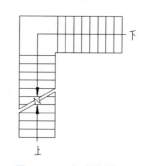

图 4-122 多跑楼梯绘制

8. 双分平行楼梯

"双分平行"命令可采用参数化方式绘制双分平行楼梯。执行"双分平行"命令可采用以下方法:

1)命令行:输入"SFPX"命令,并按〈Enter〉键。

2)菜单栏:单击"楼梯其他"→"双分平行"。

执行"双分平行"命令,打开图 4-123 所示的"双分平行楼梯"对话框。参数设置完成后,绘制结果如图 4-124 所示。

9. 双分转角楼梯

"双分转角"命令可采用参数化方式绘制双分转角楼梯。执行"双分转角"命令可采用以下方法:

1)命令行:输入"SFZJ"命令,并按〈Enter〉键。

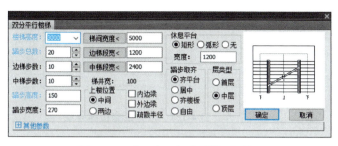

图 4-123 "双分平行楼梯"对话框 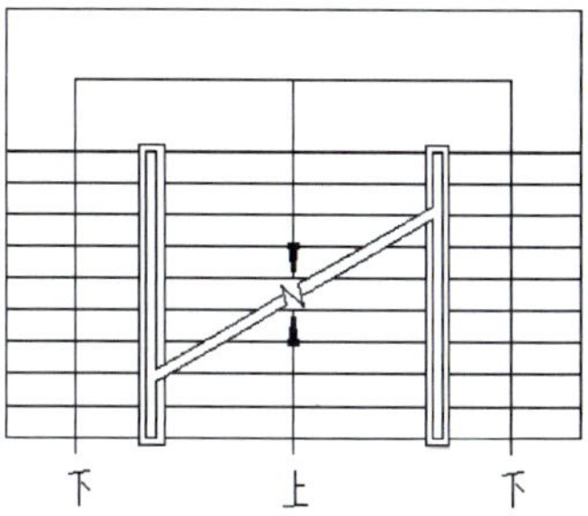　　　　图 4-124 双分平行楼梯绘制

2) 菜单栏:单击"楼梯其他"→"双分转角"。

执行"双分转角"命令,弹出图 4-125 所示的"双分转角楼梯"对话框。参数设置完成后,绘制结果如图 4-126 所示。

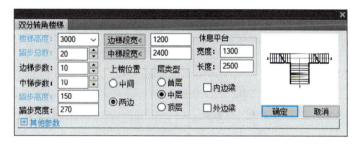

图 4-125 "双分转角楼梯"对话框

10. 双分三跑楼梯

"双分三跑"命令可采用参数化方式绘制双分三跑楼梯。执行"双分三跑"命令可采用以下方法:

1) 命令行:输入"SFSP"命令,并按〈Enter〉键。

2) 菜单栏:单击"楼梯其他"→"双分三跑"。

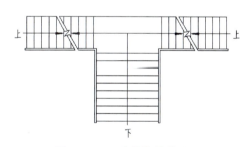

图 4-126 双分转角楼梯绘制

执行"双分三跑"命令,弹出图 4-127 所示的"双分三跑楼梯"对话框。参数设置完成后,绘制结果如图 4-128 所示。

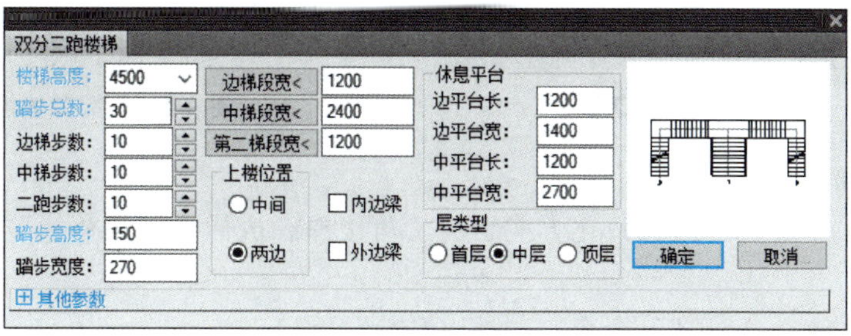

图 4-127 "双分三跑楼梯"对话框

11. 交叉楼梯

"交叉楼梯"命令可采用参数化方式绘制交叉楼梯。执行"交叉楼梯"命令可采用以下方法:

1) 命令行: 输入"JCLT"命令,并按〈Enter〉键。

2) 菜单栏: 单击"楼梯其他"→"交叉楼梯"。

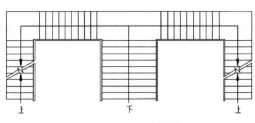

图 4-128 双分三跑楼梯绘制

执行"交叉楼梯"命令,弹出图 4-129 所示的"交叉楼梯"对话框。参数设置完成后,绘制结果如图 4-130 所示。

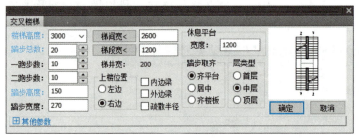

图 4-129 "交叉楼梯"对话框

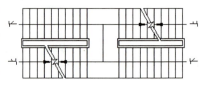

图 4-130 交叉楼梯绘制

12. 剪刀楼梯

"剪刀楼梯"命令可采用参数化方式绘制剪刀楼梯。剪刀楼梯一般用作疏散楼梯,两跑间需要绘制防火墙进行分隔。执行"剪刀楼梯"命令可采用以下方法:

1) 命令行: 输入"JDLT"命令,并按〈Enter〉键。

2) 菜单栏: 单击"楼梯其他"→"剪刀楼梯"。

执行"剪刀楼梯"命令,弹出图 4-131 所示的"剪刀楼梯"对话框。参数设置完成后,绘制结果如图 4-132 所示。

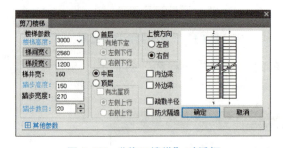

图 4-131 "剪刀楼梯"对话框

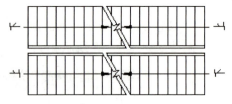

图 4-132 剪刀楼梯绘制

13. 三角楼梯

"三角楼梯"命令可采用参数化方式绘制三角楼梯。执行"三角楼梯"命令可采用以下方法:

1) 命令行: 输入"SJLT"命令,并按〈Enter〉键。

2) 菜单栏: 单击"楼梯其他"→"三角楼梯"。

执行"三角楼梯"命令,弹出图 4-133 所示的"三角楼梯"对话框。参数设置完成后,绘制结果如图 4-134 所示。

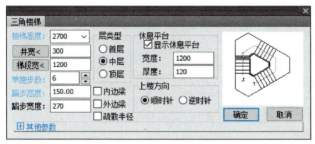

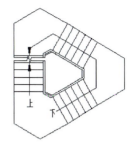

图 4-133 "三角楼梯"对话框　　　　图 4-134 三角楼梯绘制

14. 矩形转角楼梯

"矩形转角"命令可采用参数化方式绘制 2~4 跑矩形转角楼梯。执行"矩形转角"命令可采用以下方法:

1)命令行:输入"JXZJ"命令,并按〈Enter〉键。

2)菜单栏:单击"楼梯其他"→"矩形转角"。

执行"矩形转角"命令,弹出图 4-135 所示的"矩形转角楼梯"对话框。参数设置完成后,绘制结果如图 4-136 所示。

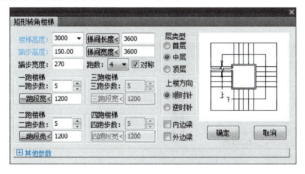

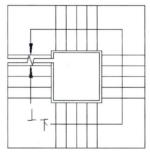

图 4-135 "矩形转角楼梯"对话框　　　　图 4-136 矩形转角楼梯绘制

15. 电梯

"电梯"命令可在电梯间井道内插入电梯,绘制电梯简图。执行"电梯"命令可采用以下方法:

1)命令行:输入"DT"命令,并按〈Enter〉键。

2)菜单栏:单击"楼梯其他"→"电梯"。

绘制图 4-137 所示的电梯井道墙体,执行"电梯"命令,弹出图 4-138 所示的"电梯参数"对话框。参数设置完成后,按以下命令行提示进行操作:

```
请给出电梯间的一个角点或[参考点(R)]<退出>:
再给出上一角点的对角点:
请单击开电梯门的墙线<退出>:
请单击平衡块的所在的一侧<退出>:
请单击其他开电梯门的墙线<无>:
```

操作完成后,电梯绘制结果如图 4-139 所示。

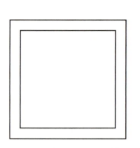 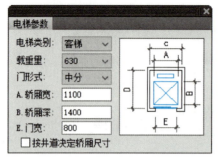 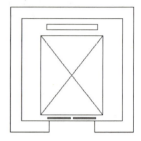

图 4-137　电梯井道墙体示例　　　图 4-138　"电梯参数"对话框　　　图 4-139　电梯绘制

16. 自动扶梯

"自动扶梯"命令可采用参数化方式绘制自动扶梯。执行"自动扶梯"命令可采用以下方法:

1)命令行:输入"ZDFT"命令,并按〈Enter〉键。
2)菜单栏:单击"楼梯其他"→"自动扶梯"。

执行"自动扶梯"命令,弹出图 4-140 所示的"自动扶梯"对话框。参数设置完成后,勾选"单梯"选项,按命令行提示点取扶梯插入位置完成自动扶梯绘制,结果如图 4-141 所示。"双梯"选项的绘制方法与"单梯"相同,结果如图 4-142 所示。

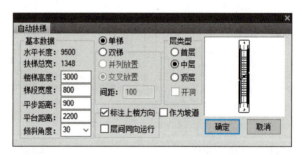

图 4-140　"自动扶梯"对话框

 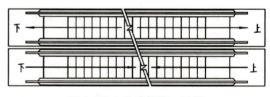

图 4-141　自动扶梯—单梯　　　　　　图 4-142　自动扶梯—双梯

4.7.2　其他设施

1. 阳台

"阳台"命令可用于绘制阳台或将多段线转换为阳台。执行"阳台"命令可采用以下方法:

1)命令行:输入"YT"命令,并按〈Enter〉键。

2）菜单栏：单击"楼梯其他"→"阳台"。

执行"阳台"命令，弹出图4-143所示的"绘制阳台"对话框。参数设置完成后，按命令行提示选择插入阳台的起点与终点，绘制结果如图4-144所示。

图4-143 "绘制阳台"对话框

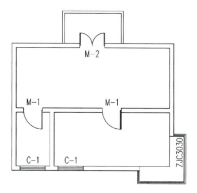

图4-144 阳台绘制

2. 台阶

"台阶"命令可用于绘制台阶或将多段线转换为台阶。执行"台阶"命令可采用以下方法：

1）命令行：输入"TJ"命令，并按〈Enter〉键。
2）菜单栏：单击"楼梯其他"→"台阶"。

执行"台阶"命令，弹出图4-145所示的"台阶"对话框。参数设置完成后，按命令行提示选择台阶第一点和第二点完成绘制，结果如图4-146所示。

图4-145 "台阶"对话框

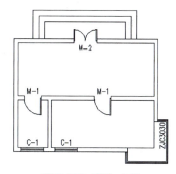

图4-146 添加台阶

3. 坡道

"坡道"命令可采用参数化方式绘制坡道，执行"坡道"命令可采用以下方法：

1）命令行：输入"PD"命令，并按〈Enter〉键。
2）菜单栏：单击"楼梯其他"→"坡道"。

执行"坡道"命令，弹出图4-147所示的"坡道"对话框。在对话框中输入相应的参数，按命令行提示选择坡道插入点完成绘制，结果如图4-148所示。

4. 散水

"散水"命令可通过自动搜索外墙线绘制散水，执行"散水"命令可采用以下方法：

1）命令行：输入"SS"命令，并按〈Enter〉键。

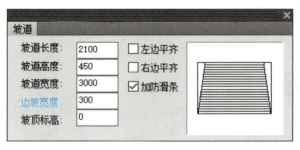
图 4-147 "坡道"对话框

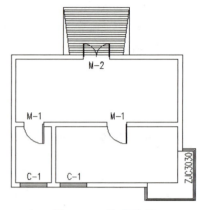
图 4-148 坡道绘制

2）菜单栏：单击"楼梯其他"→"散水"。

执行"散水"命令，打开图 4-149 所示的"散水"对话框。参数设置完成后，按命令行提示选择构成建筑物的所有墙体完成散水绘制，结果如图 4-150 所示。

图 4-149 "散水"对话框

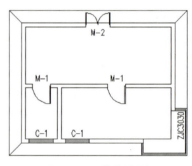
图 4-150 散水绘制

4.8 建筑立面

4.8.1 立面创建

1. 建筑立面

"建筑立面"命令可自动依据建筑平面图生成建筑立面图。生成建筑立面通常包括以下基本步骤：新建工程项目、建立楼层表，以及设置参数并生成建筑立面。具体操作如下：

（1）新建工程项目 生成立面图需以平面图为基础，在当前工程为空的情况下执行"建筑立面"命令，会出现警告对话框"请打开或新建一个工程管理项目，并在工程数据库中建立楼层表"。因此，执行该命令前，需创建工程管理项目。执行"文件布图"→"工程管理"→"新建工程"命令，出现图 4-151 所示的"新建工程"对话框。"文件名"设置为"示例项目"，单击【保存】按钮，可生成图 4-152 所示的示例项目的工程管理器。

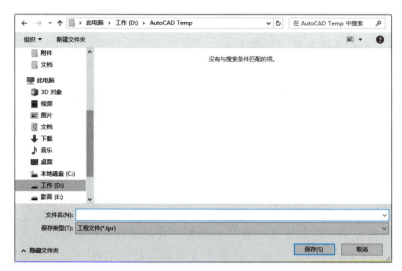

图 4-151 "新建工程"对话框　　　　图 4-152 工程管理器

（2）建立楼层表　建立楼层表可采用以下两种方式：

1）如果每层平面图均有独立的图纸文件，可将多个平面图文件放在同一文件夹内，在工程管理器中单击【打开】按钮，打开所需的平面图，确定各标准层的对齐点，完成楼层组合。

2）如果多个平面图放在同一图纸文件中，可分别选取各层平面图并指定对齐点，完成楼层组合。采用该方法时，也可指定部分其他图纸文件中的平面图，灵活性较好。

以方式2）为例，将图 4-153 作为楼层组合的平面图元。单击相应按钮，按以下命令行提示进行操作：

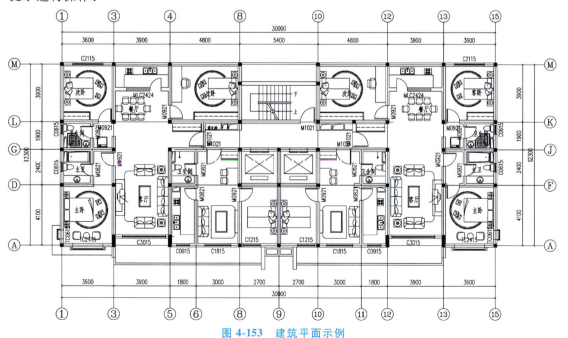

图 4-153 建筑平面示例

143

```
选择第一个角点<取消>：        \\选择所选标准层的左下角
另一个角点<取消>：           \\选择所选标准层的右上角
对齐点<取消>：              \\选择开间和进深的第一轴线交点
成功定义楼层！
```

将所选楼层定义为第一层，重复上述操作完成各楼层定义，结果如图 4-154 所示。当所选标准层不在同一图纸内时，可通过单击"文件"栏的方框选择需要插入的标准层。

（3）设置参数并生成建筑立面　执行"建筑立面"命令，按以下命令行提示进行操作：

```
请输入立面方向或[正立面(F)/背立面(B)/左立面(L)/右立面(R)]<退出>:F      \\选择正立面
请选择要出现在立面图上的轴线：        \\选择轴线
```

操作完成后，弹出图 4-155 所示的"立面生成设置"对话框。在对话框中设置标注、内外高差和出图比例等参数，单击【生成立面】按钮，并输入立面图文件的名称和位置。最后，单击【保存】按钮自动生成立面图，绘制结果如图 4-156 所示。

图 4-154　定义楼层

图 4-155　"立面生成设置"对话框

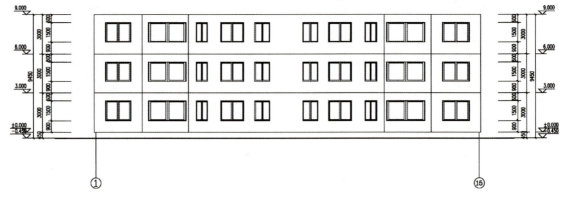

图 4-156　生成立面图

2. 构件立面

生成当前标准层、局部构件或三维图块对象在选定方向上的立面图与顶视图。生成的立面图内容取决于选定对象的三维图形。该命令按三维视图指定方向进行消隐计算,生成立面图的图层名为原构件图层名加前缀"E-"。执行"构件立面"命令可采用以下方法:

1)命令行:输入"GJLM"命令,并按〈Enter〉键。

2)菜单栏:单击"立面"→"构件立面"。

以图 4-157 所示的楼梯为例绘制立面,执行"构件立面"命令,按以下命令行提示进行操作:

```
请输入立面方向或[正立面(F)/背立面(B)/左立面(L)/右立面(R)/顶视图(T)]<退出>:
F        \\生成正立面
请选择要生成立面的建筑构件:找到 1 个    \\选择建筑构件,按〈Enter〉键结束选择
请点取放置位置:      \\绘图区选取楼梯立面放置位置
```

操作完成后,绘制结果如图 4-158 所示。

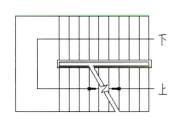

图 4-157 楼梯平面

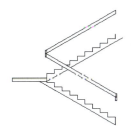

图 4-158 楼梯立面

4.8.2 立面编辑

根据立面要求,对生成的建筑立面进行编辑,可完成门窗、阳台、屋顶、门窗套、雨水管、轮廓线创建等功能,或替换、添加立面门窗。此外,门窗图块管理工具可处理带装饰门窗套的立面门窗,并提供了与之配套的立面门窗图库。

1. 立面门窗

"立面门窗"命令可用于插入、替换立面图上的门窗,并可对立面门窗库进行维护。执行"立面门窗"命令可采用以下方法:

1)命令行:输入"LMMC"命令,并按〈Enter〉键。

2)菜单栏:单击"立面"→"立面门窗"。

以图 4-156 为例,执行"立面门窗"命令,弹出图 4-159 所示的"天正图库管理系统"对话框。选择窗样式后,单击上方的【替换】按钮,自动采用新选择的门窗样式替换原有门窗,结果如图 4-160 所示。

2. 门窗参数

"门窗参数"命令可用于修改立面门窗的尺寸和位置。执行"门窗参数"命令可采用以下方法:

1)命令行:输入"MCCS"命令,并按〈Enter〉键。

2)菜单栏:单击"立面"→"门窗参数"。

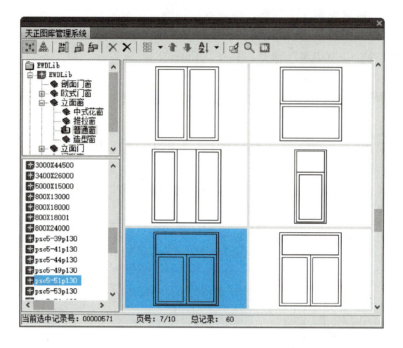

图 4-159 "天正图库管理系统"对话框

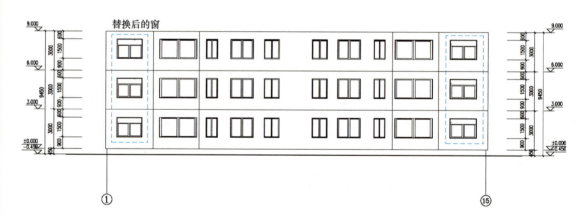

图 4-160 立面图中窗替换

以图 4-156 为例，修改立面图中①轴和⑮轴附近的窗尺寸。执行"门窗参数"命令，按以下命令行提示进行操作：

```
选择立面门窗:指定对角点:找到 6 个    \\选择门窗,按〈Enter〉键确认
底标高从 900 到 6900 不等;
底标高<不变>:    \\按〈Enter〉键确认
高度<1500>:1200
宽度<1800>:1500
```

操作完成后，自动按设置的尺寸更新所选立面窗，结果如图 4-161 所示。

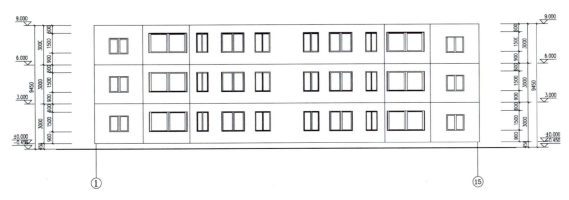

图 4-161 立面图中窗修改

3. 立面窗套

"立面窗套"命令可用于生成全包窗套或窗上沿线和下沿线。执行"立面窗套"命令可采用以下方法：

1) 命令行：输入"LMCT"命令，并按〈Enter〉键。
2) 菜单栏：单击"立面"→"立面窗套"。

以图 4-156 为例，执行"立面窗套"命令，按以下命令行提示进行操作：

```
请指定窗套的左下角点<退出>：    \\选择窗的左下角
请指定窗套的右上角点<退出>：    \\选择窗的右上角
```

操作完成后，弹出图 4-162 所示的"窗套参数"对话框，选择"全包"模式，"窗套宽W"设置为 150，单击【确定】按钮，绘制结果如图 4-163 所示（立面图左侧区域增加了窗套，右侧未加窗套）。

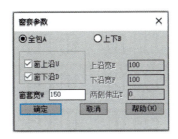

图 4-162 "窗套参数"对话框

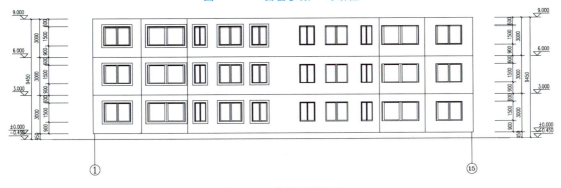

图 4-163 生成立面窗套

4. 立面阳台

"立面阳台"命令可用于插入、替换立面阳台和对立面阳台库进行维护。执行"立面阳台"命令可采用以下方法：

1）命令行：输入"LMYT"命令，并按〈Enter〉键。

2）菜单栏：单击"立面"→"立面阳台"。

以图 4-156 为例，执行"立面阳台"命令，弹出图 4-164 所示的"天正图库管理系统"对话框，单击"立面阳台"→"阳台 1"。选择完成后，单击右上角的【OK】按钮 ，按命令行提示在立面图中插入阳台，结果如图 4-165 所示。

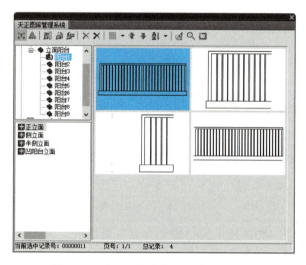

图 4-164 "天正图库管理系统"对话框

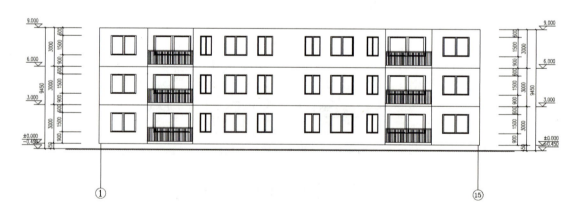

图 4-165 生成立面阳台

5. 立面屋顶

天正建筑插件提供了图 4-166 所示的多种立面屋顶绘制功能。执行"立面屋顶"命令可采用以下方法：

1）命令行：输入"LMWD"命令，并按〈Enter〉键。

2）菜单栏：单击"立面"→"立面屋顶"。

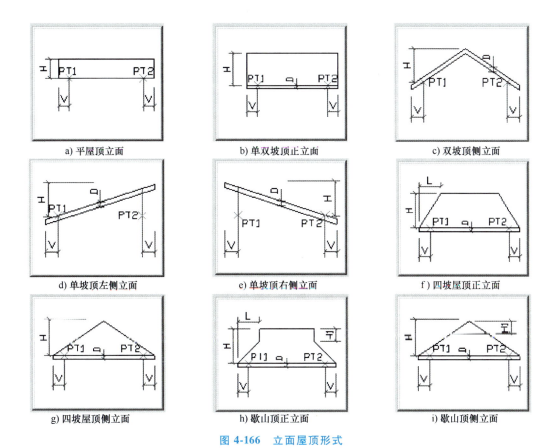

图 4-166 立面屋顶形式

以图 4-156 为例,布置歇山顶正立面。执行"立面屋顶"命令,弹出图 4-167 所示的"立面屋顶参数"对话框。本例中,"坡顶类型"设置为歇山顶正立面,"屋顶高"设置为 2500,"坡长"设置为 1600,"歇山高"设置为 1500,"出挑长"设置为 500,"檐板宽"设置为 200,"屋顶特性"设置为全,单击【定位点 PT1-2<】按钮,依次选择墙顶角点作为 PT1 和 PT2,单击【确定】按钮完成操作。屋顶立面图绘制结果如图 4-168 所示。

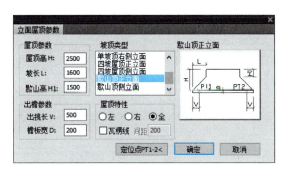

图 4-167 "立面屋顶参数"对话框

6. 雨水管线

"雨水管线"命令可生成竖直向下的雨水管。执行"雨水管线"命令可采用以下方法:
1)命令行:输入"YSGX"命令,并按〈Enter〉键。

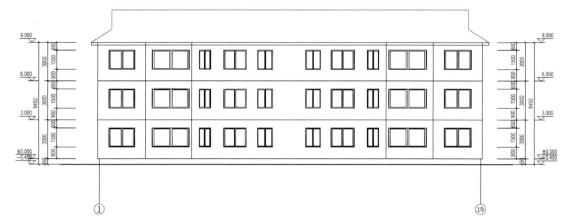

图 4-168 生成立面屋顶

2）菜单栏：单击"立面"→"雨水管线"。

以图 4-168 为例生成左侧的雨水管，执行"雨水管线"命令，按以下命令行提示进行操作：

```
请指定雨水管的起点[参考点(R)/管径(D)]<退出>：        \\指定雨水管起点
请指定雨水管的下一点[管径(D)/回退(U)]<退出>：        \\指点雨水管终点,按〈Enter〉
键确认
当前管径为 100
```

操作完成后，生成的立面雨水管如图 4-169 所示。

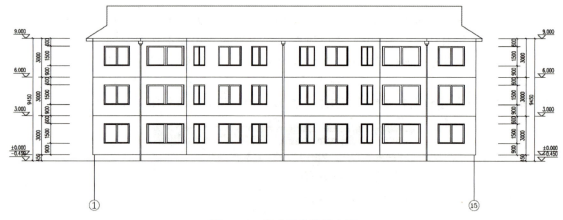

图 4-169 生成雨水管线立面

7. 柱立面线

"柱立面线"命令可绘制圆柱的立面过渡线。执行"柱立面线"命令可采用以下方法：

1）命令行：输入"ZLMX"命令，并按〈Enter〉键。

2）菜单栏：单击"立面"→"柱立面线"。

绘制图 4-170 所示的柱立面边界，执行"柱立面线"命令，按以下命令行提示进行操作：

```
输入起始角<180>:180
输入包含角<180>:90
输入立面线数目<12>:36
输入矩形边界的第一个角点<选择边界>:A
输入矩形边界的第二个角点<退出>:B
```

操作完成后,生成的柱立面线如图 4-171 所示。

图 4-170 柱立面边界

图 4-171 柱立面线绘制

8. 图形裁剪

"图形裁剪"命令可对立面图形进行裁剪。执行"图形裁剪"命令可采用以下方法:
1)命令行:输入"TXCJ"命令,并按〈Enter〉键。
2)菜单栏:单击"立面"→"图形裁剪"。

以图 4-169 为例,执行"图形裁剪"命令,按以下命令行提示进行操作:

```
请选择被裁剪的对象:          \\框选建筑立面,按〈Enter〉键确认
矩形的第一个角点或[多边形裁剪(P)/多短线定边界(L)/图块定边界(B)]<退出>:
     \\指定框选的左下角点
另一个角点<退出>:      \\指定框选的右上角点
```

操作完成后,结果如图 4-172 所示。

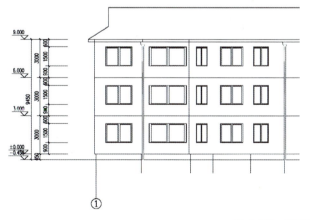

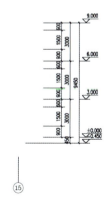

图 4-172 图形裁剪

9. 立面轮廓

"立面轮廓"命令可用于搜索立面图轮廓,生成轮廓粗线,但不包括地坪线。执行"立

面轮廓"命令可采用以下方法:

1)命令行:输入"LMLK"命令,并按〈Enter〉键。

2)菜单栏:单击"立面"→"立面轮廓"。

以图4-169为例,执行"立面轮廓"命令,按以下命令行提示进行操作:

```
选择二维对象:框选立面图形
请输入轮廓线宽度(按模型空间的尺寸)<0>:300
成功的生成了轮廓线
```

操作完成后,生成的立面轮廓如图4-173所示。

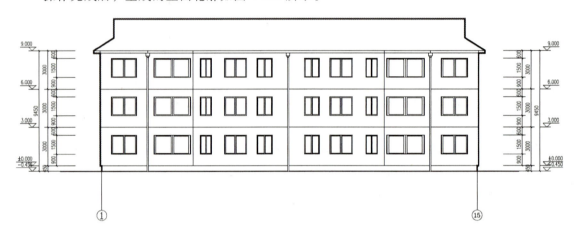

图 4-173 立面轮廓

4.9 建筑剖面

4.9.1 剖面创建

依据"工程管理"中的楼层表生成建筑剖面。建筑剖面设计包括创建建筑和构件剖面、剖面构件(墙、楼板、门窗、檐口、门窗过梁)绘制、剖面楼梯与栏杆绘制,以及剖面填充与墙线加粗。

1. 建筑剖面

"建筑剖面"命令可自动依据建筑平面图生成建筑物剖面图。执行"建筑剖面"命令可采用以下方法:

1)命令行:输入"JZPM"命令,并按〈Enter〉键。

2)菜单栏:单击"剖面"→"建筑剖面"。

以图4-153为例,在平面中增补剖切符号。确定剖切位置后,建立工程项目,执行"建筑剖面"命令,按以下命令行提示进行操作:

```
请选择一剖切线:          \\选取首层需生成剖面图的剖切线
请选择要出现在剖面图上的轴线:      \\选取轴线
```

操作完成后,弹出图 4-174 所示的"剖面生成设置"对话框,设置标注、内外高差和出图比例等参数,单击【生成剖面】按钮,并输入剖面图文件的名称和位置。最后,单击【保存】按钮自动生成剖面图,绘制结果如图 4-175 所示。

图 4-174 "剖面生成设置"对话框

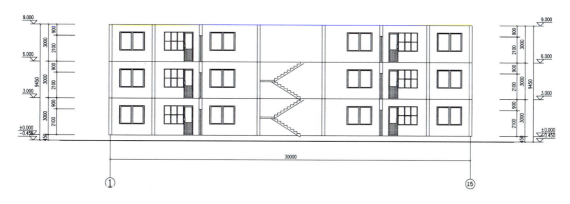

图 4-175 生成剖面

2. 构件剖面

"构件剖面"命令可用于生成当前标准层、局部构件或三维图块对象在指定剖视方向上的剖视图。执行"构件剖面"命令可采用以下方法:

1)命令行:输入"GJPM"命令,并按〈Enter〉键。
2)菜单栏:单击"剖面"→"构件剖面"。

以图 4-157 为例,在图形中添加所需剖切线。执行"构件剖面"命令,按以下命令行提示进行操作:

请选择一剖切线:	\\选取用符号标注菜单中的剖面剖切命令定义好的剖切线
请选择需要剖切的建筑构件:	\\选择与剖切线相交的构件及沿剖视方向可见的构件
请点取放置位置:	\\拖动生成后的剖面图,在合适的位置给点插入

操作完成后,绘制结果如图 4-176 所示。

4.9.2 剖面构件绘制

1. 画剖面墙

"画剖面墙"命令可采用一对平行的直线或圆弧对象绘制剖面双线墙。执行"画剖面墙"命令可采用以下方法：

1）命令行：输入"HPMQ"命令，并按〈Enter〉键。

2）菜单栏：单击"剖面"→"画剖面墙"。

以图 4-177 所示的局部剖面为例。执行"画剖面墙"命令，按以下命令行提示进行操作：

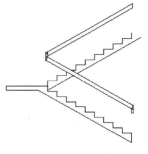

图 4-176　生成楼梯剖面

```
请单击墙的起点(圆弧墙宜逆时针绘制)[取参照点(F)/单段(D)]<退出>：    \\单击墙体的起点 A
请单击直墙的下一点[弧墙(A)/墙厚(W)/取参照点(F)/回退(U)]<结束>：W    \\设置墙体厚度
请输入左墙厚<120>：    \\按〈Enter〉键确认采用默认数值
请输入右墙厚<120>：    \\按〈Enter〉键确认采用默认数值
墙厚当前值：左墙 120，右墙 120。
请单击直墙的下一点[弧墙(A)/墙厚(W)/取参照点(F)/回退(U)]<结束>：    \\单击墙体的终点 B，按〈Enter〉键结束
```

操作完成后，绘制的剖面墙体如图 4-178 所示。

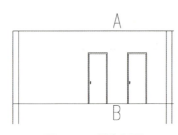

图 4-177　原有剖面

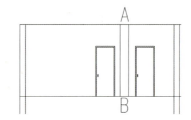

图 4-178　剖面墙绘制

2. 双线楼板

"双线楼板"命令可采用一对平行的直线对象绘制剖面双线楼板。执行"双线楼板"命令可采用以下方法：

1）命令行：输入"SXLB"命令，并按〈Enter〉键。

2）菜单栏：单击"剖面"→"双线楼板"。

以图 4-175 为例，添加如图 4-179 所示的 A、B 两点。执行"双线楼板"命令，按以下命令行提示进行操作：

```
请输入楼板的起始点<退出>：A
结束点<退出>：B
楼板顶面标高<6000>：    \\按〈Enter〉键确认采用 6000
楼板的厚度(向上加厚输负值)<200>：120
```

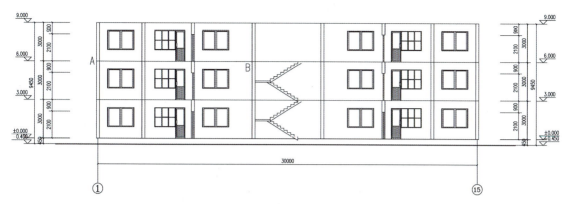

图 4-179 单线楼板剖面图

重复上述过程，在其他位置添加双线楼板，绘制结果如图 4-180 所示。

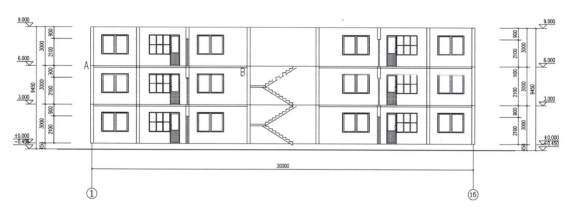

图 4-180 剖面双线楼板绘制

3. 预制楼板

"预制楼板"命令可绘制剖面预制楼板对象。执行"预制楼板"命令可采用以下方法：

1）命令行：输入"YZLB"命令，并按〈Enter〉键。
2）菜单栏：单击"剖面"→"预制楼板"。

以图 4-181 为例，执行"预制楼板"命令，显示图 4-183 所示的"剖面楼板参数"对话框。参数设置完成后，单击【确定】按钮，按以下命令行提示进行操作：

```
请给出楼板的插入点<退出>：        \\选取楼板插入点
再给出插入方向<退出>：           \\选取另一点给出插入方向后绘出所需预制楼板
```

操作完成后，生成的预制楼板如图 4-182 所示。

4. 加剖断梁

"加剖断梁"命令可绘制楼板、休息平台下的梁截面。执行"加剖断梁"命令可采用以下方法：

1）命令行：输入"JPDL"命令，并按〈Enter〉键。
2）菜单栏：单击"剖面"→"加剖断梁"。

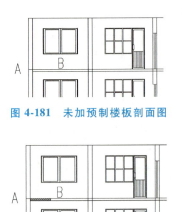

图 4-181　未加预制楼板剖面图

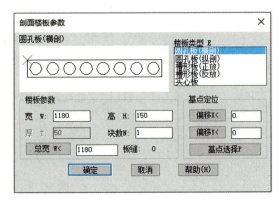

图 4-182　剖面预制楼板绘制

图 4-183　"剖面楼板参数"对话框

以图 4-180 为例，执行"加剖断梁"命令，按以下命令行提示进行操作：

请输入剖面梁的参照点<退出>：	\\选取楼板顶面的定位参考点
梁左侧到参照点的距离<>：	\\输入新值或按〈Enter〉键接受默认值
梁右侧到参照点的距离<>：	\\输入新值或按〈Enter〉键接受默认值
梁底边到参照点的距离<>：	\\输入包括楼板厚在内的梁高，然后绘制剖断梁，剪裁楼板底线

操作完成后，生成的剖面梁如图 4-184 所示。

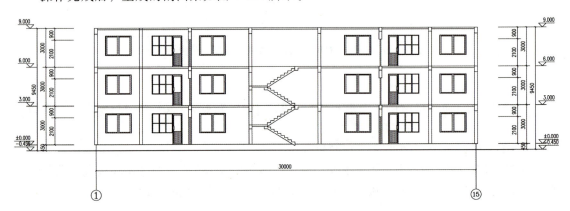

图 4-184　剖面梁绘制

5. 剖面门窗

"剖面门窗"命令可用于连续插入剖面门窗（包括含门窗过梁或开启门窗扇的非标准剖面门窗）。执行"剖面门窗"命令可采用以下方法：

1) 命令行：输入"PMMC"命令，并按〈Enter〉键。

2) 菜单栏：单击"剖面"→"剖面门窗"。

执行"剖面门窗"命令，弹出如图 4-185 所示"剖面门窗样式"对话框，按以下命令行提示进行操作：

请点取剖面墙线下端或［选择剖面门窗样式（S）/替换剖面门窗（R）/改窗台高（E）/改窗高（H）］<退出>：   \\选取剖面墙线下端
门窗下口到墙下端距离<900>： \\输入门窗下口到墙下端距离
门窗的高度<1500>：   \\输入门窗的高度，按〈Enter〉键完成

若需更改剖面门窗样式，单击"剖面门窗样式"对话框中的图形，进入图 4-186 所示的"天正图库管理系统"对话框进行门窗样式选择。

图 4-185　剖面门窗样式

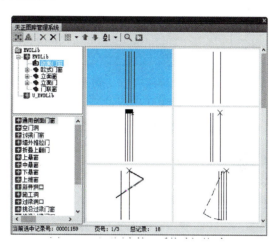

图 4-186　"天正图库管理系统"对话框—剖面门窗

6. 剖面檐口

"剖面檐口"命令可按指定参数绘制剖面檐口。执行"剖面檐口"命令可采用以下方法：

1) 命令行：输入"PMYK"命令，并按〈Enter〉键。
2) 菜单栏：单击"剖面"→"剖面檐口"。

以图 4-184 为例布置现浇挑檐，执行"剖面檐口"命令，弹出图 4-187 所示的"剖面檐口参数"对话框。"檐口类型"设置为现浇挑檐，设置檐口参数后，单击【确定】按钮，按命令行提示在图中选择合适的插入点完成现浇挑檐绘制，结果如图 4-188 所示。

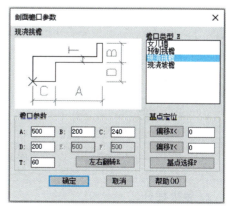

图 4-187　"剖面檐口参数"对话框

7. 门窗过梁

"门窗过梁"命令可在剖面门窗上加带有灰度填充的过梁。执行"门窗过梁"命令可采用以下方法：

1) 命令行：输入"MCGL"命令，并按〈Enter〉键。
2) 菜单栏：单击"剖面"→"门窗过梁"。

执行"门窗过梁"命令，选择需要加过梁的剖面门窗并输入梁高完成过梁绘制。

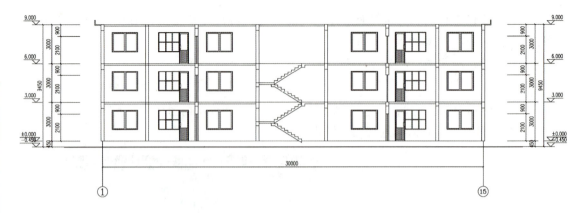

图 4-188 剖面檐口绘制

4.9.3 剖面楼梯与栏杆

1. 参数楼梯

"参数楼梯"命令可通过参数化方式交互生成剖面楼梯。执行"参数楼梯"命令可采用以下方法：

1）命令行：输入"CSLT"命令，并按〈Enter〉键。

2）菜单栏：单击"剖面"→"参数楼梯"。

执行"参数楼梯"命令，弹出图 4-189 所示的"参数楼梯"对话框，设置参数后按命令行提示选择剖面楼梯的插入点，完成剖面梯段绘制。图 4-190 所示为参数楼梯示例。

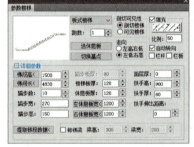

图 4-189 "参数楼梯"对话框

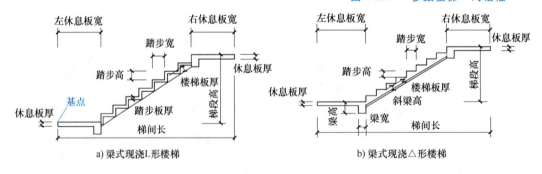

图 4-190 参数楼梯示例

2. 参数栏杆

"参数栏杆"命令可通过参数化方式交互生成楼梯栏杆。执行"参数栏杆"命令可采用以下方法：

1）命令行：输入"CSLG"命令，并按〈Enter〉键。

2）菜单栏：单击"剖面"→"参数栏杆"。

执行"参数栏杆"命令,弹出图 4-191 所示的"剖面楼梯栏杆参数"对话框,设置参数后单击【确定】按钮,按命令行提示选择插入点,完成剖面栏杆绘制,结果如图 4-192 所示。

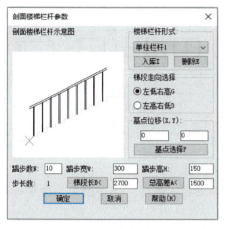

图 4-191 "剖面楼梯栏杆参数"对话框

图 4-192 参数栏杆绘制

3. 楼梯栏杆

"楼梯栏杆"命令可自动识别剖面楼梯与可见楼梯,绘制楼梯栏杆和扶手。执行"楼梯栏杆"命令可采用以下方法:

1)命令行:输入"LTLG"命令,并按〈Enter〉键。

2)菜单栏:"剖面"→"楼梯栏杆"。

"楼梯栏杆"与"参数栏杆"命令的操作相似,可参照执行,并按以下命令行提示完成操作:

```
请输入楼梯扶手的高度<1000>:        \\输入新值或按〈Enter〉键接受默认值
是否打断遮挡线<Y/N>?<Yes>         \\输入 N 或者按〈Enter〉键使用默认值
```

操作完成后,自动处理可见梯段被剖面梯段的遮挡情况,截去部分栏杆扶手,命令行继续提示:

```
输入楼梯扶手的起始点<退出>:
结束点<退出>:
……
```

上述命令行提示重复要求输入各梯段扶手的起始与结束点,分段画出楼梯栏杆扶手,完成绘制可按〈Enter〉键退出。操作完成后,绘制结果如图 4-193 所示。

4. 楼梯栏板

"楼梯栏板"命令可自动识别剖面楼梯与可见楼梯,绘制实心楼梯栏板。执行"楼梯栏杆"命令可采用以下方法:

1)命令行:输入"LTLB"命令,并按〈Enter〉键。

2)菜单栏:单击"剖面"→"楼梯栏板"。

"楼梯栏板"命令操作与"楼梯栏杆"命令类似,此处不再赘述。

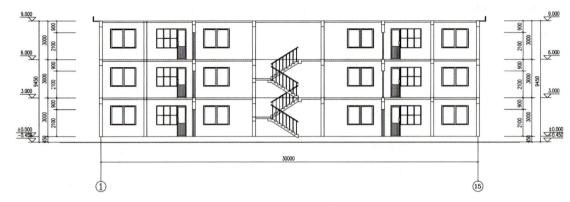

图 4-193　楼梯栏杆绘制

5. 扶手接头

"扶手接头"命令可对楼梯扶手的接头位置做细部处理。执行"扶手接头"命令可采用以下方法：

1）命令行：输入"FSJT"命令，并按〈Enter〉键。

2）菜单栏：单击"剖面"→"扶手接头"。

执行"扶手接头"命令，按以下命令行提示进行操作：

```
请输入扶手伸出距离<60>：
请选择是否增加栏杆[增加栏杆(Y)/不增加栏杆(N)]<增加栏杆(Y)>：
请单击楼梯扶手的第一组接头线(近段)<退出>：    \\选择扶手一端
再单击第二组接头线(远段)<退出>：    \\选择扶手另一端
扶手接头的伸出长度<150>：    \\输入新值或按〈Enter〉键接受默认值
```

操作完成后，可在指定位置生成楼梯扶手接头，结果如图 4-194 所示。

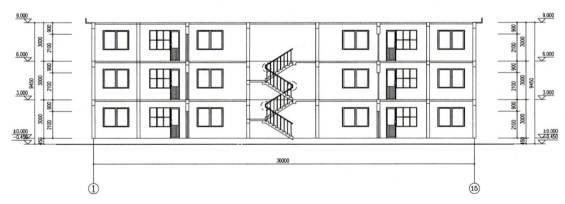

图 4-194　楼梯扶手接头绘制

4.9.4　剖面填充与加粗

1. 剖面填充

"剖面填充"命令可识别天正建筑插件生成的剖面构件并进行图案填充。执行"剖面填充"命令可采用以下方法：

1) 命令行：输入"PMTC"命令，并按〈Enter〉键。

2) 菜单栏：单击"剖面"→"剖面填充"。

执行"剖面填充"命令，按以下命令行提示进行操作：

```
请选取要填充的剖面墙线梁板楼梯<全选>：    \\选择要填充的墙线
选择对象：     \\按〈Enter〉键退出
```

完成操作后，弹出图 4-195 所示的"请点取所需的填充图案"对话框，单击【确定】按钮进行剖面填充。砖墙和钢筋混凝土墙的填充效果如图 4-196 所示。

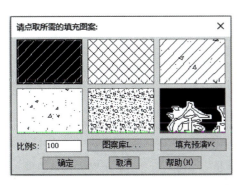

图 4-195　"请点取所需的填充图案"对话框

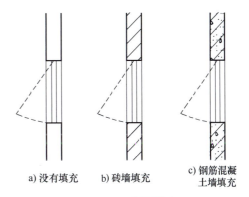

图 4-196　剖面填充

2. 居中加粗

"居中加粗"命令可将剖面图中的剖切线向墙两侧加粗。执行"居中加粗"命令可采用以下方法：

1) 命令行：输入"JZJC"命令，并按〈Enter〉键。

2) 菜单栏：单击"剖面"→"居中加粗"。

执行"居中加粗"命令，按以下命令行提示进行操作：

```
请选取要变粗的剖面墙线梁板楼梯线(向两侧加粗)<全选>：    \\选择墙线 A
选择对象：     \\选择墙线 B,按〈Enter〉键结束选择
```

操作完成后，可在指定位置实现居中加粗，效果如图 4-197 所示。

3. 向内加粗

"向内加粗"命令可将剖面图中的剖切线向墙内侧加粗，达到窗墙半齐的效果。执行"向内加粗"命令可采用以下方法：

1) 命令行：输入"XNJC"命令，并按〈Enter〉键。

2) 菜单栏："剖面"→"向内加粗"。

执行"向内加粗"命令，按以下命令行提示进行操作：

```
请选取要变粗的剖面墙线梁板楼梯线(向内侧加粗)<全选>：    \\选择墙线 A
选择对象：     \\选择墙线 B,按〈Enter〉键结束选择
```

操作完成后，可在指定位置生成向内加粗，效果如图 4-198 所示。

4. 取消加粗

"取消加粗"命令可将已经加粗的剖切线恢复原状。执行"取消加粗"命令可采用以下方法：

1）命令行：输入"QXJC"命令，并按〈Enter〉键。

2）菜单栏：单击"剖面"→"取消加粗"。

执行"取消加粗"命令，按以下命令行提示进行操作：

请选取要恢复细线的剖切线<全选>：　　\\选择墙线 A
选择对象：　　\\选择墙线 B，按〈Enter〉键结束选择

操作完成后，可在指定位置取消加粗，效果如图 4-199 所示。

图 4-197　居中加粗　　　　　图 4-198　向内加粗　　　　　图 4-199　取消加粗

课后练习

1. 【上机练习】熟练掌握本章平面、立面及剖面视图绘制的操作示例。
2. 【上机练习】绘制图 4-200 所示的建筑平面图，并自定义建筑立面、剖面信息，尝试利用天正建筑

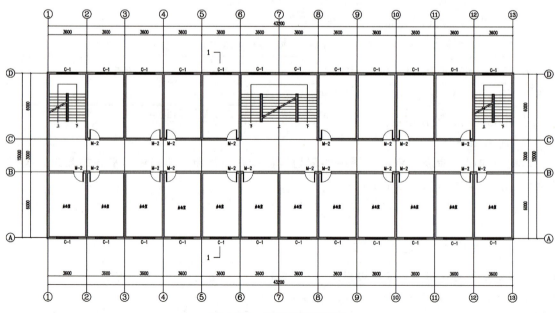

图 4-200　建筑平面图示例

插件生成建筑立面及剖面视图。

3. 【上机练习】图 4-200 中，尝试将轴号Ⓐ~Ⓓ修改为⒧-A~⒧-D。

4. 【上机练习】图 4-200 中，在①、②、④、⑥、⑧、⑩、⑫和⑬轴与水平轴的各交点处绘制边长 500mm×500mm 的柱子，并练习利用"柱齐墙边"功能实现墙柱对齐。

5. 【上机练习】按第 4.7 节的内容，尝试布置不同形式的楼梯对象，观察不同形式楼梯的区别。

6. 简述轴线裁剪的步骤。

7. 查阅资料，简述用 AutoCAD 自带的"多线（MLINE）"命令绘制墙体的步骤。比较用多线命令绘制的墙体和用天正建筑插件绘制的墙体的区别。

8. 简述天正建筑插件中，在平面图中插入门窗对象的方式。

9. "搜索房间"和"查询面积"命令都可生成建筑平面中的房间面积，分析二者在功能和操作上的区别。

10. 总结利用 AutoCAD 自带命令或天正建筑插件进行立面门窗修改的方法。

第5章 文字表格与尺寸标注

完整的建筑工程图除表达建筑布局与空间关系,还需要有必要的尺寸、文字与符号标注,以帮助工程技术人员理解图纸内容,掌握细部构造与位置关系。为此,本章主要介绍 AutoCAD 软件中尺寸、文字标注与表格绘制的基本方法,并在此基础上,详细介绍利用天正建筑插件绘制文字、表格、符号及尺寸标注的基本操作。天正建筑插件的自定义表格对象具备电子表格绘制和编辑功能,尺寸标注系统符合建筑图纸尺寸标注的标准要求与设计习惯,可提高建筑制图效率。

5.1 AutoCAD 尺寸标注

5.1.1 尺寸标注概述

1. 尺寸标注类型

AutoCAD 提供了十余种标注工具用于图形对象标注,可从"标注"菜单或"标注"工具栏调用。常用的尺寸标注方式如图 5-1 所示,可实现角度、直径、半径、线性、对齐、连续、圆心及基线等的标注。

1)线性标注:通过确定标注对象的起始和终止位置,依其起止位置的水平或竖直投影来标注尺寸。

2)对齐标注:尺寸线与标注起止点组成的线段平行,能直观地标注对象的实际长度。

3)连续标注:在前一个线性标注基础上,继续标注其他对象。

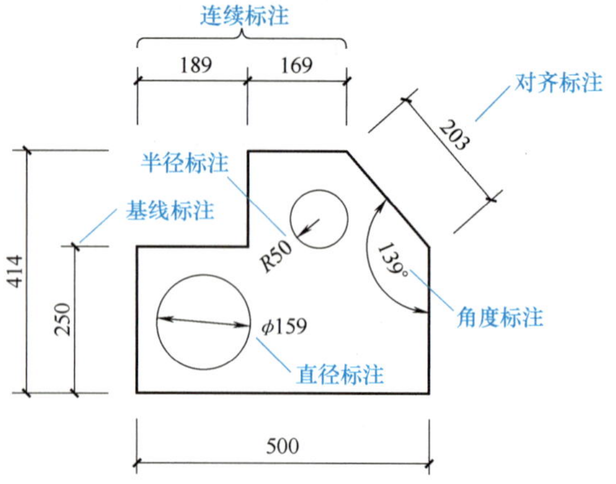

2. 尺寸标注组成

如图 5-2 所示,建筑工程制图中,完整的尺寸标注由标注文字(尺寸数字)、尺寸线、尺寸界线、尺寸起止符号(尺寸线的端点符号)及起点等组成:

图 5-1 标注的类型

1）标注文字：图形对象的标识值。标注文字反映建筑构件的尺寸。同一建筑工程图样中，无论各部分图形比例是否相同，标注文字的字体和高度均需统一。建筑施工图中尺寸文字的高度需满足制图标准规定。

2）尺寸起止符号：建筑工程图样中，尺寸起止符号需采用45°中粗斜短线。尺寸起止符号绘制在尺寸线的起止点，用于指出标识值的开始和结束位置。

3）尺寸起点：尺寸标注的起点是尺寸标注对象的起始定义点。通常来说，尺寸的起点与标注图形对象的起点重合。

4）尺寸界线：从标注起点引出的表明标注范围的直线，可从图形的轮廓、轴线、对称中心线等引出。尺寸界线一般采用细实线绘制。

5）起点偏移量：尺寸界线离开尺寸线起点的距离。

6）基线距离：使用AutoCAD的"基线标注"时，基线尺寸线与前一基线对象尺寸线之间的距离。

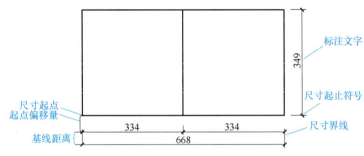

图 5-2 尺寸标注的组成

3. 尺寸标注的步骤

AutoCAD的尺寸标注命令在"标注"菜单下，单击"标注"→"尺寸标注"，可对已绘制的图形对象进行标注。尺寸标注的尺寸线是由多个尺寸线元素组成的块，当标注对象被缩放或移动时，标注该对象的尺寸线会自动缩放或移动，且除标注文字内容会随标注对象图形大小变化而变化外，还能自动控制尺寸线的其他外观保持不变。AutoCAD中对图形进行尺寸标注的基本步骤包括：确定打印比例或视口比例；创建用于尺寸标注的文字样式；创建标注样式；进行尺寸标注。

5.1.2 尺寸标注样式

标注尺寸前，通常需先创建尺寸样式，尺寸样式是尺寸变量的集合，控制着尺寸标注的外观。在AutoCAD中，使用"标注样式"可建立尺寸标注的绘制标准。

1. 创建标注样式

"标注样式"用于控制标注的格式和外观。创建尺寸标注样式可采用以下方法：

1）菜单栏：单击"标注"→"标注样式"命令。

2）功能区选项板：单击"默认"→"注释"→【标注样式】按钮 。

3）工具栏：单击"标注"→【标注样式】按钮 。

4）命令行：输入"Dimstyle"或"D"命令，并按〈Enter〉键。

执行"标注样式"命令后，弹出图 5-3 所示的"标注样式管理器"对话框，单击【新建】按钮，弹出"创建新标注样式"对话框。"新样式名"输入样式名称，单击【继续】按钮可创建新的标注样式。标注样式命名一般应遵守"有意义、易识别"的原则，如"1-100 平面"表示该标注样式用于标注 1：100 比例绘制的平面图。

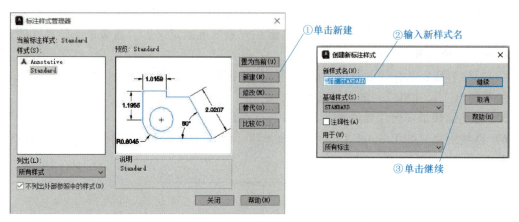

图 5-3 创建标注样式

2. 编辑标注样式

新建并命名标注样式后，单击【继续】按钮，弹出图 5-4 所示对话框，可根据需要设置标注样式的线、符号、箭头、文字、调整、主单位等参数，默认进入"线"选项卡。

（1）设置尺寸线及尺寸界线（图 5-4）

1）线的颜色、线型、线宽：可设置为 ByBlock（随块）和 ByLayer（随层）。一般来说，尺寸标注线的颜色、线型和线宽，无须进行特别设置，采用 AutoCAD 默认的 ByBlock（随块）即可。

2）超出标记：确定尺寸线超出尺寸界线的长度。制图标准规定，超出标记宜为 0。

3）基线间距：尺寸线离开基础尺寸标注的距离。用于标注多道尺寸线，可设置为 7~10mm，其他情况下可不设置。

4）隐藏尺寸线：控制标注尺寸线是否隐藏。

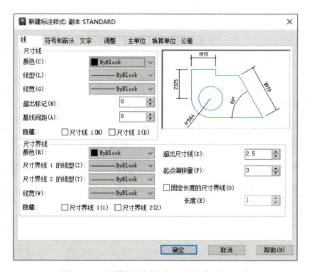

图 5-4 设置标注样式—"线"选项卡

5）超出尺寸线：按建筑制图标准应取 2~3mm。

6）起点偏移量：尺寸界线离开被标注对象的距离。一般而言，起点偏移量不小于 2mm，以使图面表达清晰易懂。例如，在平面图中有轴线和柱子时，一般通过单击轴线交点确定尺寸线的起止点。为使标注的轴线不和柱子平面轮廓冲突，应根据柱子的截面尺寸设置足够大的"起点偏移量"，使尺寸界线离开柱子一定的距离。

7）固定长度的尺寸界线：勾选该复选框时，可在下侧"长度"文本框输入尺寸界线的固定长度值。

8）隐藏尺寸界线：控制标注的尺寸界线是否隐藏。

（2）设置符号和箭头（图5-5）

1）箭头：为适应不同类型的图形标注需要，AutoCAD设置了20多种箭头样式。AutoCAD中"箭头"标记即建筑制图标准中的尺寸线起止符号。尺寸线起止符应选用45°角中粗斜短线，短线的图样长度为2~3mm。"箭头大小"指箭头的水平或竖直投影长度，如取1.5时，实际绘制的斜短线长度为 $\sqrt{1.5^2+1.5^2}$ mm ≈ 2.12mm。

2）折断标注：尺寸线在遇到其他图元被打断后，尺寸界线的断开距离。"线性弯折标注"指标注尺寸线进行折断时，折断符高度与尺寸文字高度的比值。

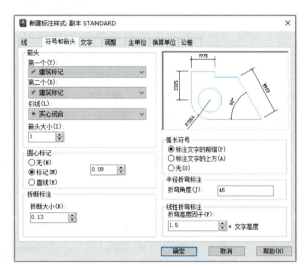

图5-5　设置标注样式—"符号和箭头"选项卡

3）半径折弯标注：用于设置标注圆弧半径时标注线的折弯角度。

（3）设置标注文字（图5-6）

1）文字样式：单击按钮 ，打开"文字样式"对话框新建尺寸标注专用的文字样式。设置完成后，回到"新建标注样式"对话框的"文字"选项卡选用该文字样式。

2）文字高度：指定标注文字的大小，也可使用"Dimtxt"命令进行设置。

3）文字位置：设置尺寸文本相对于尺寸线和尺寸界线的位置。文字对齐常选择"与尺寸线对齐"。

4）从尺寸线偏移：确定尺寸文本和尺寸线间的偏移距离。

（4）对标注进行调整（图5-7）

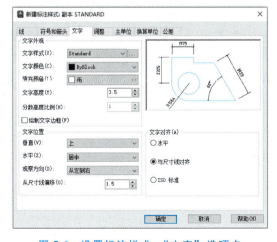

图5-6　设置标注样式—"文字"选项卡

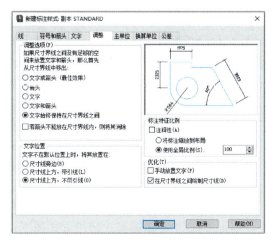

图5-7　设置标注样式—"调整"选项卡

1）调整选项：当尺寸界线间没有足够的空间同时放置标注文字和箭头时，可通过"调整选项"选项组设置文字和箭头的避让位置。

2）文字位置：当尺寸文字不能按"文字"选项卡设定的位置放置时，尺寸文字按该选项组设置的方式进行调整。

3）标注特征比例：应依据具体的标注和打印方式进行设置。选择"将标注缩放到布局"时，尺寸参数自动按所在视口的视口比例放大。选择"使用全局比例"时，将标注样式中所有几何参数按"全局比例因子"放大后，再绘制到图形中。例如，文字高度为3.5mm，全局比例因子为100，则图形内尺寸文字高度为350mm。在"模型"内进行尺寸标注时，应按打印比例或视口比例设置该参数。

（5）设置主单位（图5-8）

1）单位格式：设置除角度标注外，其余各标注类型的尺寸单位，建筑制图常选"小数"方式。

2）精度：设置除角度标注外，其他标注的尺寸精度，建筑制图常取0。

3）比例因子：尺寸标注长度为标注对象图形测量值与该比例的乘积。例如，1∶20的详图，该比例因子为0.2。

4）仅应用到布局标注：没有视口激活的情况下，在"布局"内进行尺寸标注时，标注长度为测量值与该比例的乘积；在激活视口内的标注值与该比例无关。

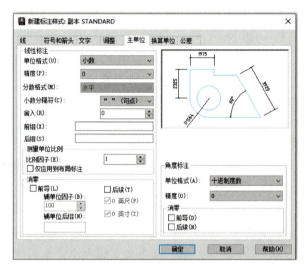

图5-8 设置标注样式—"主单位"选项卡

5）角度标注："单位格式"用于设置标注角度单位，"精度"用于设置标注角度的尺寸精度，"消零"用于设置是否消除角度尺寸的前导和后续"零"。

5.1.3 尺寸标注与编辑

AutoCAD提供了多种标注样式，进行尺寸标注时可根据具体需要进行选择，从而使标注的尺寸符合设计要求，便于施工和测量。对图形进行尺寸标注时，可以将"尺寸标注"工具栏调出，并将其放置在绘图窗口的边缘，从而方便调用"尺寸标注"命令。

1. 尺寸标注命令

执行"尺寸标注"命令可采用以下方法：

1）菜单栏：单击"标注"→相关标注命令。

2）功能区选项板：单击"默认"→"注释"→相关按钮。

3）工具栏：单击"标注"→相关按钮。

2. 尺寸标注方式

AutoCAD中常用的尺寸标注方式如下：

1）线性标注：标注水平和垂直方向的尺寸，也可设置为角度与旋转标注。

2）连续标注：创建从上一个或选定标注的第二条延伸线开始的线性及角度标注。

3）对齐标注：标注倾斜方向的尺寸。

4）基线标注：从上一个或选定标注的基线作连续的线性、角度或坐标标注。

5）角度标注：标注选定的对象或3个点间的角度。

6）半径标注：标注选定圆或圆弧的半径，并显示带有半径符号（R）的标注文字。

7）直径标注：标注选定圆或圆弧的直径，并显示带有直径符号（φ）的标注文字。

3. 尺寸标注的编辑

AutoCAD 中可对已标注的尺寸进行编辑，可编辑的对象包括尺寸文本、位置、样式等。

1）编辑标注文字：单击【编辑标注文字】按钮，可修改尺寸文本的位置、对齐方向及角度等。单击【编辑标注】按钮，可修改尺寸文本的位置、方向、内容及尺寸界线的倾斜角度等。

2）通过特性来编辑标注：在标注的右键菜单中单击【特性】按钮打开"特性"面板，可更改标注对象的常用属性，如图层对象、颜色、线型、箭头、文字等。

5.2 AutoCAD 文字标注

完整的建筑图纸不仅包括墙体、门窗、楼梯等图形，还需要有必要的设计、施工说明，用于图形无法明确表达的设计及施工要求等。AutoCAD 的"文字"工具栏如图 5-9 所示。

5.2.1 文字样式

AutoCAD 中所有的文字都有对应的文字样式，默认采用"Standard"样式，可根据实际绘图环境需要进行文字样式的创建和修改。新建文字样式可采用以下方法：

1）菜单栏：单击"格式"→"文字样式"。

2）工具栏：单击"文字"→【文字样式】按钮。

3）命令行：输入"Style"或"ST"命令，并按〈Enter〉键。

图 5-9 "文字"工具栏

执行"文字样式"命令，弹出图 5-10 所示的"文字样式"对话框。单击【新建】按钮，弹出图 5-11 所示的"新建文字样式"对话框，输入样式名称并单击【确定】按钮，开始新建文字样式的设置。

"文字样式"对话框中各选项的含义如下：

1）样式：选择"所有样式"时，显示当前图形文件中所有文字样式；选择"当前样式"时，仅显示当前使用的文字样式。

2）字体名：选择文字样式所使用的字体。

3）字体样式：选择字体的格式。

4）使用大体字：勾选该项，"字体样式"列表框变为"大字体"列表框。

5）注释性：勾选该项，文字被定义为可注释的对象。

6）使文字方向与布局匹配：勾选该项，注释方向与布局对齐。

7）高度：指定文字高度，按此高度来显示文字。

8）颠倒：勾选该项，上下颠倒显示输入的文字。

9）反向：勾选该项，左右反转显示输入的文字。

10）垂直：勾选该项，垂直显示输入的文字，对汉字无效。

11）宽度因子：设置文字高度与宽度之比，输入值小于1时会压缩文字。

12）倾斜角度：设置文字的倾斜角度。角度等于0为不倾斜，大于0为向右倾斜，小于0为向左倾斜。

13）置为当前：将"样式"列表框选中的文字样式置为当前样式。

14）删除：删除"样式"列表框选中的文字样式。

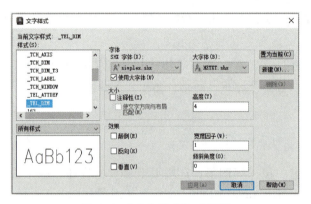

图 5-10 "文字样式"对话框

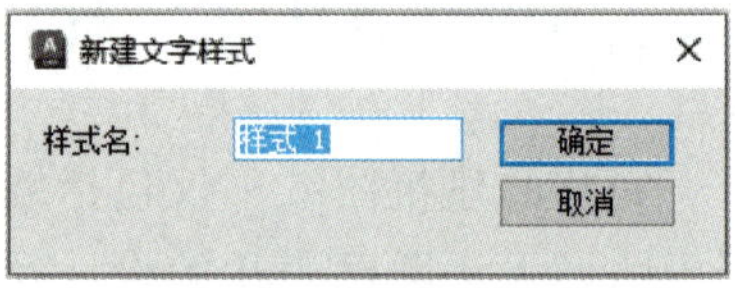

图 5-11 "新建文字样式"对话框

图 5-12 所示为不同文字样式的效果。

5.2.2 单行文字

单行文字可用来创建一行或多行文字，所创建的每行文字都是独立的、可被单独编辑的对象。执行"单行文字"命令可采用以下方法：

1）菜单栏：单击"绘图"→"文字"→"单行文字"。

图 5-12 文字样式的各种效果

2）工具栏：单击"文字"→【单行文字】按钮 A。

3）功能区选项板：单击"默认"→"注释"→【单行文字】按钮 A。

4）命令行：输入"Dtext"或"DT"命令，并按〈Enter〉键。

执行"单行文字"命令，按以下命令行提示创建单行文字，效果如图 5-13 所示。

```
命令:DT    \\启动单行文字命令
当前文字样式:"Standard"   文字高度:884.8150 注释性:否    \\当前设置
指定文字的起点或[对正(J)/样式(S)]:    \\指定文字的起点
指定高度<>:500    \\设置文字的字高
指定文字的旋转角度<>:0    \\在光标闪烁处输入文字
```

上述命令行提示中各选项的含义如下：

1)"起点"：使用鼠标指针捕捉单行文字的起点位置。

2)"对正（J）"：确定单行文字的排列方向，选择该项后命令行提示：

图 5-13　单行文字的创建

[对齐(A)/布满(F)/居中(C)/中间(M)/右对齐(R)/左上(TL)/中上(TC)/右上(TR)/左中(ML)/正中(MC)/右中(MR)/左下(BL)/中下(BC)/右下(BR)]：　\\输入对正选项

具体位置可参考图 5-14 和图 5-15 所示的文本对正参考线及文本对齐方式。

图 5-14　文本对正参考线　　　　图 5-15　文本对齐方式

3)"样式（S）"：选择已定义的文字样式，选择该项后命令行提示：

输入样式名或[?]<Standard>：　　\\ 输入已存在文字样式名

出现上述提示时，可直接在命令行输入"?"并按〈Enter〉键，会弹出图 5-16 所示的当前图形已有文字样式信息。

```
命令：_text
当前文字样式："Standard"　文字高度：2.5000　注释性：否　对正：左
制定文字的起点 或[对正（J）/样式（S）]：S
输入样式名或 [?]<Standard>：?
输入要列出的文字样式 <*>：?
文字样式
    未找到匹配的文字样式。
当前文字样式：Standard
当前文字样式："Standard"　文字高度：2.5000　注释性：否　对正：左
```

图 5-16　显示当前的文字样式

5.2.3　多行文字

多行文字可用来创建两行或两行以上的文字，文字内容作为一个整体对象。执行"多行文字"命令可采用以下方法：

1)菜单栏：单击"绘图"→"文字"→"多行文字"。

2)工具栏：单击"文字"→【多行文字】按钮A。

3)功能区选项板：单击"默认"→"注释"→【多行文字】按钮A。

4)命令行：输入"MText""MT"或"T"命令，并按〈Enter〉键。

执行"多行文字"命令，按以下命令行提示确定多行文字的编辑框后，弹出"文字格式"工具栏，根据要求设置格式及输入文字，并单击【确定】按钮完成多行文字的创建。

```
命令:T                \\启动多行文字命令
当前文字样式："Standard"文字高度：500 注释性：否    \\当前默认设置
指定第一角点：         \\指定文字矩形编辑框的第一个点
指定对角点或[高度(H)/对正(J)/行距(L)/旋转(R)/样式(S)/宽度(W)/栏(C)]：
\\指定第二个角点
```

上述命令行提示中各选项的含义如下：

1）高度（H）：文本框的高度。
2）对正（J）：确定标注文字的对齐方式，将文字的某一点与插入点对齐。
3）行距（L）：设置多行文本的行间距，即相邻两行文本基线间的垂直距离。
4）旋转（R）：设置文本的倾斜角度。
5）样式（S）：指定当前文本样式。
6）宽度（W）：指定文本编辑框的宽度。
7）栏（C）：设置文本编辑框的尺寸。

执行上述操作后，会显示图5-17所示的"文字编辑器"选项卡。选项卡中的多数设置选项与Microsoft Word软件相似，本节不再赘述。其他常用功能选项介绍如下：

图5-17 "文字编辑器"选项卡

1）【堆叠】按钮：将使用"/"和"^"符号分隔的文字内容表达为"分子/分母"形式，具体操作步骤如图5-18所示。

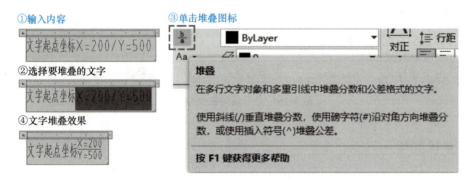

图5-18 多行文字的"堆叠"

2）"插入"→"@符号"选项：实际绘图时常需使用"±"等特殊字符，这些特殊字符无法用键盘直接输入，AutoCAD提供了相应的控制符，实现特殊字符的输入。常用标注控制符见表5-1。

表 5-1 常用标注控制符

控制符	功能	控制符	功能
%%O	打开或关闭文字的上画线	%%P	标注正负公差(±)符号
%%U	打开或关闭文字的下画线	%%C	标注直径(Φ)字符
%%D	标注度(°)符号		

5.3 AutoCAD 表格创建

5.3.1 表格样式

表格是建筑制图的重要部分，通过表格可层次清楚地表达数据信息。表格对象由单元格、标题和边框构成。与文本样式类似，表格同样有字体、颜色、文本、行距等特性，AutoCAD 默认采用"Standard"样式，可根据绘图环境需要定义或修改表格样式。新建表格样式可采用以下方法：

1）菜单栏：单击"格式"→"表格样式"。

2）工具栏：单击"样式"→【表格样式】按钮 ，如图 5-19 所示。

3）命令行：输入"Tablestyle"命令，并按〈Enter〉键。

图 5-19 "样式"工具栏

执行"表格样式"命令，弹出图 5-20 所示的"表格样式"对话框，单击【新建】按钮，弹出图 5-21 所示的"创建新的表格样式"对话框。输入新建表格样式的名称，单击【继续】按钮，弹出图 5-22 所示的"新建表格样式：×××"对话框，可设置表格的方向、格式、对齐等参数。

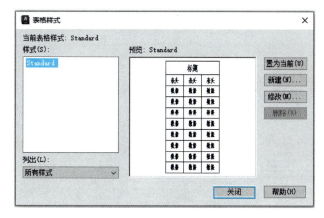

图 5-20 "表格样式"对话框

图 5-21 "创建新的表格样式"对话框

"新建表格样式"对话框中各选项的含义介绍如下：

1）选择起始表格（E）：单击 按钮，将在绘图区选择一个表格作为新建表格样式的起始表格。

2）表格方向（D）：选择"向上"可创建由下而上读取的表格；选择"向下"可创建由上而下读取的表格。

3）单元样式：有"标题""表头"和"数据"三个选项，需分别对"常规""文字""边框"三个选项卡进行设置。

4）"常规"选项卡：

① 填充颜色（F）：设置表格的背景颜色。

② 对齐（A）：调整单元格中文字的对齐方式。

③ 格式（O）：单击 ... 按钮，弹出图5-23所示的"表格单元格式"对话框，可设置单元格的数据格式。

④ 类型（T）：设置单元格类型为"数据"或"标签"。

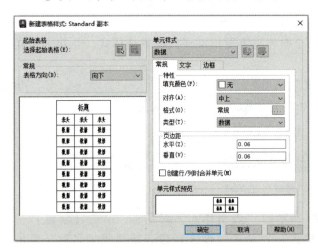

图5-22 "新建表格样式"对话框　　　图5-23 "表格单元格式"对话框

5）"文字"选项卡：如图5-24所示，可设置与文字相关的参数。

① 文字样式（S）：选择已定义的文字样式，或单击 ... 按钮，打开图5-25所示的"文字样式"对话框，设置文字样式。

图5-24 "文字"选项卡　　　图5-25 "文字样式"对话框

② 文字高度（I）：设置单元格中文字的高度。

③ 文字颜色（C）：设置文字的颜色。

④ 文字角度（G）：设置单元格中文字的倾斜角度。

6) "边框"选项卡：如图 5-26 所示，该选项卡可设置与边框相关的参数。其中，如勾选"双线（U）"，边框显示为双线，此时需在"间距（P）"中输入偏移距离。

图 5-26 "边框"选项卡

7) 页边距："水平（Z）"和"垂直（V）"设置单元格内容距边线的距离。

8) 创建行/列时合并单元（M）：勾选该项，使用当前表格样式创建的所有新行或新列合并为一个单元，常用于在表格顶部创建标题栏。

5.3.2 表格创建

AutoCAD 中表格可通过"表格"命令创建，或从其他软件复制粘贴及从外部导入。创建表格可采用以下方法：

1) 菜单栏：单击"绘图"→"表格"。

2) 工具栏：单击"绘图"工具栏→【表格】按钮 ▦。

3) 功能区选项板：单击"默认"→"注释"→【表格】按钮 ▦。

4) 命令行：输入"Table"命令，并按〈Enter〉键。

执行"表格"命令，弹出图 5-27 所示的"插入表格"对话框，根据要求设置插入表格的列数、列宽、行数和行高等，单击【确定】按钮，完成表格的创建。

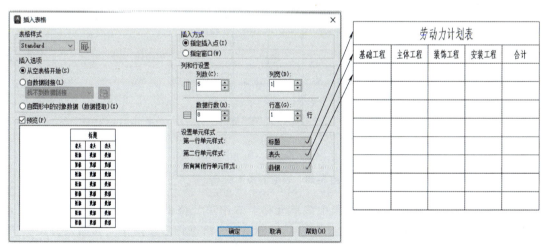

图 5-27 创建表格

"插入表格"对话框的各选项含义如下：

1) 表格样式：选择已创建的表格样式，或单击 ▦ 按钮打开"表格样式"对话框，新建所需的表格样式。

2）从空表格开始（S）：插入空表格。

3）自数据链接（L）：从外部导入数据来创建表格。

4）自图形中的对象数据（数据提取）（X）：从可输出到表格或外部文件的图形中提取数据来创建表格。

5）预览（P）：勾选该项，可预览插入的表格样式。

6）指定插入点（I）：在绘图区指定的点插入固定大小的表格。

7）指定窗口（W）：在绘图区中通过移动表格的边框来创建任意大小的表格。

8）列数（C）：设置表格的列数。

9）列宽（D）：设置表格的列宽。

10）数据行数（R）：设置表格的行数。

11）行高（G）：按行数设置行高。

12）第一行单元样式：设置第一行单元样式为"标题""表头""数据"中的任意一个。

13）第二行单元样式：设置第二行单元样式为"标题""表头""数据"中的任意一个。

14）所有其他行单元样式：设置其他行的单元样式为"标题""表头""数据"中的任意一个。

5.3.3 表格编辑

创建表格后，可单击表格上的任意网格线以选中该表格，然后使用鼠标拖动夹点对表格进行修改，效果如图 5-28 所示。

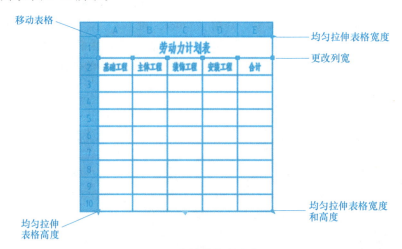

图 5-28 表格的控制夹点

单击表格中的某单元格时，可选中该单元格。选中单元格的同时，会显示图 5-29 所示的"表格单元"选项卡，可借助该工具栏对 AutoCAD 表格进行多项操作，如插入公式等。

图 5-29 "表格单元"选项卡

5.4 天正尺寸标注

5.4.1 尺寸标注创建

与 AutoCAD 的尺寸标注相比，天正建筑插件结合了建筑制图的特点，提供了门窗标注、墙厚标注、内门标注等功能，实现建筑制图过程中尺寸信息的快捷标注，提高设计效率。

1. 门窗标注

"门窗标注"命令可标注门窗的定位尺寸。执行"门窗标注"命令可采用以下方法：

1）命令行：输入"MCBZ"命令，并按〈Enter〉键。
2）菜单栏：单击"尺寸标注"→"门窗标注"。

绘制图 5-30 所示的建筑平面示例，以北侧两扇窗为例，执行"门窗标注"命令，按以下命令行提示进行操作：

```
起点<退出>：       \\选择起点
终点<退出>：       \\选择终点
系统绘制出第一段墙体的门窗标注
选择其他墙体：     \\可选择邻近的墙体进行补充标注
```

操作完成后，绘制结果如图 5-31 所示。

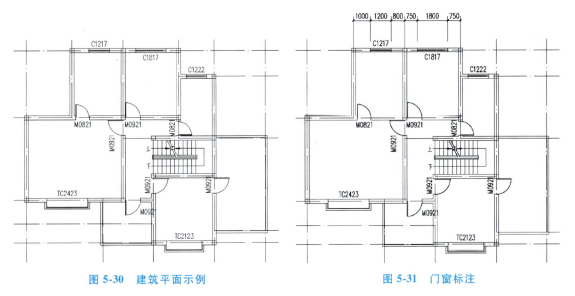

图 5-30　建筑平面示例　　　　　　图 5-31　门窗标注

2. 墙厚标注

"墙厚标注"命令可对两点连线穿越的墙体进行墙厚标注。执行"墙厚标注"命令可采用以下方法：

1）命令行：输入"QHBZ"命令，并按〈Enter〉键。
2）菜单栏：单击"尺寸标注"→"墙厚标注"。

以图 5-30 为例，执行"墙厚标注"命令，按以下命令行提示进行操作：

177

```
直线第一点<退出>：        \\选择直线起点
直线第二点<退出>：        \\选择直线终点
```

按上述提示通过直线选取墙体，直线路径所经过的墙体厚度会被标注，结果如图 5-32 所示。

3. 两点标注

"两点标注"命令可为两点连线附近有关系的轴线、墙线、门窗、柱子等构件标注尺寸，并可标注墙中点或添加其他标注点。执行"两点标注"命令可采用以下方法：

1）命令行：输入"LDBZ"命令，并按〈Enter〉键。
2）菜单栏：单击"尺寸标注"→"两点标注"。

以图 5-30 为例，执行"两点标注"命令，按以下命令行提示进行操作：

```
选择起点(当前墙面标注)或[墙中标注(C)]<退出>：      \\选择起点
终点<退出>：       \\选择终点
选择标注位置点：      \\选择生成标注的位置
选择终点或增删轴线、墙、门窗、柱子：      \\如果要略过其中不需要标注的轴线和墙，这里有机会去掉这些对象
```

操作完成后，生成的两点标注如图 5-33 所示。

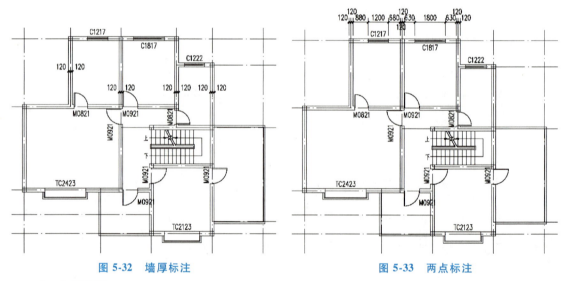

图 5-32　墙厚标注　　　　　　　　图 5-33　两点标注

4. 内门标注

"内门标注"命令可标注内墙门窗尺寸及门窗与最近轴线或墙边的距离。执行"内门标注"命令可采用以下方法：

1）命令行：输入"NMBZ"命令，并按〈Enter〉键。
2）菜单栏：单击"尺寸标注"→"内门标注"。

执行"内门标注"命令，按以下命令行提示进行操作：

```
标注方式:轴线定位. 请用线选门窗,并且第二点作为尺寸线位置！
起点或[垛宽定位(A)]<退出>：      \\标注门窗的另一侧选择起点或输入 A 改为垛宽定位
终点<退出>：       \\在用线选择待标注的门窗时,线的终点即尺寸线标注终点
```

完成操作后,内门标注结果如图 5-34 所示。

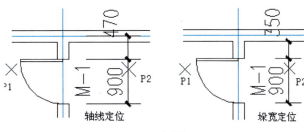

图 5-34　内门标注

5. 平行标注

"平行标注"命令可对指定图层的平行对象快速标注。执行"平行标注"命令可采用以下方法:

1)命令行:输入"PXBZ"命令,并按〈Enter〉键。

2)菜单栏:单击"尺寸标注"→"平行标注"。

以图 5-30 为例,执行"平行标注"命令,按以下命令行提示进行操作:

```
请选择起点或[设置图层过滤(S)]<退出>:      \\选择起点
选择终点<退出>:      \\选择终点
请点取尺寸线位置<退出>:      \\选择标注线位置
请输入其他标注点或[参考点(R)]<退出>:      \\在创建的标注线上,添加所需标注的尺寸
```

操作完成后,平行标注结果如图 5-35 所示。

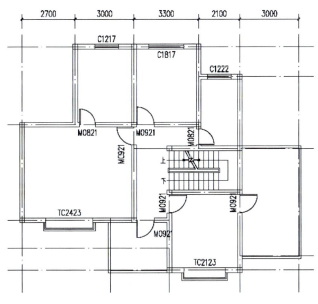

图 5-35　平行标注

6. 快速标注

"快速标注"命令可快速识别图形外轮廓或基线点,沿对象的长宽方向标注对象的几何特征尺寸。执行"快速标注"命令可采用以下方法:

1)命令行:输入"KSBZ"命令,并按〈Enter〉键。

2)菜单栏:单击"尺寸标注"→"快速标注"。

以图 5-30 为例,执行"快速标注"命令,按命令行提示选择需要尺寸标注的墙,自动将所框选的对象进行标注,绘制结果如图 5-36 所示。

7. 逐点标注

"逐点标注"命令可依选取的多个给定点沿指定方向和选定的位置标注连续尺寸。执行"逐点标注"命令可采用以下方法：

1）命令行：输入"ZDBZ"命令，并按〈Enter〉键。

2）菜单栏：单击"尺寸标注"→"逐点标注"。

以图 5-30 为例，执行"逐点标注"命令，按以下命令行提示进行操作：

```
起点或[参考点(R)]<退出>：          \\选取待标注的起点
第二点<退出>：          \\选取待标注的终点
请单击尺寸线位置或[更正尺寸线方向(D)]<退出>：          \\创建标注尺寸线的位置
请输入其他标注点或[撤销上一标注点(U)]<退出>：          \\依次选择其他所需标注点即可完成标注操作
```

操作完成后，绘制结果如图 5-37 所示，可与图 5-35 所示"平行标注"达到同样的效果，但使用更灵活。

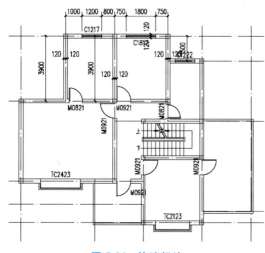
图 5-36 快速标注

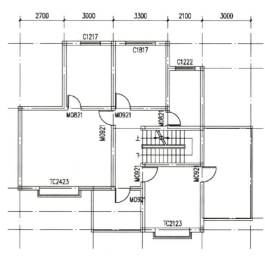
图 5-37 逐点标注

8. 半径标注

"半径标注"命令可对弧墙或弧线进行半径标注。执行"半径标注"命令可采用以下方法：

1）命令行：输入"BJBZ"命令，并按〈Enter〉键。

2）菜单栏：单击"尺寸标注"→"半径标注"。

执行"半径标注"命令，按命令行提示选择圆弧完成标注，结果如图 5-38 所示。

9. 直径标注

"直径标注"命令可对圆进行直径标注。执行"直径标注"命令可采用以下方法：

1）命令行：输入"ZJBZ"命令，并按〈Enter〉键。

2）菜单栏：单击"尺寸标注"→"直径标注"。

执行"直径标注"命令，按命令行提示选择圆弧完成标注，结果如图 5-39 所示。

10. 角度标注

"角度标注"命令可按逆时针方向标注两根直线间的夹角。执行"角度标注"命令可采用以下方法：

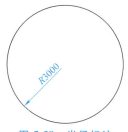

图 5-38　半径标注

图 5-39　直径标注

1）命令行：输入"JDBZ"命令，并按〈Enter〉键。
2）菜单栏：单击"尺寸标注"→"角度标注"。

以图 5-40 为例，执行"角度标注"命令，按以下命令行提示进行操作：

请选择第一条直线<退出>：	\\在标注位置选择第一根线
请选择第二条直线<退出>：	\\在任意位置选择第二根线
请确定尺寸线位置<退出>：	\\确定添加标注图元的位置

操作完成后，绘制结果如图 5-41 所示。

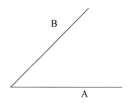

图 5-40　原有相交直线

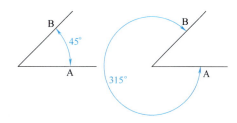

图 5-41　角度标注

11. 弧弦标注

"弧弦标注"命令可对弧线的弧长进行标注。执行"弧弦标注"命令可采用以下方法：
1）命令行：输入"HXBZ"命令，并按〈Enter〉键。
2）菜单栏：单击"尺寸标注"→"弧弦标注"。

以图 5-42 所示的弧形墙体为例，执行"弧弦标注"命令，按以下命令行提示进行操作：

请选择要标注的弧段：	\\选择准备标注的弧墙、弧线
请移动光标位置确定要标注的尺寸类型<退出>：	\\确定标注类型为弧长或弧度
请点取尺寸线位置<退出>：	\\类似逐点标注，拖动到标注的最终位置
请输入其他标注点<结束>：	\\继续选择其他标注点
……	
请输入其他标注点<结束>：	\\按〈Enter〉键结束

完成标注后，绘制结果如图 5-42 所示。

5.4.2　尺寸编辑

1. 文字复位

"文字复位"命令可将尺寸标注中通过夹点移动的文字恢复至初始位置。执行"文字复位"命令可采用以下方法：

1）命令行：输入"WZFW"命令，并按〈Enter〉键。

2）菜单栏：单击"尺寸标注"→"尺寸编辑"→"文字复位"。

绘制图 5-43 所示的尺寸标注示例，执行"文字复位"命令，按以下命令行提示进行操作：

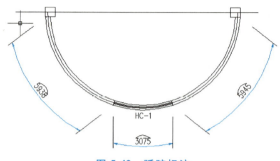

图 5-42　弧弦标注

请选择需复位文字的对象：	\\选择要恢复的天正尺寸标注,可多选
请选择需复位文字的对象：	\\按〈Enter〉键结束,将选中的尺寸标注文字恢复至原始位置

操作完成后，结果如图 5-44 所示。

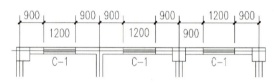

图 5-43　尺寸标注示例

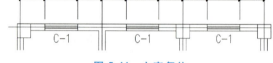

图 5-44　文字复位

2. 文字复值

"文字复值"命令可将尺寸标注中被修改的文字恢复初始值。执行"文字复值"命令可采用以下方法：

1）命令行：输入"WZFZ"命令，并按〈Enter〉键。

2）菜单栏：单击"尺寸标注"→"尺寸编辑"→"文字复值"。

执行"文字复值"命令，按以下命令行提示进行操作：

请选择天正尺寸标注：	\\选择要恢复的天正尺寸标注,可多选
请选择天正尺寸标注：	\\按〈Enter〉键结束,软件将选中的尺寸标注文字恢复至实测数值

3. 裁剪延伸

"裁剪延伸"命令整合了"Trim"（剪裁）和"Extend"（延伸）两个命令的功能，可根据指定位置对尺寸标注进行裁剪或延伸操作。执行"裁剪延伸"命令可采用以下方法：

1）命令行：输入"CJYS"命令，并按〈Enter〉键。

2）菜单栏：单击"尺寸标注"→"尺寸编辑"→"裁剪延伸"。

以图 5-45 所示的定位尺寸线为例，执行"裁剪延伸"命令，按以下命令行提示进行操作：

要裁剪或延伸的尺寸线<退出>：	\\选下侧轴线标注
请给出裁剪延伸的基准点或[参考点(R)]<退出>：	\\选中 A 点

按以上操作完成轴线尺寸的延伸，继续执行该命令，按以下命令行提示完成裁剪操作：

要裁剪或延伸的尺寸线<退出>：	\\选上侧门窗标注
请给出裁剪延伸的基准点或[参考点(R)]<退出>：	\\选中 B 点

最终绘制结果如图 5-46 所示。

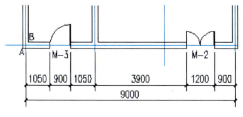

图 5-45　定位尺寸线示例

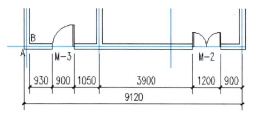

图 5-46　裁剪延伸

4. 取消尺寸

"取消尺寸"命令可用于取消连续标注中的某一尺寸区间。执行"取消尺寸"命令可采用以下方法：

1）命令行：输入"QXCC"命令，并按〈Enter〉键。

2）菜单栏：单击"尺寸标注"→"尺寸编辑"→"取消尺寸"。

以图 5-37 为例，执行"取消尺寸"命令，按命令提示选择要删除的尺寸标注文字及尺寸线，结果如图 5-47 所示。

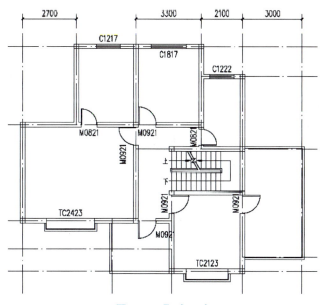

图 5-47　取消尺寸

5. 连接尺寸

"连接尺寸"命令可将多个平行的独立尺寸标注连接成一个尺寸标注对象，若待连接的尺寸标注对象不共线，连接后的标注对象按选择的第一个标注对象对齐。执行"连接尺寸"命令可采用以下方法：

1）命令行：输入"LJCC"命令，并按〈Enter〉键。

2）菜单栏：单击"尺寸标注"→"尺寸编辑"→"连接尺寸"。

以图 5-48 所示的建筑平面尺寸标注为例，执行"连接尺寸"命令，按以下命令行提示进行操作：

请选择主尺寸标注<退出>：　　　　　\\选左侧标注
请选择需要连接的其他尺寸标注<退出>：　　　　　\\选右侧标注

操作完成后，绘制结果如图5-49所示。

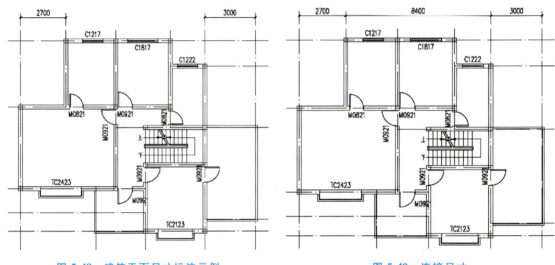

图5-48　建筑平面尺寸标注示例　　　　　图5-49　连接尺寸

6. 尺寸打断

"尺寸打断"命令可将尺寸标注对象在指定的尺寸界线上打断，成为两段独立的尺寸标注对象。执行"尺寸打断"命令可采用以下方法：

1）命令行：输入"CCDD"命令，并按〈Enter〉键。

2）菜单栏：单击"尺寸标注"→"尺寸编辑"→"尺寸打断"。

如图5-50所示，执行"尺寸打断"命令，按命令行提示在要打断的位置选择尺寸线，自动打断该尺寸线，选择预览尺寸线可见原尺寸线已变为两个独立对象。

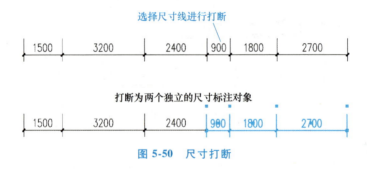

图5-50　尺寸打断

7. 合并区间

"合并区间"命令可将相邻尺寸标注对象合并为一个尺寸区间。执行"合并区间"命令可采用以下方法：

1）命令行：输入"HBQJ"命令，并按〈Enter〉键。

2）菜单栏：单击"尺寸标注"→"尺寸编辑"→"合并区间"。

以图5-49为例，执行"合并区间"命令，按以下命令行提示进行操作：

```
请框选合并区间中的尺寸界线箭头<退出>:        \\框选要合并区间之间的尺寸界线
请框选合并区间中的尺寸界线箭头或[撤销(U)]<退出>:      \\选择其他要合并区间之
间的尺寸界线或输入 U 撤销合并
```

操作完成后,绘制结果如图 5-51 所示。

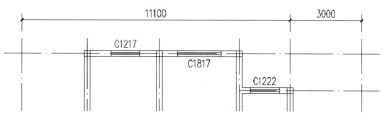

图 5-51 合并区间

8. 等分区间

"等分区间"命令可将天正标注对象的某一区间按指定等分数分为多个区间。执行"等分区间"命令可采用以下方法:

1)命令行:输入"DFQJ"命令,并按〈Enter〉键。

2)菜单栏:单击"尺寸标注"→"尺寸编辑"→"等分区间"。

以图 5-51 为例,执行"等分区间"命令,按以下命令行提示进行操作:

```
请选择需要等分的尺寸区间<退出>:       \\选择待等分的区间尺寸
输入等分数<退出>:3       \\三等分
```

操作完成后,绘制结果如图 5-52 所示。

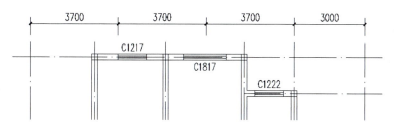

图 5-52 等分区间

9. 等式标注

"等式标注"命令可将天正标注对象的某一区间按多个相等区间乘积的形式表示。执行"等式标注"命令可采用以下方法:

1)命令行:输入"DSBZ"命令,并按〈Enter〉键。

2)菜单栏:单击"尺寸标注"→"尺寸编辑"→"等式标注"。

以图 5-52 为例,执行"等式标注"命令,按以下命令行提示进行操作:

```
请选择需要等分的尺寸区间<退出>:       \\选择所需替换标注的区间
输入等分数<退出>:       \\输入等分数量
```

操作完成后,绘制结果如图 5-53 所示。

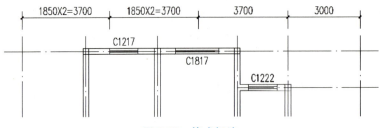

图 5-53 等式标注

10. 对齐标注

"对齐标注"命令可将多个天正标注对象按参考标注对象对齐排列。执行"对齐标注"命令可采用以下方法：

1) 命令行：输入"DQBZ"命令，并按〈Enter〉键。

2) 菜单栏：单击"尺寸标注"→"尺寸编辑"→"对齐标注"。

以图 5-54 所示的平面尺寸标注为例，执行"对齐标注"命令，按以下命令行提示进行操作：

| 选择参考标注<退出>： | \\选取作为样板的标注,它的高度作为对齐的标准 |
| 选择其他标注<退出>： | \\选取需要对齐排列的标注,按〈Enter〉键结束 |

操作完成后，绘制结果如图 5-55 所示。

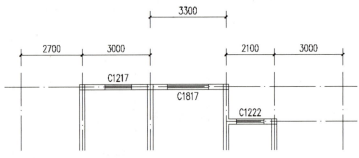

图 5-54 尺寸标注示例

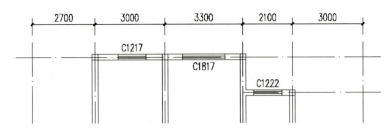

图 5-55 对齐标注

11. 增补尺寸

"增补尺寸"命令可对已有尺寸标注增加标注点。执行"增补尺寸"命令可采用以下方法：

1) 命令行：输入"ZBCC"命令，并按〈Enter〉键。

2）菜单栏：单击"尺寸标注"→"尺寸编辑"→"增补尺寸"。

以图 5-55 为例，执行"增补尺寸"命令，按以下命令行提示进行操作：

```
点取待增补的标注点的位置或[参考点(R)]<退出>：    \\选取需要标注的点位
点取待增补的标注点的位置或[参考点(R)/撤销上一标注点(U)]<退出>：    \\选取其
他位置及参考点
```

操作完成后，增补尺寸标注的绘制结果如图 5-56 所示。

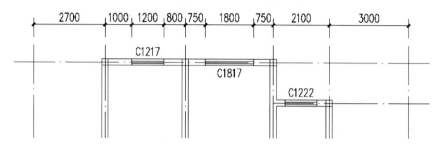

图 5-56　增补尺寸

12. 切换角标

"切换角标"命令可对角度标注、弦长标注和弧长标注进行相互转化。执行"切换角标"命令可采用以下方法：

1）命令行：输入"QHJB"命令，并按〈Enter〉键。

2）菜单栏：单击"尺寸标注"→"尺寸编辑"→"切换角标"。

以图 5-42 为例，执行"切换角标"命令，按命令行提示点取弦长标注，绘制结果如图 5-57 所示。

13. 尺寸转化

"尺寸转化"命令可将 AutoCAD 尺寸标注转换为天正尺寸标注。执行"尺寸转化"命令可采用以下方法：

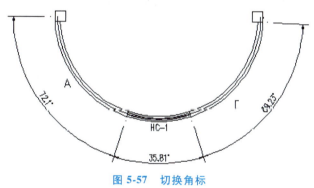

图 5-57　切换角标

1）命令行：输入"CCZH"命令，并按〈Enter〉键。

2）菜单栏：单击"尺寸标注"→"尺寸编辑"→"尺寸转化"。

执行"尺寸转化"命令，按以下命令行提示进行操作：

```
请选择 ACAD 尺寸标注：找到 1 个    \\框选需要转换的尺寸标注
全部选中的 1 个对象成功的转化为天正尺寸标注！
```

14. 尺寸自调

"尺寸自调"命令可对天正尺寸标注的文字位置进行自动调整，避免文字重叠。执行"尺寸自调"命令可采用以下方法：

1）命令行：输入"CCZT"命令，并按〈Enter〉键。

2）菜单栏：单击"尺寸标注"→"尺寸编辑"→"尺寸自调"。

以图 5-58 的尺寸标注为例，执行"尺寸自调"命令，按命令行提示选择待调整的尺寸，调整结果如图 5-59 所示。

图 5-58　尺寸标注示例　　　　　　　　图 5-59　尺寸自调

5.5　天正文字

5.5.1　文字样式

"文字样式"命令可创建或修改天正扩展文字样式，并设置图形中的当前文字样式。执行"文字样式"命令可采用以下方法：

1）命令行：输入"WZYS"命令，并按〈Enter〉键。

2）菜单栏：单击"文字表格"→"文字样式"。

执行"文字样式"命令，弹出图 5-60 所示的"文字样式"对话框。具体文字样式根据标准规定和设计要求确定。

5.5.2　单行文字

"单行文字"命令可使用已建立的天正文字样式创建单行文字，可方便地设置上下标、加圆圈、添加特殊符号及导入专业词库内容等。执行"单行文字"命令可采用以下方法：

图 5-60　"文字样式"对话框

1）命令行：输入"DHWZ"命令，并按〈Enter〉键。

2）菜单栏：单击"文字表格"→"单行文字"。

执行"单行文字"命令，弹出图 5-61 所示的"单行文字"对话框。输入文字内容后，在绘图区选择文字插入位置。双击已生成的单行文字，可进入在位编辑状态进行文字修改。此外，选择已生成的文字后右击，可调用单行文字的快捷菜单进行内容编辑。

5.5.3　多行文字

"多行文字"命令可使用已建立的天正文字样式按段落创建多行文字，可方便地设定页宽与换行位置，并随时拖动夹点改变页宽。执行"多行文字"命令可采用以下方法：

图 5-61　"单行文字"对话框

1）命令行：输入"TMTEXT"命令，并按〈Enter〉键。

2）菜单栏：单击"文字表格"→"多行文字"。

执行"多行文字"命令，弹出图5-62所示的"多行文字"对话框。输入文字内容后，单击【确定】按钮完成多行文字输入。该命令的自动换行功能适合输入以中文为主的建筑设计说明。

图 5-62 "多行文字"对话框

5.5.4 专业词库

"专业词库"命令可输入或维护专业词库中的内容，词库提供了常用建筑专业词汇与工程做法，与"作法标注"命令结合使用，可快速标注墙面、楼面、屋面等的工程做法。执行"专业词库"命令可采用以下方法：

1）命令行：输入"ZYCK"命令，并按〈Enter〉键。

2）菜单栏：单击"文字表格"→"专业词库"。

执行"专业词库"命令，打开图5-63所示的"专业词库"对话框，选择所需的标注做法，按命令行提示将文字内容插入相应位置。

5.5.5 转角自纠

"转角自纠"命令可对转角方向不符合建筑制图标准的文字进行纠正。执行"转角自纠"命令可采用以下方法：

1）命令行：输入"ZJZJ"命令，并按〈Enter〉键。

2）菜单栏：单击"文字表格"→"转角自纠"。

绘制图5-64所示的文字，执行"转角自纠"命令，按命令行提示框选待修正的文字完成操作，结果如图5-65所示。

图 5-63 "专业词库"对话框

5.5.6 文字转化

"文字转化"命令可将 AutoCAD 单行文字转化为天正单行文字，并保持原有文字对象的独立性，不进行合并处理。执行"文字转化"命令可采用以下方法：

1）命令行：输入"WZZH"命令，并按〈Enter〉键。

图 5-64 文字示例

图 5-65 转角自纠

2）菜单栏：单击"文字表格"→"文字转化"。

执行"文字转化"命令，按命令行提示选择 AutoCAD 单行文字，完成文字转化操作。

5.5.7 文字合并

"文字合并"命令可将多个单行文字（AutoCAD 文字或天正文字均可）的内容进行合并处理，转化为单行或多行文字。执行"文字合并"命令可采用以下方法：

1）命令行：输入"WZHB"命令，并按〈Enter〉键。

2）菜单栏：单击"文字表格"→"文字合并"。

编辑图 5-66 所示的单行文字，执行"文字合并"命令，按以下命令行提示进行操作：

```
请选择要合并的文字段落<退出>：            \\框选天正单行文字的段落
[合并为单行文字(D)/合并为多行文字(M)]<D>：    \\指定生成单行文字或多行文字
移动到目标位置<替换原文字>：            \\选取文字对象的移动位置
```

操作完成后，结果如图 5-67 所示。

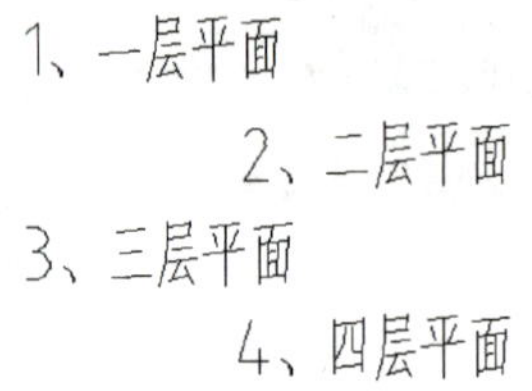

图 5-66 单行文字示例    图 5-67 文字合并

5.5.8 统一字高

"统一字高"命令可将所选择文字的字高统一为给定值。执行"统一字高"命令可采用以下方法：

1）命令行：输入"TYZG"命令，并按〈Enter〉键。

2）菜单栏：单击"文字表格"→"统一字高"。

编辑图 5-68 所示的文字，执行"统一字高"命令，按以下命令行提示进行操作：

```
请选择要修改的文字(ACAD文字,天正文字)<退出>:指定对角线：    \\框选需要统一字高的文字
字高( )<3.5mm>          \\输入新的字高
```

操作完成后，统一字高的结果如图 5-69 所示。

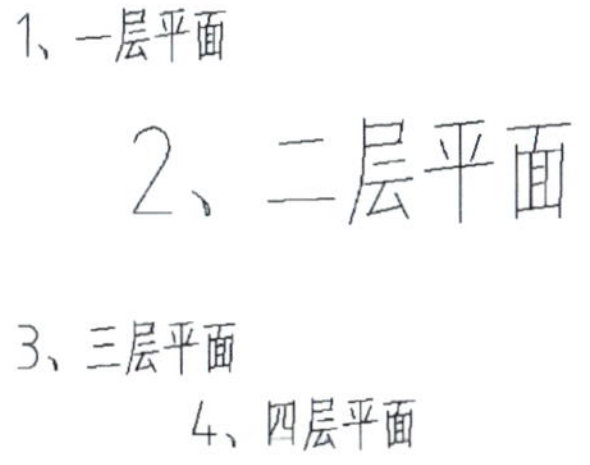

图 5-68　文字示例

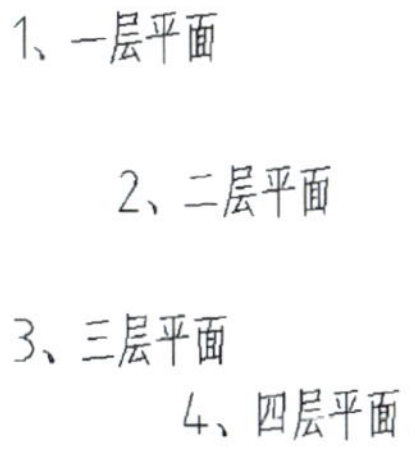

图 5-69　统一字高

5.5.9　查找替换

"查找替换"命令可查找替换当前图形中所有的文字，包括 AutoCAD 文字、天正文字和其他对象中的文字。执行"查找替换"命令可采用以下方法：

1）命令行：输入"CZTH"命令，并按〈Enter〉键。

2）菜单栏：单击"文字表格"→"查找替换"。

执行"查找替换"命令，弹出图 5-70 所示的"查找和替换"对话框。对话框中可设置对图中或选定范围的文字类信息进行查找，并按要求逐一替换或全部替换。执行查找时，图中找到的文字处显示红框；单击下一个时，红框转到下一个找到的文字位置。

图 5-70　"查找和替换"对话框

5.6　天正表格

5.6.1　新建表格

天正表格通过表格全局设定、行列特征和单元格特征三个层次控制表格的形式。"新建表格"命令可绘制表格并输入文字。执行"新建表格"命令可采用以下方法：

1）命令行：输入"XJBG"命令，并按〈Enter〉键。

2）菜单栏：单击"文字表格"→"新建表格"。

执行"新建表格"命令，弹出图 5-71 所示的"新建表格"对话框，输入行数、列数、行高、列宽和标题等参数后单击【确定】按钮，按命令行提示选取表格插入位置，完成表格创建。

创建表格后可采用以下两种方式添加文字：单击选中表格，双击进行编辑；选中表格边线，双击打开图 5-72 所示的"表格设定"对话框，单击右侧"全屏编辑"按钮。

5.6.2　转出 Excel 和转出 Word

"转出 Excel"命令可将天正表格输出到 Excel 新表单中或更新到当前表单的选中区域。

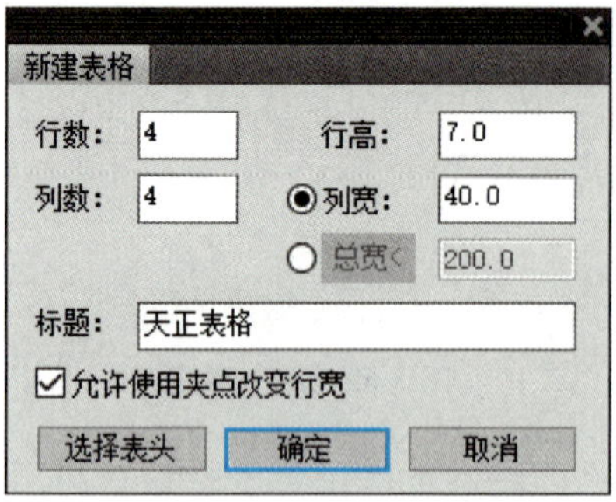

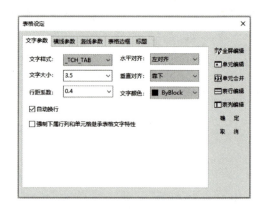

图 5-71 "新建表格"对话框　　　　　　　图 5-72 "表格设定"对话框

"转出 Word"命令可将天正表格输出到 Word 文件。在菜单栏单击"文字表格"→"转出 Excel"或"转出 Word",执行"转出 Excel"和"转出 Word"命令。

执行"转出 Excel"命令,按命令行提示选中需要转出的表格对象,自动打开一个 Excel 文件,并将表格内容输出到该表格中,结果如图 5-73 所示。"转出 Word"命令的操作相同,结果如图 5-74 所示。

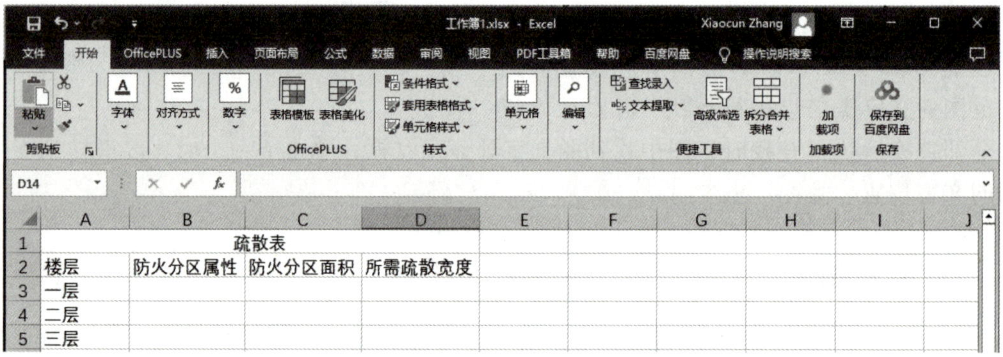

图 5-73　转出 Excel

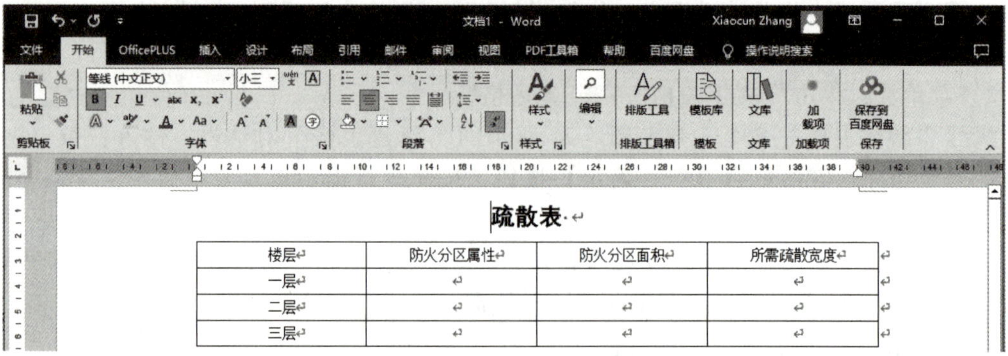

图 5-74　转出 Word

5.6.3 表格编辑

1. 全屏编辑

"全屏编辑"命令可对表格内容进行全屏编辑。执行"全屏编辑"命令可采用以下方法：

1）命令行：输入"QPBJ"命令，并按〈Enter〉键。

2）菜单栏：单击"文字表格"→"全屏编辑"。

对已有表格执行"全屏编辑"命令，按命令行提示选择表格，弹出图5-75所示的对话框，在其中输入内容后，单击【确定】按钮完成操作。

2. 拆分表格

"拆分表格"命令可将表格分解为多个子表格，分为"行拆分"和"列拆分"。执行"拆分表格"命令可采用以下方法：

1）命令行：输入"CFBG"命令，并按〈Enter〉键。

2）菜单栏：单击"文字表格"→"表格编辑"→"拆分表格"。

图 5-75 全屏编辑

绘制图 5-76 所示的表格，执行"拆分表格"命令，打开图 5-77 所示的"拆分表格"对话框。勾选"自动拆分"时，在对话框中设置拆分参数，单击【拆分】按钮，拆分后的新表格自动布置在原表格旁，效果如图 5-78 所示。不勾选"自动拆分"时，"指定列数"或"指定行数"置灰，按命令行提示依次选择要拆分为新表格的起始列及插入位置，完成拆分操作。

疏散表			
楼层	防火分区属性	防火分区面积	所需疏散宽度
一层			
二层			
三层			

图 5-76 表格示例

3. 合并表格

"合并表格"命令可将多个表格合并为一个表格，分为"行合并"和"列合并"。执行"合并表格"命令可采用以下方法：

1）命令行：输入"HBBG"命令，并按〈Enter〉键。

2）菜单栏：单击"文字表格"→"表格编辑"→"合并表格"。

以图5-78所示的拆分后表格为例，执行"合并表格"命令，按以下命令行提示进行操作：

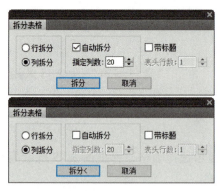

图 5-77 “拆分表格”对话框

疏散表	
楼层	防火分区属性
一层	
二层	
三层	

防火分区面积	所需疏散宽度

图 5-78 拆分表格

选择第一个表格或[列合并(C)]<退出>：　　　\\选择上面的表格
选择第一个表格<退出>：　　　\\选择下面的表格
选择第一个表格<退出>：　　　\\右击退出

完成操作后，表格行数等于所选择各表格行数之和，标题保留第一个表格的标题，结果如图 5-79 所示。如果被合并的表格有不同列数，最终表格的列数为各表格列数的最大值。

疏散表	
楼层	防火分区属性
一层	
二层	
三层	
防火分区面积	所需疏散宽度

图 5-79 合并表格

4. 表列编辑

“表列编辑”命令可用于编辑表格的一列或多列。执行“表列编辑”命令可采用以下方法：

1）命令行：输入“BLBJ”命令，并按〈Enter〉键。

2）菜单栏：单击“文字表格”→“表格编辑”→“表列编辑”。

以图 5-76 所示的表格为例，执行“表列编辑”命令，按命令行提示选取需要编辑的表列，自动打开如图 5-80 所示的“列设定”对话框，修改相应参数完成对表列的更改操作。

5. 表行编辑

“表行编辑”命令可用于编辑表格的一行或多行。执行“表行编辑”命令可采用以下方法：

1）命令行：输入“BHBJ”命令，并按〈Enter〉键。

2）菜单栏：单击“文字表格”→“表格编辑”→“表行编辑”。

以图 5-76 所示的表格为例，执行“表行编辑”命令，按命令行提示选取需要编辑的表行，自动打开图 5-81 所示的“行设定”对话框，修改相应参数完成对表行的更改操作。

6. 增加表行

“增加表行”命令可在指定表格行之前或之后增加一行。执行“增加表行”命令可采用以下方法：

1）命令行：输入“ZJBH”命令，并按〈Enter〉键。

2）菜单栏：单击“文字表格”→“表格编辑”→“增加表行”。

以图 5-76 所示的表格为例，执行“增加表行”命令，按以下命令行提示进行操作：

图 5-80 "列设定"对话框

图 5-81 "行设定"对话框

请点取一表行以(在本行之前)插入新行或[在本行之后插入(A)/复制当前行(S)]<退出>:

如图 5-82 所示,光标悬停在表格某一行时,该行高亮显示,单击可在该行处增加新行。

图 5-82 增加表行

7. 删除表行

"删除表行"命令可用于删除指定行。执行"删除表行"命令可采用以下方法:

1)命令行:输入"SCBH"命令,并按〈Enter〉键。

2)菜单栏:单击"文字表格"→"表格编辑"→"删除表行"。

以图 5-76 所示的表格为例,执行"删除表行"命令,按以下命令行提示进行操作:

请点取要删除的表行<退出>:　　\\选择表格时显示高亮的表行,单击要删除的某一行
请点取要删除的表行<退出>:　　\\重复以上命令时,每次删除一行,按〈Enter〉键退出

操作完成后,结果如图 5-83 所示。

图 5-83 删除表行

5.6.4 单元格编辑

1. 单元编辑

"单元编辑"命令可用于编辑单元内容或改变单元文字的显示属性。执行"单元编辑"命令可采用以下方法：

1）命令行：输入"DYBJ"命令，并按〈Enter〉键。

2）菜单栏：单击"文字表格"→"单元编辑"→"单元编辑"。

以图 5-76 所示的表格为例，执行"单元编辑"命令，按以下命令行提示进行操作：

请点取一单元格进行编辑[多格属性(M)/单元分解(X)]<退出>：　　\\单击指定要修改的单元格，显示单元格编辑对话框，如果要求一次修改多个单元格的内容，可以输入 M 选定多个单元格

选择完成后，弹出图 5-84 所示的"单元格编辑"对话框，将单元格内容"楼层"修改为"防火分区编号"，然后单击【确定】按钮，绘制结果如图 5-85 所示。

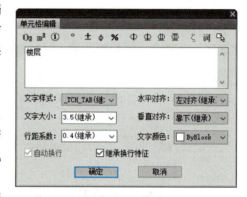

图 5-84 "单元格编辑"对话框

2. 单元递增

"单元递增"命令可用于复制单元文字内容，并同时将单元内容的某一项递增或递减，同时按〈Shift〉键为直接复制，按〈Ctrl〉键为递减。执行"单元递增"命令可采用以下方法：

1）命令行：输入"DYDZ"命令，并按〈Enter〉键。

2）菜单栏：单击"文字表格"→"单元编辑"→"单元递增"。

疏散表			
防火分区编号	防火分区属性	防火分区面积	所需疏散宽度
一层			
二层			
三层			

图 5-85 单元编辑

绘制图 5-86 所示的表格，执行"单元递增"命令，按以下命令行提示进行操作：

请点第一个单元格<退出>：　　\\单击已有编号的首单元格
请点最后一个单元格<退出>：　　\\单击需要递增编号的末单元格

完成操作后，绘制结果如图 5-87 所示。

3. 单元复制

"单元复制"命令可用于复制表格某一单元文字对象至目标的表格单元。执行"单元复制"命令可采用以下方法：

1）命令行：输入"DYFZ"命令，并按〈Enter〉键。

疏散表			
防火分区编号	防火分区属性	防火分区面积	所需疏散宽度
1			

图 5-86　表格示例

疏散表			
防火分区编号	防火分区属性	防火分区面积	所需疏散宽度
1			
2			
3			

图 5-87　单元递增

2）菜单栏：单击"文字表格"→"单元编辑"→"单元复制"。

以图 5-86 所示的表格为例，执行"单元复制"命令，按以下命令行提示进行操作：

```
点取拷贝源单元格或[选取文字(A)/选取图块(B)]<退出>：     \\选取单元格,复制其中内容
点取粘贴至单元格(按 CTRL 键重新选择复制源)或[选取文字(A)/选取图块(B)]<退出>：
          \\选择目标单元格,粘贴源单元格内容,按〈Enter〉键结束命令
```

操作完成后，绘制结果如图 5-88 所示。

疏散表			
防火分区编号	防火分区属性	防火分区面积	所需疏散宽度
1			
1			
1			

图 5-88　单元复制

4. 单元累计

"单元累计"命令可累计表格行或列的数值内容。执行"单元累计"命令可采用以下方法：

1）命令行：输入"DYLJ"命令，并按〈Enter〉键。

2）菜单栏：单击"文字表格"→"单元编辑"→"单元累计"。

绘制图 5-89 所示的表格，执行"单元累计"命令，按以下命令行提示进行操作：

```
点取第一个需累加的单元格：          \\选取单元格
点取最后一个需累加的单元格：        \\选取单元格
单元累加结果是:3100
点取存放累加结果的单元格<退出>：    \\指定插入累加结果位置
```

操作完成后，绘制结果如图5-90所示。

疏散表			
防火分区编号	防火分区属性	防火分区面积	所需疏散宽度
1-1		1500	
1-2		1600	

图 5-89　表格示例

疏散表			
防火分区编号	防火分区属性	防火分区面积	所需疏散宽度
1-1		1500	
1-2		1600	
		3100	

图 5-90　单元累计

5. 单元合并

"单元合并"命令可用于合并表格中的单元格。执行"单元合并"命令可采用以下方法：

1）命令行：输入"DYHB"命令，并按〈Enter〉键。

2）菜单栏：单击"文字表格"→"单元编辑"→"单元合并"。

绘制图5-91所示的表格，执行"单元合并"命令，按命令行提示框选需要合并的单元格完成操作，绘制结果如图5-92所示。

疏散表			
防火分区编号	防火分区属性	防火分区面积	所需疏散宽度
一层			
二层			
三层			

图 5-91　表格示例

疏散表			
防火分区编号	防火分区属性	防火分区面积	所需疏散宽度
一层			
二层			

图 5-92　单元合并

6. 撤销合并

"撤销合并"命令可撤销已合并的单元格。执行"撤销合并"命令可采用以下方法：

1）命令行：输入"CXHB"命令，并按〈Enter〉键。

2）菜单栏：单击“文字表格”→“单元编辑”→“撤销合并”。

以图 5-92 所示的表格为例，执行“撤销合并”命令，按命令行提示单击需要撤销合并的单元格，恢复该单元格原有组成结构，结果如图 5-93 所示。

疏散表			
防火分区编号	防火分区属性	防火分区面积	所需疏散宽度
一层			
二层			
二层			

图 5-93　撤销合并

7. 单元插图

“单元插图”命令可将图块插入单元格中。执行“单元插图”命令可采用以下方法：

1）命令行：输入“DYCT”命令，并按〈Enter〉键。

2）菜单栏：单击“文字表格”→“单元编辑”→“单元插图”。

执行“单元插图”命令，弹出图 5-94 所示的“单元插图”对话框，按命令行提示选取要插入的图块完成操作。

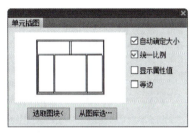

图 5-94　“单元插图”对话框

5.7　天正符号标注

5.7.1　坐标符号

1. 坐标标注

“坐标标注”命令可对总平面图进行坐标定位，一般可标注建筑角点坐标。执行“坐标标注”命令可采用以下方法：

1）命令行：输入“ZBBZ”命令，并按〈Enter〉键。

2）菜单栏：单击“符号标注”→“坐标标注”。

执行“坐标标注”命令，按以下命令行提示进行操作：

```
当前绘图单位:mm;标注单位:M;以世界坐标取值;北向角度 90 度
请点取标注点或[设置(S)\批量标注(Q)]<退出>:
```

按命令行提示，当前绘图单位是毫米（mm）。若图纸单位是米，需输入 S 设置绘图单位。在图 5-95 所示的“坐标标注”对话框中，将绘图单位和标注单位同时设置为“m”，单击【确定】按钮，继续按以下命令行提示进行操作：

```
当前绘图单位:M;标注单位:M;以世界坐标取值;北向角度 90 度
请点取标注点或[设置(S)\批量标注(Q)]<退出>:          \\选取所需标注点
点取坐标标注方向<退出>:          \\确定引出方向
请点取标注点<退出>:          \\选取标注其他标注点或退出
```

2. 坐标检查

"坐标检查"命令可通过给定的基准坐标点检查其他坐标点是否正确。执行"坐标检查"命令可采用以下方法：

1）命令行：输入"ZBJC"命令，并按〈Enter〉键。

2）菜单栏：单击"符号标注"→"坐标检查"。

执行"坐标检查"命令，弹出图 5-96 所示的"坐标检查"对话框。坐标检查信息设置完成后，单击【确定】按钮，按命令行提示选择待检查的坐标。若选中的坐标不正确，会在错误的坐标位置显示红框进行提示，并提示纠正选项"[全部纠正(A)/纠正坐标(C)/纠正位置(D)/退出(X)]"。此时，输入"C"，自动完成错误坐标的纠正；输入"D"，不改坐标值，但会移动坐标值至正确坐标位置；输入"A"，全部错误的坐标值均进行纠正。

图 5-95 "坐标标注"对话框

图 5-96 "坐标检查"对话框

5.7.2 标高符号

1. 标高标注

标高表示某一位置的高程或垂直高度。"标高标注"命令用于平面图的楼面标高与地坪标高标注，或立面、剖面的楼面标高标注等，可标注绝对标高和相对标高。标高三角符号可为空心或实心填充。执行"标高标注"命令可采用以下方法：

1）命令行：输入"BGBZ"命令，并按〈Enter〉键。

2）菜单栏：单击"符号标注"→"标高标注"。

绘制立面图元，执行"标高标注"命令，弹出图 5-97 所示的"标高标注"对话框，勾选"手工输入"，"楼层标高"输入 0.000，定义标高参考线，并按以下命令行提示进行操作：

```
请单击标高点或[参考标高(R)]<退出>：     \\选取参考标高 0.000 线的位置
请单击标高方向<退出>：     \\选择标高方向
```

完成基准标高定义，添加其他标高点前，需取消勾选"手工输入"。此时，新添加的其他标高点将以基准标高为参考进行自动计算。按命令行提示依次选取窗上沿和窗下沿，完成其他标高标注，绘制结果如图 5-98 所示。

2. 标高检查

"标高检查"命令可通过给定标高对立面或剖面的其他标高符号进行检查。执行"标高检查"命令可采用以下方法：

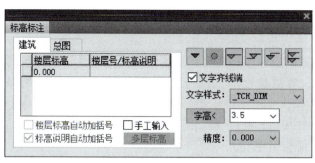

图 5-97 "标高标注"对话框　　　图 5-98 标高标注

1）命令行：输入"BGJC"命令，并按〈Enter〉键。

2）菜单栏：单击"符号标注"→"标高检查"。

将图 5-98 中二层窗底标高修改为 3.950，结果如图 5-99 所示。对图 5-99 执行"标高检查"命令，按以下命令行提示进行操作：

```
选择参考标高或[参考当前用户坐标系(T)]<退出>：    \\选择检查标高的参考标高
选择待检查的标高标注：      \\选择图中标高
```

标高检查后会找到错误标注，可选择纠正或退出。选择纠正时，标高 3.950 会被修正为正确数值 3.900。

3. 标高对齐

"标高对齐"命令可对已绘制的标高进行竖向对齐。执行"标高对齐"命令可采用以下方法：

1）命令行：输入"BGDQ"命令，并按〈Enter〉键。

2）菜单栏：单击"符号标注"→"标高对齐"。

绘制图 5-100 所示的立面简图，执行"标高对齐"命令，按以下命令行提示进行操作：

```
请选择需对齐的标高标注或[参考对齐(Q)]<退出>：   \\选取待执行对齐命令的多个标高
请点取标高对齐点<不变>：    \\将对齐后的标高图元,重新设定标注位置
```

操作完成后，绘制结果如图 5-98 所示。

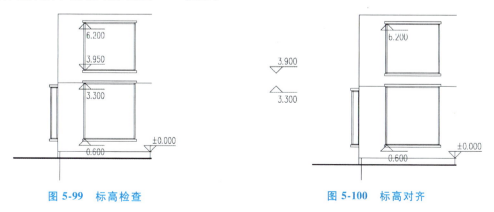

图 5-99 标高检查　　　图 5-100 标高对齐

5.7.3 工程标注符号

1. 箭头引注

"箭头引注"命令可绘制带有箭头的引出标注,文字可从线端或线上标注,引线可转折多次。该命令常用于绘制楼梯方向线、坡道坡度等。执行"箭头引注"命令可采用以下方法:

1)命令行:输入"JTYZ"命令,并按〈Enter〉键。

2)菜单栏:单击"符号标注"→"箭头引注"。

以图5-98为例,执行"箭头引注"命令,弹出图5-101所示的"箭头引注"对话框。设置"上标文字"的内容,按以下命令行提示进行操作:

箭头起点或[单击图中的曲线(P)/单击参考点(R)]<退出>:   \\选取箭头起始点
直段下一点或[弧段(A)/回退(U)]<结束>:   \\画出引线(直线或弧线),按〈Enter〉键结束

操作完成后,绘制结果如图5-102所示。

图5-101 "箭头引注"对话框

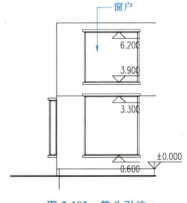

图5-102 箭头引注

2. 引出标注

"引出标注"命令可对多个标注点进行说明性的文字标注,自动按端点对齐文字,具有拖动自动跟随的特性。该命令常用于立面材质标注等。执行"引出标注"命令可采用以下方法:

1)命令行:输入"YCBZ"命令,并按〈Enter〉键。

2)菜单栏:单击"符号标注"→"引出标注"。

以图5-98为例,执行"引出标注"命令,打开图5-103所示的"引出标注"对话框。设置"上标注文字"和"下标注文字"的内容,并按以下命令行提示进行操作:

请给出标注第一点<退出>:   \\选取标注引线上的第一点
输入引线位置或[更改箭头型式(A)]<退出>:   \\选取文字基线上的第一点
单击文字基线位置<退出>:   \\选取文字基线上的结束点
输入其他的标注点<结束>:

操作完成后,绘制结果如图5-104所示。

图 5-103 "引出标注"对话框

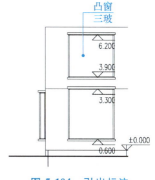
图 5-104 引出标注

3. 做法标注

"做法标注"命令可标注工程做法,可与"专业词库"命令结合使用。执行"做法标注"命令可采用以下方法:

1)命令行:输入"ZFBZ"命令,并按〈Enter〉键。

2)菜单栏:单击"符号标注"→"做法标注"。

执行"做法标注"命令,弹出图 5-105 所示的"做法标注"对话框。在文字框中分行输入做法标注内容,并按以下命令行提示进行操作:

请给出标注第一点<退出>: \\选择标注起点
请给出文字基线位置<退出>: \\确定引出转折的位置
请给出文字线方向和长度<退出>: \\拖动选取文字长度及位置

操作完成后,绘制结果如图 5-106 所示。

图 5-105 "做法标注"对话框

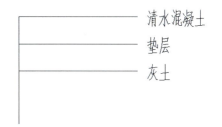
图 5-106 做法标注

4. 索引符号

索引符号包括剖切索引和指向索引。指向索引是为图中另有详图的某一部分构件标注索引号;剖切索引是为图中另有剖面详图的某一部分构件标注索引号。执行"剖切索引"和"指向索引"命令可采用以下方法:

1)命令行:输入"TPOINTINDEX"或"TSECTINDEX"命令,并按〈Enter〉键。

2)菜单栏:单击"符号标注"→"指向索引"或"剖切索引"。

以"指向索引"为例,对图 5-104 执行"指向索引"命令,弹出图 5-107 所示的"指向索引"对话框。参数设置完成后,按以下命令行提示进行操作:

```
请给出索引节点的位置<退出>：       \\选择需索引的部分
请给出索引节点的范围<0,0>：        \\拖动圆上一点，单击定义范围或按〈Enter〉键不画
出范围
请给出转折点的位置<退出>：         \\拖动选取索引引出线的转折点
请给出文字索引点的位置<退出>：     \\选取插入索引号圆圈的圆心
```

操作完成后，绘制结果如图 5-108 所示。采用类似方式也可创建剖切索引，相应参数设置对话框如图 5-109 所示。

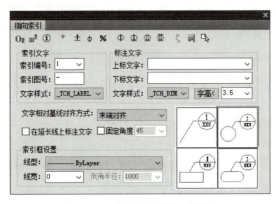

图 5-107 "指向索引"对话框

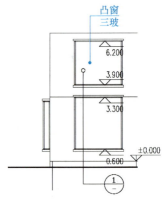

图 5-108 指向索引

5. 索引图名

"索引图名"命令可为图中局部详图标注索引图名，并同时标注比例。执行"索引图名"命令可采用以下方法：

1）命令行：输入"SYTM"命令，并按〈Enter〉键。

2）菜单栏：单击"符号标注"→"索引图名"。

图 5-109 "剖切索引"对话框

执行"索引图名"命令，弹出图 5-110 所示的对话框，"索引编号"输入 A，然后在绘图区指定插入位置，绘制结果如图 5-111 所示。

图 5-110 "索引图名"对话框（一）

图 5-111 索引图名（一）

如图 5-112 所示，当需要被索引的详图在编号 18 的图纸中时，"索引编号"设置为 1，"索引图号"设置为 18，然后在绘图区指定插入位置，绘制结果如图 5-113 所示。

6. 剖切符号

"剖切符号"命令可标注剖面剖切与断面剖切符号，生成剖面需以此符号定义的剖切方

图 5-112 "索引图名"对话框(二)

图 5-113 索引图名(二)

向为依据。执行"剖切符号"命令可采用以下方法:

1)命令行:输入"PQFH"命令,并按〈Enter〉键。

2)菜单栏:单击"符号标注"→"剖切符号"。

绘制图 5-114 所示的建筑平面,执行"剖切符号"命令,打开图 5-115 所示的对话框。在对话框中设置剖切符号、剖切编号、文字样式、字高等信息后,按以下命令行提示进行操作:

```
点取第一个剖切点<退出>:        \\选取剖切参考线起点
选取第二个剖切点<退出>:        \\选取剖切参考线起点
点取剖视方向<当前>:           \\选择剖切线的视线方向
```

操作完成后,绘制结果如图 5-116 所示。

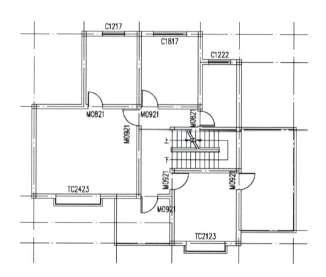

图 5-114 建筑平面示例

图 5-115 "剖切符号"对话框

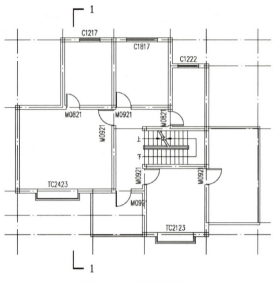

图 5-116　剖面剖切

7. 加折断线

"加折断线"命令可在指定位置绘制折断线。执行"加折断线"命令可采用以下方法：

1）命令行：输入"JZDX"命令，并按〈Enter〉键。

2）菜单栏：单击"符号标注"→"加折断线"。

以图 5-114 为例，执行"加折断线"命令，按以下命令行提示进行操作：

```
点取折断线起点或[选多段线(S)\绘双折断线(Q),当前:绘单折断线]<退出>：        \\选
择折断线起点
点取折断线终点或[改折断数目(N),当前=1]<退出>：        \\选择折断线终点
当前切除外部,请选择保留范围或[改为切除内部(Q)]<不切割>：
```

操作完成后，绘制结果如图 5-117 所示。

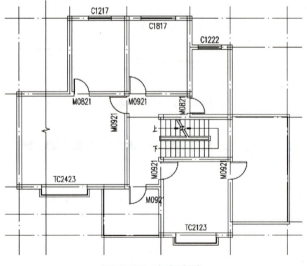

图 5-117　加折断线

8. 画对称轴

"画对称轴"命令可用于绘制对称轴及符号。执行"画对称轴"命令可采用以下方法：

1）命令行：输入"HDCZ"命令，并按〈Enter〉键。

2）菜单栏：单击"符号标注"→"画对称轴"。

绘制 A、B 两点，执行"画对称轴"命令，按命令行提示选择起点和终点，完成对称轴绘制，结果如图 5-118 所示。

图 5-118　对称轴

9. 画指北针

"画指北针"可用于绘制指北针。执行"画指北针"命令可采用以下方法：

1）命令行：输入"HZBZ"命令，并按〈Enter〉键。

2）菜单栏：单击"符号标注"→"画指北针"。

执行"画指北针"命令，按以下命令行提示进行操作：

```
指北针位置<退出>：         \\选择指北针的插入点
指北针方向<90,0>：         \\选择指北针方向
```

操作完成后，绘制结果如图 5-119 所示。

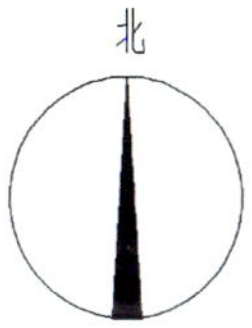

10. 图名标注

"图名标注"命令可以整体符号对象标注图名和比例。执行"图名标注"命令可采用以下方法：

1）命令行：输入"TMBZ"命令，并按〈Enter〉键。

2）菜单栏：单击"符号标注"→"图名标注"。

图 5-119　指北针

执行"图名标注"命令，弹出图 5-120 所示的"图名标注"对话框。输入图名"办公楼立面图"，选择"国标"方式，按命令行提示单击图名标注插入位置，绘制结果如图 5-121 所示。

图 5-120　"图名标注"对话框（国际） 　　　图 5-121　图名标注（国际）

在图 5-122 所示的"图名标注"对话框中，输入图名"办公楼立面图"，选择"传统"方式，按命令行提示单击图名标注插入位置，绘制结果如图 5-123 所示。

图 5-122　"图名标注"对话框（传统） 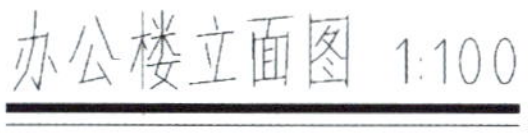　　　图 5-123　图名标注（传统）

课后练习

1. 【上机练习】熟练掌握本章的操作示例。
2. 【上机练习】绘制图 5-124 所示的组合图形，并分别采用 AutoCAD 命令和天正建筑插件进行尺寸标注。

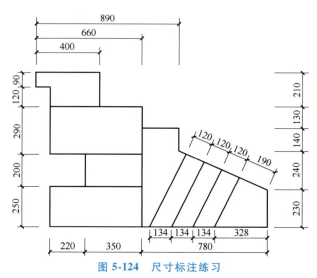

图 5-124　尺寸标注练习

3. 【上机练习】分别采用 AutoCAD 命令和天正建筑插件绘制图 5-125 所示的表格。

	A	B	C	D
1	门窗编号	洞口尺寸	数量	位置
2	M1	3260X2700	2	阳台
3	M2	1500X2700	1	主入口
4	C1	1800X1800	3	次卧
5	C2	1500X1800	5	主卧

图 5-125　表格创建练习

4. 【上机练习】分别采用 AutoCAD 命令和天正建筑插件对图 4-200 所示建筑平面图中的门窗进行定位尺寸线标注。
5. 【上机练习】在图 4-200 生成的立面和剖面图基础上，练习使用标高符号和工程标注符号进行立面标高与工程做法标注。
6. 【上机练习】练习使用天正建筑插件的"读入 Word"和"读入 Excel"命令，将外部表格导入绘图文件。
7. AutoCAD 绘制的单行文字和多行文字有何区别？
8. 与 AutoCAD 相比，天正建筑插件的文字标注功能在建筑制图中有何优势？
9. 如何利用天正建筑插件进行文字合并？
10. 总结对天正表格进行内容编辑的常用方法。
11. 对比 AutoCAD 多行文字和天正多行文字的异同。
12. 天正建筑插件中，如何结合"专业词库"进行"做法标注"？
13. 简述利用 AutoCAD 和天正建筑插件的文字命令绘制"m^2"的操作方法。

第6章 AutoCAD建筑二维制图实例

在前面的章节中，详细介绍了建筑制图的基本要求，以及 AutoCAD 和天正建筑插件的绘图功能与操作。为进一步系统地说明建筑制图的方法与步骤，本章首先对建筑平面、立面及剖面图的组成、AutoCAD 与天正建筑插件的绘制要点等进行介绍。在此基础上，以某多层建筑设计为例，采用天正建筑插件绘制平面图中的墙体、门窗、楼梯及台阶等各种建筑构件，进行尺寸标注和符号标注，并以平面图为基础生成立面图及剖面图，进行立面及剖面图的细化与完善。通过本章学习，应能够较为熟练地掌握建筑二维制图，独立完成简单建筑平面、立面及剖面图的绘制工作。

6.1 建筑制图概述

6.1.1 平面图绘制

1. 平面图组成

以当前层平面标高为基础，假想某一水平剖切面（高度为本层地面标高抬升1.2m）对建筑进行水平剖切，剖切面以下部分所做的水平投影图即本层的建筑平面图。建筑平面图能清晰地表达各空间的大小，以及墙体、门窗、楼梯等建筑构件的尺寸关系。建筑平面图主要由以下图形对象组成：

1）轴线：建筑平面图的定位基础，通常是由相互垂直的网格线或圆弧线交错形成，用以确定建筑构部件的空间位置关系。

2）墙体及柱子：用于竖向承重及分隔建筑空间的构件。

3）门窗：满足空间采光、通风及通行等需求，存在内外之分。

4）主要尺寸标注：在轴线控制下，对外部围护结构、洞口等进行定位标注。一般为三道尺寸标注，第一道是外围护结构洞口与轴线的相对关系，第二道是轴线间的尺寸标注，第三道是建筑总长度。

5）常规标注：除三道尺寸标注外，进行补充标注的部分，如墙体厚度、室外散水、楼梯、排水沟、内门等细部标注。

6）标高标注：对每层主要房间地坪进行高度标注。

7）指北针及文字说明：首层平面图加入指北针，表达建筑朝向。图纸一般加注说明文字用于描述图形对象未能展示的建筑设计信息。

2. 建筑平面图按楼层不同分类

1）地下平面图：一般用作地上建筑的配套设施，如地下车库、机房等，也可用于商业用途。

2）首层平面图：表达建筑平面布置、建筑入口与场地间的关系，包括室内外高差、散水、排水沟等。

3）楼层平面图：表达本层建筑构件及下层的雨篷或露台等。多个楼层的平面布局与空间位置关系相同时，可设置为同一标准层。

4）屋顶平面图：屋面的水平投影图，表达排水坡度、檐沟、女儿墙、坡屋面等相对关系。

3. AutoCAD 平面图绘制要点

1）进行制图比例、绘制精度、字体选择、图层管理等绘图环境设置，以便图纸内容的协调统一。调用"格式"菜单下"单位""图层""线型""文字样式""标注样式"等命令进行设置，或通过"设计中心"进行操作。

2）绘制定位轴线，为构件布置提供位置基准。一般可采用"直线"命令绘制轴线，并结合"偏移""裁剪"等命令完成整个轴网的绘制。

3）轴网标注，标注轴线编号与轴网尺寸。可采用"标注"→"线性"命令对轴线尺寸进行标注，采用属性图块对轴号进行定义与绘制。

4）绘制墙体。可采用"多线"命令绘制墙体，并利用多线编辑工具对墙体交接位置进行调整。需注意，墙柱尺寸及位置需要由建筑设计与结构设计相互协调，在不影响建筑功能的情况下，保证结构受力合理、可靠经济。

5）绘制门窗洞口。执行"修剪"等命令按建筑平面布局在墙体上绘制门窗洞口，以便后续插入门窗。

6）制作门窗图块，窗宽度与预留洞口尺寸相同，厚度与墙体厚度一致。可通过"图块创建与编辑"的相关命令进行绘制，门窗图块常命名为"M-××"或"C-××"，便于图块管理与数量统计。门窗图块创建完成后，按平面设计要求插入对应位置。

7）绘制楼梯图元。综合利用"直线""多段线""圆弧""文字"等命令绘制楼梯踏步、休息平台、扶手等构件的平面投影及标注，并将楼梯插入平面图中适当位置。

8）插入厨卫、家具设施。厨卫（如洗手盆、马桶、淋浴房、燃气灶）、家具设施等，是建筑设计的重要部分。这些图元绘制起来较为烦琐，建议利用第三方图块资源直接插入平面图。

9）尺寸标注。对墙体、门窗、阳台等建筑构件进行标注，可采用"标注"→"线性"等命令。

10）符号标注与说明文字。绘制指北针、各层建筑标高、标注图名与绘图比例，注写房间功能与面积，添加必要的设计说明等。需要综合利用 AutoCAD 二维图形绘制与编辑的相关命令添加以上内容。

4. 天正建筑平面图绘制要点

1）绘制轴网。利用直线轴网、圆弧轴网等命令初步绘制轴网，并利用"直线""轴线裁剪""轴网合并"等命令进行轴网完善。

2）轴网标注。利用"轴网标注""单轴标注""添补轴号"等命令进行轴网尺寸与编号标注。

3）绘制墙体。利用"绘制墙体""等分加墙""净距偏移""墙柱保温"等命令完成墙体绘制。

4）绘制门窗。利用"门窗""组合门窗""带形窗"等命令直接在墙体上布置门窗。

5）绘制楼梯及其他构件。采用参数化方式，依据楼梯间尺寸绘制指定形式的楼梯。利用"阳台""台阶""坡道""散水"等命令绘制其他附属构件。

6）布置洁具、家具等。可利用"布置洁具""天正图库"等命令。

7）尺寸与符号标注。利用"尺寸标注"与"符号标注"的相关命令标注细部尺寸、标高符号，添加图名等，利用"搜索房间""查询面积"等命令进行房间功能与面积注写。

6.1.2 立面图绘制

1. 立面图组成

建筑立面图用于表达建筑长度、宽度、建筑二维形态及外立面构件的相对关系。建筑立面图主要由以下图形对象组成：

1）轴线：为建筑立面图的方向提供参照。立面图一般以"×轴 ×轴立面图"命名，需要在立面图起始端和终止端绘制起始和终止轴线，以描述立面图的方向关系。

2）层高参照线：描述不同楼层高度，确定各楼层的立面关系。

3）建筑构件：墙体、门窗、空调百叶、檐沟、女儿墙、栏杆、老虎窗、落水管等。

4）立面标注：设计标高、尺寸标注、外立面做法等。

2. AutoCAD 立面图绘制要点

1）设置绘图环境。可参考建筑平面图的绘图环境设置。

2）绘制轴线与层高线。利用"直线""多段线""标注"等命令，绘制地平线建立地面参照系统。对照建筑平面图，根据建筑立面朝向绘制起始轴线和终止轴线，按层高绘制楼层线，并进行立面标高与尺寸标注。

3）依次绘制各层立面单元的主要轮廓线与洞口线，并组合形成整体立面。可综合利用"直线""多段线""裁剪""延伸"等命令绘制基本图元，利用"移动"命令调整图元位置，利用"复制""偏移"和"阵列"等命令快速生成规则排列的立面图元（如门窗洞口）。

4）深化立面门窗。利用"图块"命令创建立面门窗对象，并按相应位置插入立面图。

5）增补立面构件。依据建筑效果图，增加立面图中檐沟、露台、栏杆、线条装饰等构件。

6）处理遮挡关系。如露台、立面造型等对立面门窗或其他构件有遮挡时，需采用"裁剪"等命令仔细处理前后遮挡关系。

7）完善立面细节。增加立面装饰线、栏杆等细节图元，利用"填充"等命令完善立面外观（如屋面材质填充），添加图名信息、详图索引符号和工程做法等。

3. 天正建筑立面图绘制要点

1）新建工程项目与楼层表，指定各层建筑平面图与对齐基点。

2）生成立面。利用"建筑立面"命令自动生成建筑立面。

3）完善立面门窗。利用"立面门窗"命令，通过"天正图库管理系统"完善立面门窗。

4）填补立面构件。综合利用"立面阳台""立面屋顶""雨水管线"等命令填补立面构件。

5）完善立面细节。完善自动生成立面的细部图元，添补立面装饰线、图案填充等，并利用"符号标注"命令添加图名、索引符号和工程做法等。

6.1.3 剖面图绘制

1. 剖面图组成

建筑剖面图是假想用一个或多个垂直于外墙轴线的铅垂面对建筑进行剖切，并沿指定方向投影得到的投影图，用于表示建筑内部的结构或构造形式、分层情况和各部位的联系、材料及其高度等。建筑剖面图一般会选取平面图中难以表达、内部构造较为复杂或具有代表性的位置进行剖切，以指导建筑施工。建筑剖面图的命名，一般与建筑平面图中的剖切符号相对应，如1—1剖面图、A—A剖面图等。建筑剖面图主要由以下图形对象组成：

1）轴线：为建筑剖面图所剖切的建筑构件提供定位及宽度参照，也可为剖切面的投影方向提供参照，一般需在剖面起始端、终止端绘制起始和终止轴线。

2）层高参照线：与建筑立面图相似，层高线描述了剖面图中层高信息，对确定门窗、梁板等构件的位置关系有重要作用。

3）主体结构剖切：依据结构设计结果，对剖面图中梁柱截面、楼板厚度、楼梯布置情况等进行绘制。

4）填充墙体剖切：对照剖面位置的建筑平面图进行绘制，并需考虑墙体上的门窗洞口。

5）绘制投影看线：不与剖切面相交，但在投影方向上的可视构件（如门窗、女儿墙、栏杆、老虎窗等）需绘制看线。

6）剖面标注：设计标高、层高、梁高、门窗高度等。

7）索引符号及图名：对常规做法进行索引标注，如局部建筑构造在剖面图中无法清楚表达时（如女儿墙、变形缝等），可索引至相应的详图图纸或标准图集。

2. AutoCAD 剖面图绘制要点

1）设置绘图环境。可参考建筑平面图的绘图环境设置。

2）绘制轴线与层高线。利用"直线""多段线""标注"等命令，绘制地平线建立地面参照系统。对照建筑平面图，根据剖视方向绘制轴线，按层高绘制楼层线，并进行立面标高与尺寸标注。

3）绘制剖切轮廓。采用"直线""多段线"等命令，依据平面墙线定位绘制剖切轮廓线，坡屋面按平面转折线位置及标高进行绘制。

4）绘制剖面主体结构。依据层高线及墙线位置，采用"多段线"等命令绘制楼板及梁，并预留门窗洞口，以便后续深化门窗。楼板及梁线绘制完成后，可采用"裁剪"命令将墙线、梁高、板厚的交叉位置进行裁剪，保证结构部分的连续性。

5）绘制剖面门窗。依据层高线、墙线和预留洞口的位置，深化剖面的门窗细节。

6）利用"直线""多段线""裁剪"等命令绘制檐口、造型、屋面、墙体看线等，利用"标注"等命令标注剖面门窗及轴线尺寸。

7）剖面填充、增补图名。将楼板和梁等结构构件形成闭合的多段线，对剖面剖切到的主体结构进行填充，增补图名、索引符号及必要的文字说明。

3. 天正建筑剖面图绘制要点

1）新建工程项目与楼层表，指定各层建筑平面图与对齐基点。

2）生成剖面。利用"建筑剖面"命令自动生成指定剖切位置的建筑剖面。

3）完善剖面楼板、梁及墙体构件。可利用"画剖面墙""双线楼板""预制楼板""加剖断梁"等命令。

4）完善剖面门窗。利用"剖面门窗"命令，通过"天正图库管理系统"完善剖面门窗。

5）尺寸标注。利用"尺寸标注"相关命令完善剖面尺寸标注。

6）完善剖面细节。结构构件进行剖面填充，利用"符号标注"等命令添补图名、索引符号及必要的文字说明。

6.2 建筑平面图绘制

以某多层商住楼首层平面为例，介绍平面图的基本绘制操作。该建筑共 6 层，底部两层为商服和车库，上部四层为住宅。底层层高为 4.5m，二层层高为 3.5m，标准层层高为 3.0m。

6.2.1 轴网

轴网是建筑平面定位的基础，墙体、门窗、楼梯等构件均以轴网的相对位置关系进行平面定位。设置绘图环境后，以图 6-1 所示的一层平面图为例，执行"绘制轴网"命令，在图 6-2 所示的对话框中设置"上开""左进"等

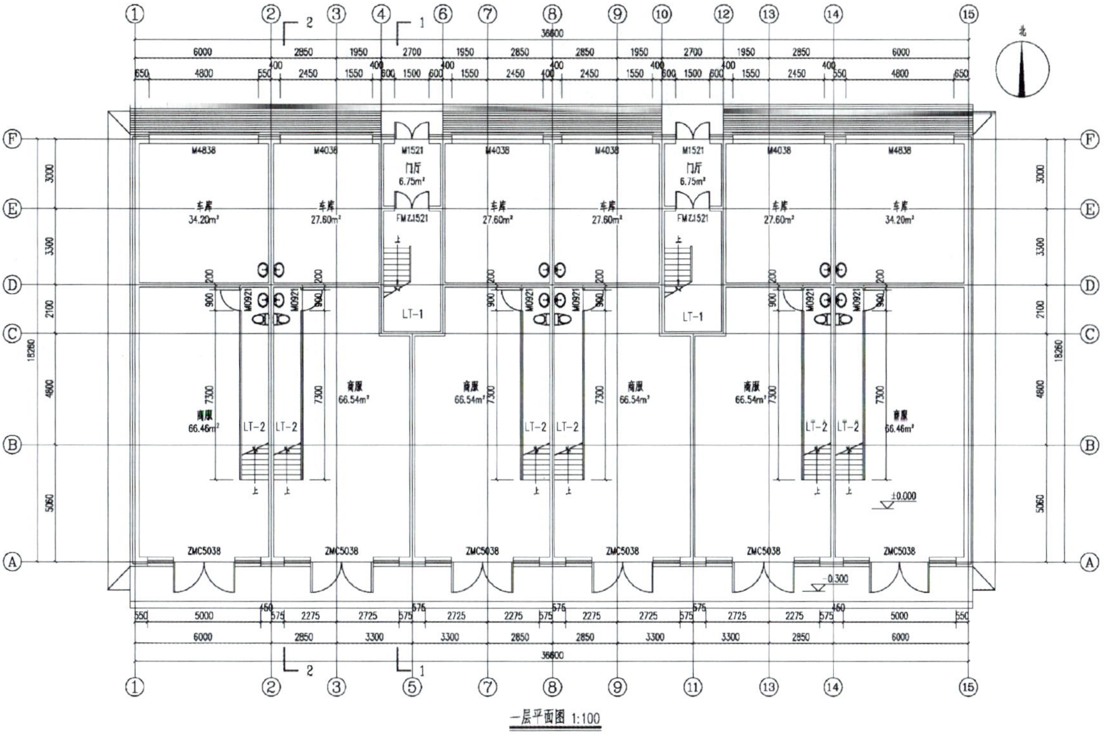

CAD-01
轴网绘制

图 6-1 一层平面图

参数后，在绘图区合适位置插入轴网。采用"直线""裁剪"等命令对局部轴线进行补充与完善，绘制结果如图6-3所示。

图6-2 "绘制轴网"对话框

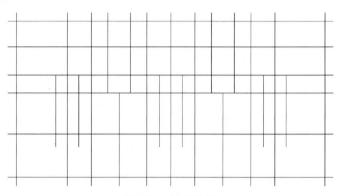

图6-3 创建轴网

单击"轴网标注"命令，弹出图6-4所示的对话框，依命令行提示进行轴号标注及平面尺寸标注，结果如图6-5所示。

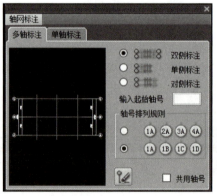

图6-4 "轴网标注"对话框—多轴标注

6.2.2 墙体

在图6-5所示的轴网基础上，添加建筑外墙和内墙。添加墙体的同时可对墙体的材料、用途、防火等级、墙体高度等属性进行预设。本例中，一层外墙体宽度采用400mm（含100mm厚保温层），内隔墙采用100mm或200mm，墙体高度为4500mm。单击"墙体"→"绘制墙体"命令，设置墙体厚度及定位尺寸后，布置外墙和内墙，并为外墙增加100mm厚的保温层。一层墙体的绘制结果如图6-6所示。

CAD-02
墙体绘制

6.2.3 门窗

执行"门窗"命令，设定门窗尺寸等参数后，单击图6-7和图6-8的相应缩略图，弹出图6-9所示的"天正图库管理系统"对话框，可在对话框内选择门窗样式。设置"门窗尺寸""窗台高""编号方式"等参数后，选择合适的方式在平面图指定位置插入门窗。

CAD-03
门窗绘制

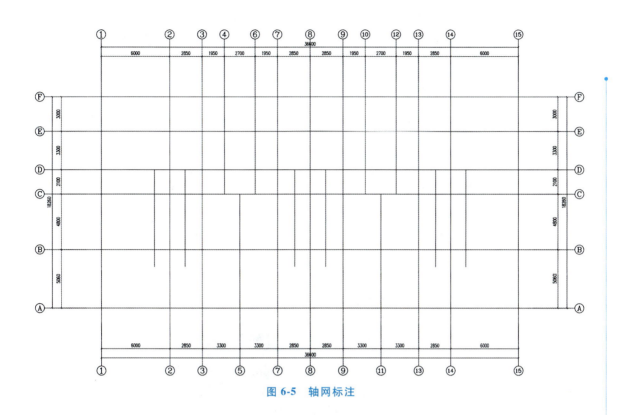

图 6-5 轴网标注

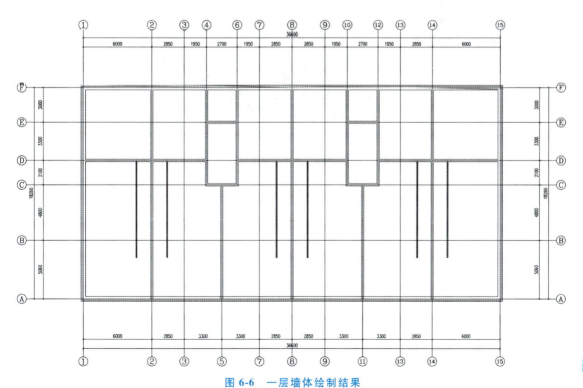

图 6-6 一层墙体绘制结果

图 6-7 "门"对话框

图 6-8 "窗"对话框

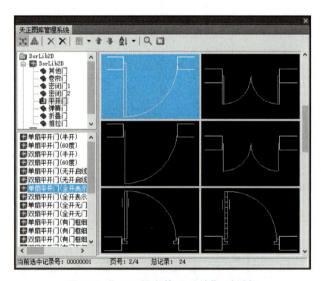

图 6-9 "天正图库管理系统"对话框

此外，北侧商服采用了组合门窗，可先绘制宽度为 2700mm 的门，再绘制两侧宽度为 1150mm 的窗，然后采用"组合门窗"将三者连为整体。双击合并后的组合门窗，在"组合门窗"对话框中，"编号"设置为自动编号，完成对组合门窗的编号。底层门窗的绘制结果如图 6-10 所示。

6.2.4 楼梯及其他构件

（1）布置楼梯　本例一层平面共需布置两种类型共 8 部楼梯，其中 2 部为住宅单元楼梯，6 部为底层商服楼梯。首先绘制住宅单元楼梯。本例 3～6 层为住宅，2 层无须设置楼梯出口。考虑底部两层总高度为 8m，分为 1600mm 高的 5 个梯段布置较为方便合理。执行"楼梯其他"→"多跑楼梯"命令，在图 6-11 所示的"多跑楼梯"对话框中设置各参数后，在楼梯间对应位置单击选择各梯段的起点与

CAD-04
楼梯及其他绘制

第6章 AutoCAD建筑二维制图实例

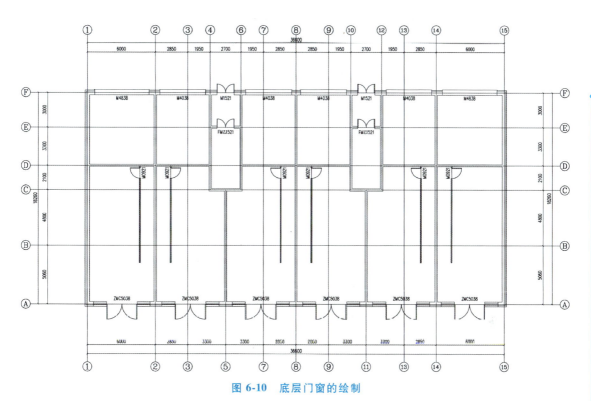

图 6-10 底层门窗的绘制

终点完成楼梯布置。然后绘制商服楼梯。本例商服楼梯为带中间休息平台的直梯，分两个直线梯段进行绘制。执行"楼梯其他"→"直线梯段"命令，在图 6-12 所示的"直线梯段"对话框中设置每一梯段的参数，然后将楼梯插入平面图中的相应位置。

图 6-11 "多跑楼梯"对话框

图 6-12 "直线梯段"对话框

（2）布置台阶　执行"楼梯其他"→"台阶"命令，弹出图 6-13 所示的"台阶"对话框，输入相应参数后，选取台阶起点及终点，完成台阶绘制。

（3）布置坡道　执行"楼梯其他"→"坡道"命令，弹出图 6-14 所示"坡道"对话框，输入相应参数后，选择插入点绘制坡道，然后采用夹点编辑等方法调整坡道长度。

（4）散水布置　执行"楼梯其他"→"散水"命令，弹出图 6-15 所示"散水"对话框，

图 6-13 "台阶"对话框

输入相应参数后,全选平面图元,自动识别散水基线并生成散水。

楼梯、台阶、散水和坡道等布置的结果如图 6-16 所示。其中散水与台阶、坡道等重合部分可采用 AutoCAD 中"打断""裁剪""延伸"等绘图命令进行修改。

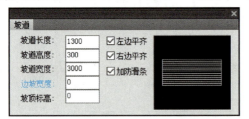

图 6-14 "坡道"对话框

图 6-15 "散水"对话框

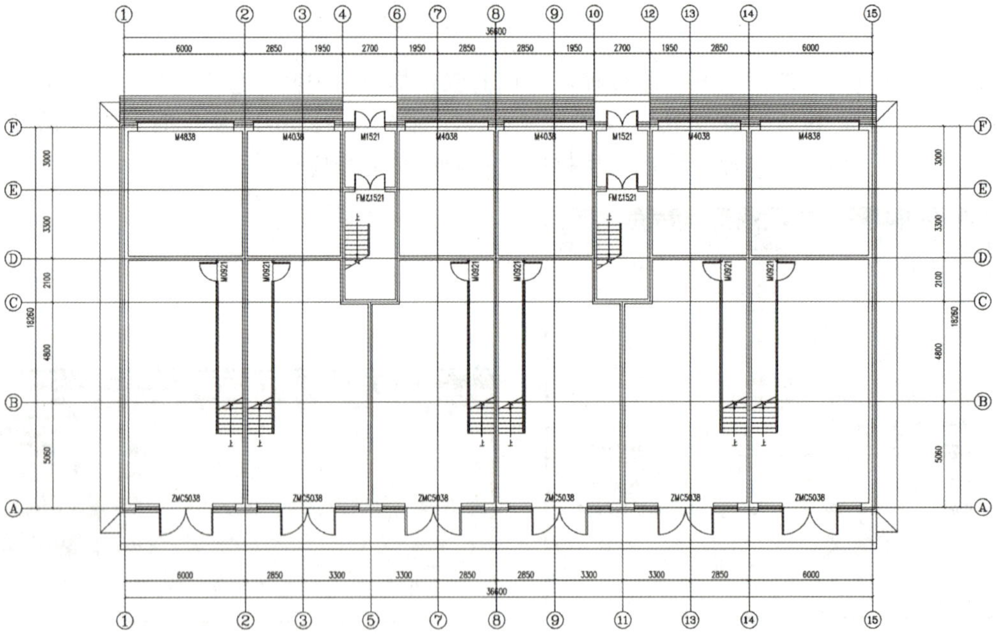

图 6-16 插入台阶、散水、坡道

6.2.5 洁具与家具布置

执行"房间"→"布置洁具"命令,弹出图 6-17 所示的"天正洁具"对话框,双击选择洁具形式后,弹出图 6-18 所示的对话框,输入洁具尺寸后插入洁具。首层卫生间及车库内布置洁具的结果如图 6-19 所示。

CAD-05
洁具与家具绘制

第6章 AutoCAD建筑二维制图实例

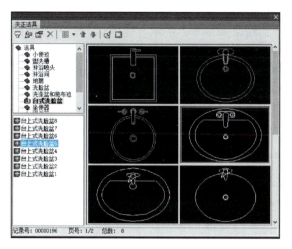

图 6-17 "天正洁具"对话框   图 6-18 "布置台上式洗脸盆 5"对话框

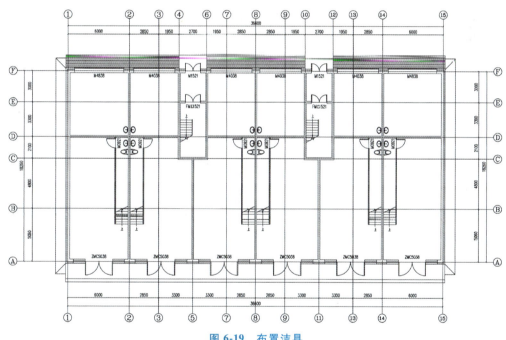

图 6-19 布置洁具

此外,需要布置家具时,可利用"房间"→"绘制衣柜"命令布置柜体,并利用外部图库导入家具图块,实现家具的快速布置。

6.2.6 标注

1) 选择"尺寸标注"→"门窗标注"或"尺寸标注"→"逐点标注"等标注命令,标注门窗、墙体等平面构件的细部定位尺寸。

2) 选择"符号标注"→"图名标注""标高标注""画指北针""剖切符号"等命令,补充图名、标高、指北针、剖面剖切符号等标注。

3) 选择"房间"→"搜索房间"命令,选中整个平面图,自动标注房间名称和面积。默

CAD-06
文字、符号与
尺寸标注

219

认房间名均为"房间",需根据实际功能采用对象编辑等方式进行修改。

至此,建筑案例的一层平面图基本绘制完成,结果如图 6-1 所示。需要注意的是,实际建筑图纸绘制时,应根据设计深度与工程出图需要再另行补充其他细节。

参考建筑一层平面图的绘制步骤,可绘制图 6-20~图 6-25 所示的其他楼层平面图。

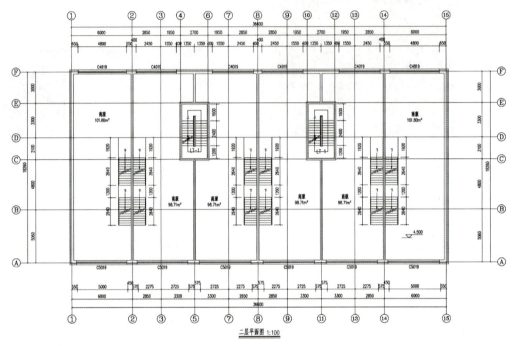

图 6-20 二层平面图

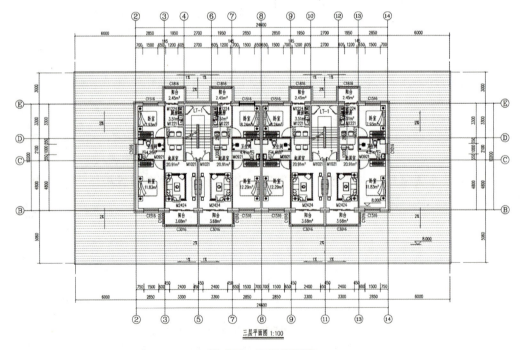

图 6-21 三层平面图

第6章 AutoCAD建筑二维制图实例

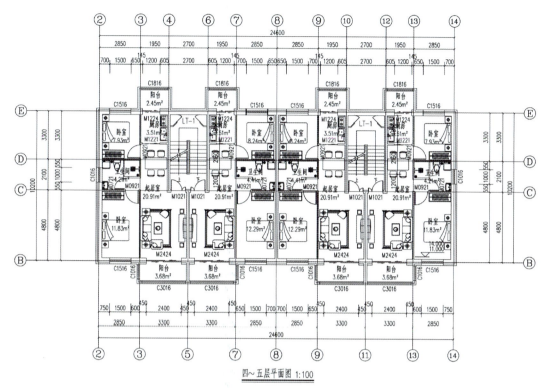

图 6-22 四～五层平面图

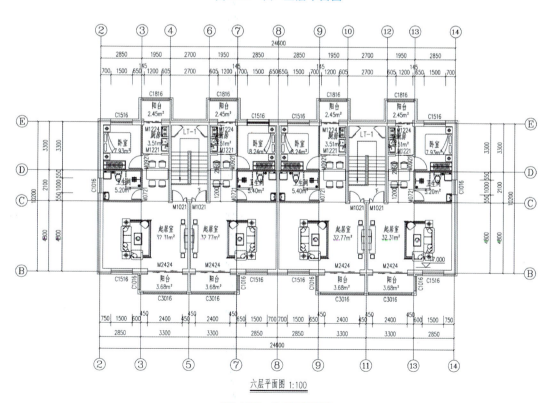

图 6-23 六层平面图

221

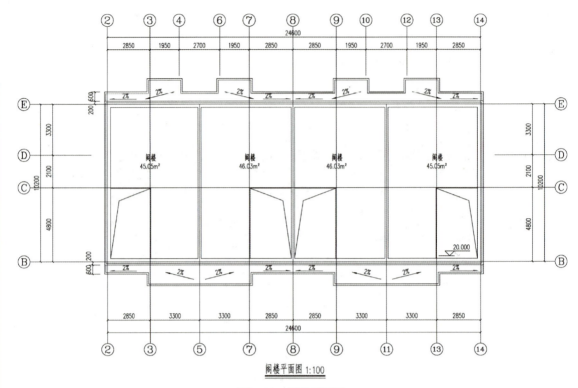

图 6-24 阁楼平面图

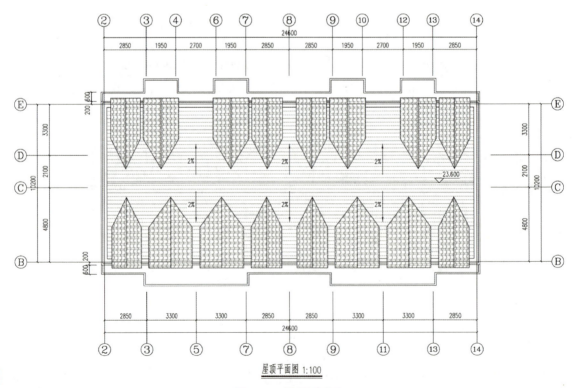

图 6-25 屋顶平面图

6.3 建筑立面图绘制

6.3.1 立面生成

执行"立面"→"建筑立面"命令,弹出图 6-26 所示的提示框,单击【确定】按钮,弹出"工程管理"工具栏。如图 6-27 所示,单击"工程项目"弹出下拉菜单,选择"新建工程",设置文件名与保存位置。返回"工程管理"工具栏后,按图 6-28 设置楼层表,并选择各层平面图。

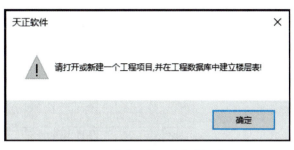

图 6-26 "建立楼层表"提示框

完成项目管理与楼层设置后,单击"建筑立面"命令,确定立面方向,设置室内外高差、出图比例等信息后,自动生成建筑立面图。

图 6-27 工程管理

图 6-28 楼层表设置

6.3.2 立面深化

采用天正建筑插件自动生成的建筑立面,通常无法满足实际工程项目的出图要求,需设计者进行补充完善与细节调整,具体可采用"立面门窗""立面阳台""立面屋顶"等命令深化屋面、门窗及立面材质等信息。详细的立面深化操作请读者结合前述章节内容自行完成。立面图最终绘制结果如图 6-29~图 6-32 所示。

6.4 建筑剖面图绘制

6.4.1 剖面生成

绘制剖面图前需在首层平面图标注剖切符号。剖切符号可通过"符号标注"→"剖面剖切"命令,在平面图的关键位置进行绘制。执行"剖面"→"建筑剖面"命令,选择剖切线和轴线,右击确定后弹出"剖面生成设置"对话框。设置消隐模式、标注方式、室内外高差和出图比例等参数后,单击"生成剖面",自动生成建筑剖面图。

6.4.2 剖面深化

在自动生成的剖面图基础上，需设计者对剖面结构构件、门窗及标注等进行检查、补充与完善。剖面图最终绘制结果如图 6-33～图 6-34 所示。需注意的是，在执行"建筑剖面"命令前，也需先设置工程项目与楼层表信息。

图 6-29 南立面图

图 6-30 北立面图

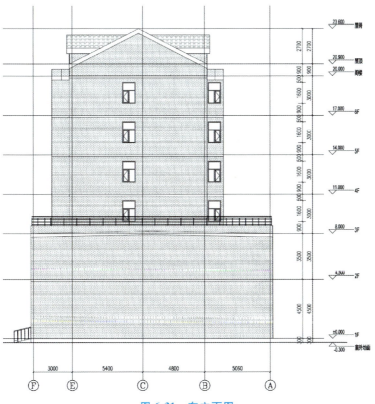

图 6-31 东立面图

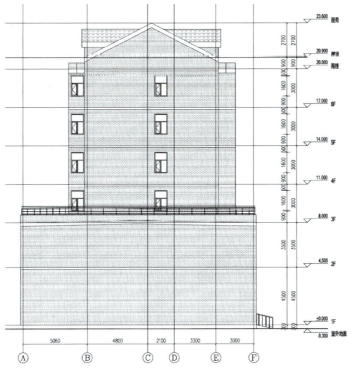

图 6-32 西立面图

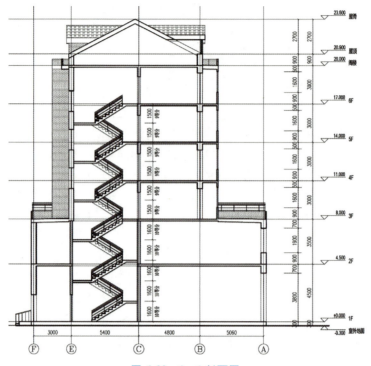

图 6-33　1—1 剖面图

图 6-34　2—2 剖面图

课后练习

1. 【上机练习】分别采用 AutoCAD 命令和天正建筑插件绘制本章建筑示例的平面、立面及剖面图。
2. 【上机练习】分别采用 AutoCAD 命令和天正建筑插件绘制图 6-35~图 6-37 所示住宅的平面图和立面图,并按图 6-35 所示的 1—1 剖面位置绘制剖面图。
3. 总结利用 AutoCAD 命令和天正建筑插件绘制建筑工程图纸的基本步骤,对比二者的主要差别。
4. 通过本章实例练习,总结建筑工程制图中的常用绘图命令及其主要功能。

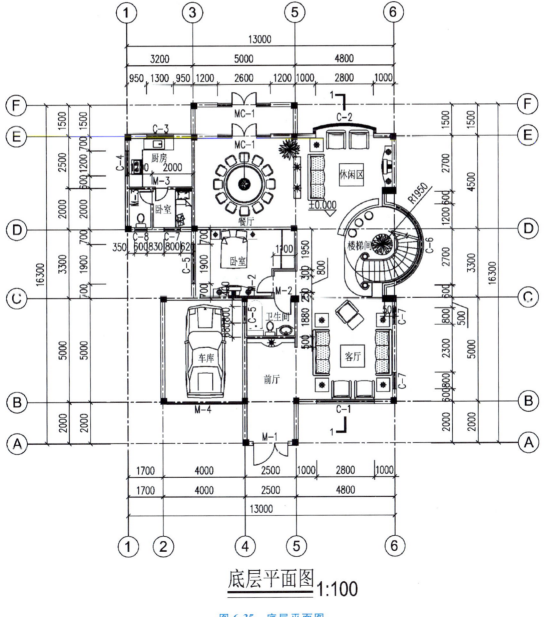

图 6-35 底层平面图

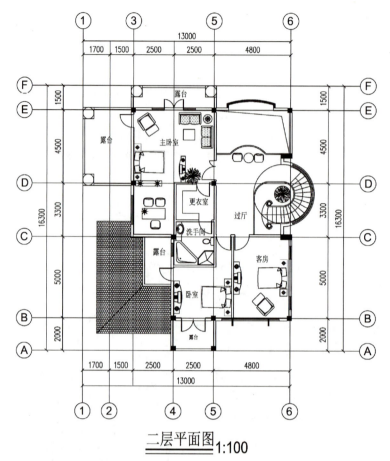

图 6-36　二层平面图

图 6-37　①轴~⑥轴立面图

第7章 BIM基础与软件概述

第 1~6 章以 AutoCAD 和天正建筑插件为例，结合工程案例详细介绍了传统 CAD 技术用于建筑二维制图的基本要求与操作步骤。近年来，随着建筑业数字化、信息化与智能化发展，建筑信息模型（BIM）技术得到快速推广与应用，它为建筑项目全生命周期的信息共享与协同工作提供了统一的平台，在设计、施工和运营等过程中有丰富的应用场景。因此，本章首先对 BIM 的基本定义、主要特征、应用领域、与 CAD 技术的区别及相关标准情况进行概括分析；在此基础上，聚焦建筑设计阶段，对基于 BIM 的设计软件和 BIM 设计交付的基本要求进行介绍。通过本章学习，了解 BIM 技术的发展背景及应用范围，为后续学习基于 BIM 技术的建筑三维制图方法奠定基础。

7.1 BIM 基本概念

7.1.1 基本定义

建筑信息模型（Building Information Modeling，BIM）的思想起源于 20 世纪 70 年代，查克·伊斯曼（Chuck Eastman）借鉴了制造业的产品信息模型，产生了通过计算机对建筑物进行智能模拟的想法，并由此提出了"建筑描述系统"（Building Description System）的概念。2002 年，Autodesk 公司发布了名为 *Building Information Modeling* 的白皮书，Jerry Laiserin 发表了题为"Comparing Pommes and Naranjas"的文章，为 BIM 概念的推广起到了显著作用。此后，随着计算机技术的迅猛发展与快速普及，BIM 技术体系不断完善，并在近 20 年来得到了快速发展与应用。纵观全球，不同组织机构与标准对 BIM 的定义仍有一定的差别。

国际标准化组织设施信息委员会（Facilities Information Council，FIC）定义：BIM 是在开放的工业标准下，对建筑的物理特性、功能特性及其相关的生命周期信息进行数字化形式的表现，从而为决策提供支持，有利于更好地实现项目的价值。BIM 将所有的相关信息集成在连贯的数据库中，可在有许可权限的情况下通过相应的应用软件获取、修改或增加数据。

美国国家 BIM 标准委员会（The National Building Information Modeling Standards Committee）定义：BIM 是建设项目物理和功能特性的数字表达，实现了建设项目信息资源的共享，为项目全生命周期的决策提供可靠依据；在项目的不同阶段，不同利益相关方可在 BIM 中插入、提取、更新和修改信息，以支持和反映各自职责范围内的协同作业。

建筑智慧国际联盟（buildingSMART International，bSI）的定义包含三个层面：①Building Information Model，即建筑物理和功能特性的数字表达，是项目相关方的共享知识资源，为项目全生命周期决策提供可靠的信息支持；②Building Information Modeling，即创建和利用项目数据在其生命周期内进行设计、施工和运营的业务过程，允许所有项目相关方通过数据互用在同一时间利用相同的信息；③Building Information Management，即利用数字信息支持项目全生命周期信息共享的业务流程组织和控制过程。建筑信息管理的效益包括集中和可视化沟通、多方案比较、可持续分析、高效设计、多专业集成、施工现场控制、竣工资料记录等。

我国于2017正式实施的《建筑工程信息模型应用统一标准》（GB/T 51212—2016）规定：BIM是在建设工程及设施全生命期内，对其物理和功能特性进行数字化表达，并依此设计、施工、运营的过程和结果的总称。

总结而言，建筑信息模型中"建筑""信息"和"模型"具有以下内涵：

1) BIM中的建筑是广义的，包含房屋建筑、道路、桥梁、港口、隧道、岩土和机场等，故BIM可实现整个工程建设行业的信息化。

2) BIM中的信息既包含传统的二维图纸信息，又包含工程建设中的其他类工程信息，即BIM中的信息覆盖了包括规划、设计、施工和运维等过程的全生命周期。

3) BIM中的模型包含模型（model）与模型化（modeling），即同时具有模型结果与模型过程的含义。一方面，BIM作为模型结果，能够形成建筑的三维模型，该模型不仅包含建筑的几何信息，且能够反映建筑的物理特性与功能特性。另一方面，BIM作为模型过程，能够动态反映各参与方的需求，支持各参与方的信息交互与协同工作。

7.1.2 主要特征

BIM是一种智能化的实体建筑模型，可连接建筑生命周期不同阶段的数据、过程和资源，可被项目各参与方交互使用，故通常认为BIM具有完备性、关联性和一致性等特征。

（1）完备性　BIM除了包含工程对象三维几何信息和拓扑关系的描述外，还包含了设计（如结构类型、建筑材料、工程性能）、施工（施工进度、成本、质量、资源与人员消耗等）、运维（耐久性、能耗等）等全生命周期的完整工程信息。BIM作为完备的单一工程数据集，不同参与方可按权限获取所需的数据和工程信息。

（2）关联性　BIM中各对象是可识别且相互关联的，如果模型中的某对象发生变化，与之关联的所有对象都会随之更新。系统能够对模型的信息进行分析和统计，并生成相应的图形和文档。此外，BIM可按多样化的方式进行显示，如在二维视图中生成传统的建筑施工图（如平面图、剖面图、详图等），展示为任意视角的三维视图或生成三维效果图等。

（3）一致性　在工程生命周期的不同阶段模型信息是一致的，同一信息无须重复输入，且这些模型信息能自动演化，模型对象在不同阶段可简单地进行修改和扩展，以包含下一阶段的信息，并与当前阶段的设计要求保持细节一致，而无须重新创建，降低信息不一致的风险。

7.1.3 应用领域

1. 规划

对于城市规划，目前主要以CAD和GIS（地理信息系统）作为支撑，搭建三维仿真系统实现城市规划管理。但这一仿真系统未做到模型信息的集成化，常需通过外链数据库实现更新、查找、统计等功能。而将 BIM 引入城市规划管理平台，可实现信息的多维度应用，解决传统城市规划编制和管理方法无法量化的问题，如舒适度、空气流动性、噪声云图等。将基于 BIM 的性能分析与传统规划方案的设计、评审结合，将有效促进城市规划的科学化与可持续发展。

对于建设项目规划，其主要内容通常包括：①根据地区发展规划提出项目建议书，选定建设地点；②在勘察、试验、调研和论证的基础上，编制可行性研究报告；③根据评估情况，对建设项目进行决策。可行性研究是项目规划的重要内容，需进行多学科论证，涉及技术、经济、工艺、建设、财务、系统工程、程序等方面。充分利用 BIM 的参数化设计优化，分析和统计规划项目的各项性能指标，实现规划从定性到定量的转变，将为可行性研究阶段降低项目成本和提高质量提供有力支撑。此外，将 BIM 引入项目规划阶段，形成统一的初始数据模型，可为下一环节的项目设计提供基础数据。

2. 设计

传统的 CAD 二维制图存在图纸烦琐、错误率高、协作困难、专业设计易冲突等问题。相较而言，基于 BIM 的三维设计具有以下优势：

1）概念设计阶段需对项目选址、朝向、体型、结构、能耗与成本等作出决策。BIM 技术可对不同方案进行模拟分析，并在同一平台引入项目各参与方进行反馈和决策，保证概念设计表达的准确性与可操作性。

2）传统的 CAD 技术下三维模型需由多个平面图共同创建，而 BIM 软件可直接绘制三维模型，且任何平面视图都可由该三维模型生成，准确性高且直观快捷，为项目各参与方的沟通协调提供统一的平台。

3）传统的建筑设计模式下，建筑、结构、暖通、机电、消防、智能化、景观等专业设计间易产生矛盾冲突且难以解决。而 BIM 可对建设项目的各系统进行空间协调，消除碰撞冲突，从而提高设计效率、减少设计错误与漏洞。同时，利用基于 BIM 的软件系统可方便地实现结构性能、空气流通性、光照、温度控制、隔音隔热、供水、废水处理等分析工作，提高设计便捷性与质量。

4）BIM 的自动更新特性可让项目参与方灵活应对设计变更，减少不同参与方所掌握图纸等信息不一致的情况。例如，对施工平面图的某一细节变动，Revit 等常见 BIM 软件将自动在对应的立面图、截面图、三维模型、图纸信息列表、工期、预算等所有相关联处做出更新。

5）传统模式下，设计与施工通常由不同的项目参与方完成，常会出现设计与施工沟通不畅，导致设计方案无法在实际施工过程中落地执行的情况。而 BIM 可通过提供信息共享平台加强设计与施工人员的交流，让有经验的施工管理人员能参与到设计阶段，提高设计方案的可施工性。

6）在项目的早期设计阶段，BIM 可根据当前工程量快速给出工程概算。随着设计的深化，建设规模、结构属性、设备规格等可能会发生变动，BIM 平台导出的工程概算可在签订招投标合同前为项目各参与方提供决策参考，并为最终的设计概算提供基础。

7）各类与 BIM 具有互用性的分析软件可在提高项目设计质量方面发挥重要作用。例如，利用基于 BIM 的能耗分析软件可将能耗有机融入设计过程，真正实现可持续性设计。

而传统的 CAD 技术下，只能在设计完成后，再利用独立的能耗模拟工具介入可持续性分析。

3. 施工

BIM 技术应用于施工阶段，对于施工前进行冲突碰撞检查、模拟优化施工方案、促进建筑产品工业化及提高生产效率等有重要作用，具体优势如下：

1）传统的 CAD 二维图纸中，各系统间的冲突碰撞难以识别，常到施工阶段才会被发现，导致返工或重新设计。而 BIM 模型将各系统的设计整合，系统间的冲突碰撞一目了然，可在施工前及时调整，加快了施工进度，减少了浪费，提高了施工质量与效率。

2）基于 BIM 技术的施工模拟软件，可采用动态的三维模式模拟施工全过程，及时发现潜在问题并优化施工方案（如场地、人员、设备、安全等）。此外，可模拟起重机、脚手架、大型设备等的进出场时间，为节约成本、优化整体进度安排提供了帮助。

3）BIM 中构件单元以三维形式创建，生产方可在设计模型基础上进行细节化设计，指导建筑产品的工厂化生产与加工，从而提高生产效率。此外，基于 BIM 进行预制构件生产与施工，可避免利用二维图纸施工时，由于与周围构件和环境的冲突导致构件难以安装的问题。

4）BIM 提供的信息中包含了每项工作所需的人员、材料、设备等，为总承包商与分包商的协作提供了良好基础，最大化保证了资源准时制管理，削减了不必要的库存管理工作，提高了劳动生产效率。

4. 运维

BIM 可为业主提供建设项目的所有信息，施工阶段的修改将同步更新以形成最终的竣工模型，为项目的后续运营维护提供依据。此外，BIM 可提供有关建筑使用情况或性能、容量、使用时间及财务等方面的信息，可有效提高建筑运营管理数字化与智能化水平。此外，物业管理方面，综合运用信息技术、网络技术和自动化技术，建立基于 BIM 的建筑物业管理信息模型，可实现物业管理与项目设计、施工的信息交换和共享。通过建立楼宇自动化系统集成平台，可对建筑设备进行监控和集成管理，实现具有集成性、交互性和动态性的智能化物业管理。

5. 发展趋势

目前 BIM 仍以建筑项目实体和构件信息为主搭建，较少涵盖技术、经济、管理等方面的属性。随着信息化技术的深入融合与 BIM 的不断创新发展，未来 BIM 将可应用于更为丰富的场景。近年来，BIM 已呈现从技术应用到管理应用、从模型应用到信息应用、从 BIM 应用到集成应用等发展趋势。

1）从技术应用到管理应用，即从技术团队应用到管理团队应用、从技术人员应用到管理人员应用。目前 BIM 技术应用已日渐普及，但 BIM 管理应用仍处于探索阶段。BIM 应用主体仍为一线生产人员，项目或企业管理层和决策层应用仍较少。

2）从模型应用到信息应用，即从几何信息应用到非几何信息应用。目前，BIM 几何信息应用的覆盖面比较大，成熟度和普及度较高，但 BIM 非几何信息应用仍相对局限，数据持续应用在法律和技术层面存在一定的障碍，BIM 在项目建设和运维中的应用场景需进一步扩展。

3）从 BIM 应用到集成应用，即从 BIM 单一技术的应用到 BIM 与其他信息技术的集成应用。BIM 与人工智能、大数据、虚拟现实、数字孪生、三维扫描、建造机器人等技术的结合,能有效提升建筑业生产效率与质量水平,但目前不同技术在建筑领域应用的成熟度各异,技术集成应用仍需多专业协同努力。

7.1.4 BIM 与 CAD

纵观建筑信息化改革,经历了从手工制图到 CAD 再到 BIM 的系统性变革,BIM 技术的不断完善与应用表明工程建设由二维设计与施工跨入了以三维全生命周期设计和数字化施工为特点的新时代。与 CAD 技术相比,BIM 技术具有以下区别:

1)BIM 以工程的基本单元为对象并通过参数形式进行表达,既包括几何信息,又包括材料、造价、设备等非几何信息,具有显著的参数化建模特征;而采用 CAD 技术时,无论建立二维或三维模型,通常仅能通过点、线、面等元素的集合表达基本单元的几何信息,无法体现建筑项目其他方面的属性特征。

2)BIM 具有关联性特征,参数化的建模方式使模型中的对象具备关联属性,某对象的信息发生变化,其他与之相关联对象的信息可自动更新,保证模型的一致性和完整性;而采用 CAD 制图时需逐一对关联的部位进行修改。

3)BIM 涵盖工程全生命周期的数据信息,不同阶段、不同专业的信息可互联共享;CAD 需针对不同阶段、不同专业分别建立模型,模型间的联系需靠人工建立。

4)BIM 通常是多个软件协同工作的结果,而非由单一软件完成,一般需要有集成技术框架支持;而常规的 CAD 制图可通过单一软件实现,如 AutoCAD。

7.2 BIM 相关标准

7.2.1 国家标准

我国于 2012 年开始 BIM 相关标准的制订及修订工作。我国 BIM 国家标准的编制立足于国内 BIM 发展与应用情况,在确保数据互通完整性和存取完备性的基础上,充分考虑 BIM 技术与国内建筑工程应用软件的紧密结合,以满足实际项目应用需要。表 7-1 总结了我国的部分 BIM 国家标准,具体介绍如下:

表 7-1 我国的部分 BIM 国家标准

序号	标准名称	标准要点	适用对象
1	《建筑信息模型应用统一标准》 GB/T 51212—2016	BIM 技术应用的基本准则	所有使用 BIM 技术的人员
2	《建筑信息模型分类和编码标准》 GB/T 51269—2017	建筑工程模型数据分类和编码的基本原则、格式要求	软件开发人员,相关 BIM 技术人员
3	《建筑信息模型存储标准》 GB/T 51447—2021	建筑工程全生命期模型数据的存储要求	所有使用 BIM 技术的人员
4	《建筑信息模型设计交付标准》 GB/T 51301—2018	建筑工程设计模型数据交付的基本原则、格式要求、流程等	BIM 设计人员、咨询人员
5	《制造工业工程设计信息模型应用标准》 GB/T 51362—2019	面向制造业工厂和设施的 BIM 标准	制造业工厂的 BIM 设计和建造人员
6	《建筑信息模型施工应用标准》 GB/T 51235—2017	施工阶段建筑信息模型的创建、使用和管理要求	施工人员、监理人员

1)《建筑信息模型应用统一标准》(GB/T 51212—2016),对 BIM 模型在项目全生命期中如何建立、共享和使用做统一规定,关注 BIM 技术的应用原则,是其他标准的基本准则。

2)《建筑信息模型分类和编码标准》(GB/T 51269—2017),对应国际标准体系的分类编码标准,规定了建筑全生命期包括已有模型与自建构件、供应商的产品构件、项目进行事项与工序的编码,在数据结构和分类方法上与总分类码(OmniClass)基本一致,但结合我国实际应用情况进行了一定的改进。

3)《建筑信息模型存储标准》(GB/T 51447—2021),对应国际标准体系的数据模型标准,关注 BIM 技术应用过程中每一环节的模型文件交互格式、数据传递机制及模型存储内容。

4)《建筑信息模型设计交付标准》(GB/T 51301—2018),对应国际标准体系的过程交换标准,规定了项目设计阶段 BIM 模型的命名规则、模型精细度等级、建筑基本信息、属性信息、交付信息等。

5)《制造工业工程设计信息模型应用标准》(GB/T 51362—2019),面向制造业工厂和设施的 BIM 执行标准,包括 BIM 设计标准、模型命名规则、模型精细度要求、模型拆分规则、项目交付规则等。

6)《建筑信息模型施工应用标准》(GB/T 51235—2017),面向施工和监理阶段,对施工管理过程的 BIM 应用进行了规定,包括利用 BIM 进行深化设计、方案策划、进度管理、安全管理、成本管理,以及向工程相关方交付施工模型等。

7.2.2 地方标准与文件

在国家标准的基础上,BIM 地方标准、技术指南与相关文件等结合地区建筑发展需求进行了内容扩展,相关规定更加细化,提高了 BIM 技术应用落地的可操作性。BIM 地方标准、指南与相关文件等的内容大致可划分为技术推广应用、费用计价依据和细分领域应用等方面,见表 7-2。

表 7-2 地方标准、技术指南与相关文件情况

标准类型	标准名称	地区	发布/实施时间
技术推广应用	《河北省建筑信息模型(BIM)技术应用指南(试行)》	河北	2021 年 4 月
	《山西省住房和城乡建设厅关于进一步推进建筑信息模型(BIM)技术应用的通知》	山西	2021 年 7 月
	《青岛市房屋建筑工程 BIM 设计交付要点》	青岛	2021 年 5 月
费用计价依据	《关于本市保障性住房项目实施 BIM 应用以及 BIM 服务定价的最新通知》	上海	2016 年 4 月
	《浙江省建筑信息模型(BIM)技术推广应用费用计价参考依据》	浙江	2017 年 9 月
	《广东省建筑信息模型(BIM)技术应用费的指导标准》	广东	2018 年 7 月
	《安徽省建筑信息模型(BIM)技术服务计费参考依据》	安徽	2020 年 10 月
	《海南省建筑信息模型(BIM)技术应用费用参考价格》	海南	2021 年 1 月
	《甘肃省建设项目建筑信息模型(BIM)技术服务计费参考依据》	甘肃	2021 年 4 月

（续）

标准类型	标准名称	地区	发布/实施时间
费用计价依据	《河南省房屋建筑和市政基础设施工程信息模型（BIM）技术服务计价参考依据》	河南	2021年5月
	《青岛市BIM技术应用费用计价参考依据》	青岛	2021年5月
	《南京市建筑信息模型（BIM）技术应用服务费用计价参考（设计、施工阶段）》	南京	2021年6月
细分领域应用	《深圳市装配式混凝土BIM技术应用标准》（T/BIAS 8—2020）	深圳	2020年4月
	《城市轨道交通建筑信息模型（BIM）建模与交付标准》（DBJ/T 15-160—2019）	广东	2019年11月
	《城市轨道交通基于建筑信息模型（BIM）的设备设施管理编码规范》	广东	2019年11月

（1）技术推广应用　与国家标准规范内容衔接，结合本地BIM技术应用需求，对国家标准未详细规定的技术细节做补充与深化。例如，在BIM模型的出图方面，线型比例与颜色结合各地设计招投标、施工图审图的要求，进行了更为细致与明确的规定；BIM模型与构件的命名与编码方面，结合城市信息管理要求，对土建、安装等专业大类下细分构件的命名与编码规则做详细说明与注释，保证各地工程项目BIM技术应用的顺利推进。

（2）费用计价依据　2016年以来，上海、广东、浙江等地陆续出台了BIM技术推广应用费用计价指导标准与参考依据。各地在推动应用BIM技术的同时，结合各地工程建设项目设计、施工、运维等各阶段BIM技术应用特点，参考各专业对BIM模型细度的不同要求，不断对服务费用标准进行调整与完善，为BIM技术服务与应用落地提供了计费依据支持。

（3）细分领域应用　近年来，保障性住房、城市轨道交通、地下隧道工程等相关的BIM标准陆续发布。这些标准考虑了工程细分领域建设方、设计方、施工方的BIM建模、模型细度、应用范围与内容等需求，对BIM技术标准做了进一步细化与完善，一定程度上缓解了不同领域BIM技术应用标准无法通用的矛盾。

7.2.3　企业标准

企业作为BIM技术的最终载体，承担着BIM技术落地应用的重要责任。对于实际工程项目，只有建设、规划、设计、施工、监理、运维等单位共同努力，对BIM技术与各环节业务结合应用做详细而实用的计划与衔接，才能使工程建设全生命周期的BIM技术应用持续、有效地推进。

企业对BIM模型中的数据信息随着项目进展不断积累，这些信息是由不同管理部门、岗位及软件产生的，企业需搭建技术平台实现数据信息的存储、转换、协同与应用。而BIM标准能帮助企业梳理业务框架与工作流程，规范企业项目在不同阶段的BIM模型深度及技术应用内容，明确企业各业务部门的协同工作模式与实施方法等。因此，制定企业标准对BIM技术的推广应用具有重要的指导作用。

7.3 BIM 设计软件概述

随着数字化时代的到来，建筑业 BIM 技术的应用日趋深入。BIM 技术已贯穿设计、施工、运维的全生命周期，涉及建设、勘察、设计、施工、材料供应、运维等参与方；BIM 模型也在可视化、设计协作、施工深化设计、冲突检测及成本控制中发挥着重要作用。随着建筑业对 BIM 技术的使用需求不断扩张，BIM 集成应用已成为行业发展趋势，除基于 BIM 的软件系统集成外，软件、硬件的一体化集成应用也逐步延伸到项目建造和管理过程中。

BIM 软件及相关设备可分为 BIM 应用工具类产品、BIM 集成管理类产品和 BIM 软硬集成类产品三类。BIM 应用工具类产品侧重对建设工程及设施的物理和功能特性进行数字化表达，以搭建、深化基础模型及以实际应用需求为导向，对建筑信息模型搭载的数据信息进行加工处理。BIM 集成管理类产品侧重对设计、施工、运营的过程进行管理，可有效实现工程建设全生命周期的数字化、可视化与信息化。BIM 软硬集成类产品侧重软件、硬件一体化集成应用，包括以 BIM 技术为驱动的应用（如 BIM 放线机器人）和以物联网设备设施为基础并融合 BIM 的应用（如危大工程监测）。本书以建筑设计与制图为重点，以下仅介绍设计阶段的典型 BIM 软件产品。有关施工及运维阶段的 BIM 软件请参阅其他书籍。

BIM 在建筑设计阶段可广泛用于方案论证、协同设计、建筑性能分析、结构分析、绿色建筑评价、工程量统计等方面。在方案论证阶段，BIM 展示的三维设计效果可方便评审人员、业主对方案进行评估，讨论施工可行性及如何削减成本、缩短工期等问题。在施工图设计阶段，BIM 可更好地实现协同设计，不同专业能通过 BIM 平台实现信息共享与协同设计，及时解决设计冲突，提高工作效率。

7.3.1 概念设计

在概念设计阶段，与传统的二维图纸相比，BIM 可更直观地展示建筑的三维空间形态、布局及与周边环境的关系，方便设计师与业主、其他参与方进行沟通，减少因理解偏差而导致的沟通问题。典型软件产品见表 7-3。

表 7-3 概念设计阶段的典型软件

软件名称	功能概述
Google SketchUp	操作便捷、容易掌握，建模流程简单，通过画线成面、挤压成型等基本操作即可创建三维模型，适用于快速生成概念设计方案并进行比较；但模型的精度及设计分析能力较弱
Autodesk Revit	功能性强，能实现三维可视化、碰撞检测、生成明细表等，并可与其他常用 BIM 和 CAD 文件格式交互，或为结构分析软件提供模型数据；设计出图方便，但复杂形状和曲面设计能力有限，操作相对复杂，对概念设计阶段方案快速变化的应对能力较差
Autodesk BIM 360	基于云的 BIM 项目管理平台，支持图纸与 BIM 模型的轻量化、同步、修改和协同；与 Autodesk 系列软件深度结合，可方便地将本地模型文件与云端数据协同与交互，使设计人员实时掌握最新数据，并完成对整个项目数据的统计、分析和管理工作

7.3.2 建筑分析与设计

通过建立或导入模型，对建筑的使用性能进行分析，获取日照、光照、声环境、热环境等信息，为设计决策调整与优化提供支持。典型软件产品见表 7-4。

表 7-4 建筑分析与设计的典型软件

软件名称	功能概述
Autodesk Ecotect Analysis	提供了三维表现功能进行交互式分析,可实现建筑能耗分析、热工性能、水耗、日照分析、阴影和反射等;操作界面友好,3DS、DXF 格式的文件可直接导入,与常见设计软件具有较好的兼容性
Green Building Studio	基于云的能源模拟产品,通过集成的 gbXML 支持和 DOE 模拟引擎,能够提供详细的能源使用、水使用和碳排放分析结果,同时与 Autodesk Revit 等 BIM 软件紧密集成,可通过导入模型快速获得设计方案的用能信息
EnergyPlus	能够模拟建筑的能源消耗,包括供暖、制冷、通风、照明和设备用电等,以及建筑的水资源使用情况;通过文本文件形式读取输入和写入输出,专业性强、学习成本较高
BIMSpace 乐建	国产 BIM 设计软件,在深度融合国家规范的基础上,为设计师提供设计、计算、检查及出图等高效、便捷的功能;界面简单,操作灵活,可为下游预埋建筑数据,支持全专业的高效协同工作

7.3.3 结构分析与设计

通过建立或导入模型,对结构力学性能进行分析,完成结构的截面设计,获取准确的梁、板、墙、柱等的信息参数。典型软件产品见表 7-5。

表 7-5 结构分析与设计的典型软件

软件名称	功能概述
PKPM	包括建筑、结构、设备设计的集成化 CAD 系统,其中结构设计模块流程简便,设计者可通过交互进行结构与荷载布置,方便地完成结构设计;依我国结构设计的相关标准和设计习惯开发,可自动实现截面与节点设计、生成计算书与设计图等工作
Midas	广泛应用于桥梁、建筑、岩土、机械等领域,具有强大的桥梁结构分析功能,适用于梁桥、拱桥、斜拉桥、悬索桥等,并可实现非线性边界分析、水化热分析、材料非线性分析、静力弹塑性分析、动力弹塑性分析等功能
SAP2000	专注于空间结构设计,如网壳、桁架、悬索结构等;可通过直观的界面快速建立结构模型,支持多种数据输入方式,并可与其他设计软件进行数据交换,操作灵活、便捷
Autodesk Robot Structural Analysis	Robot 与 Revit 的模型数据可高效传递,避免结构模型通过软件接口或中间格式导入其他分析软件出现的异常(如截面不匹配、材质信息丢失等);可依据不同国家和地区的设计规范,对结构构件进行详细设计,提供截面尺寸、配筋等设计参数

7.3.4 机电分析与设计

提供建筑全年动态负荷计算与能耗模拟分析,帮助设计人员基于能源利用和设备生命周期成本优化设计方案,实现节能降碳。典型软件产品见表 7-6。

表 7-6 机电分析与设计的典型软件

软件名称	功能概述
Trane Trace	基于能源利用和设备生命期成本,优化建筑暖通空调系统的设计;可模拟 ASHRAE(美国暖通空调工程师协会)推荐的 8 种冷负荷计算法,准确地分析建筑物的冷负荷需求,为空调系统的设计提供精确的数据支持

(续)

软件名称	功能概述
BIMSpace 机电	提供了丰富的机电专业族库,具备智能的管道布线和设备布置功能,并可进行施工过程模拟与工程量统计,集高效建模、准确计算、快速出图于一体,可进行全专业协同高效设计
MagiCAD	拥有丰富的建筑设备和管道产品库,支持快速三维模型搭建与参数化设计,与主流建筑设计软件有良好的兼容性;能对暖通系统进行热、冷负荷计算和气流组织模拟,对给排水系统进行水力计算,并具有全面碰撞检测功能
Rebro	可应用于给水排水、暖通、电气等的三维深化设计、出图,具有机电建模、碰撞检查、工程量精确统计、深化施工图出图、预制加工、动画漫游、可视化交底等全过程功能,并支持多种数据格式的导入与导出

7.3.5 施工图协同设计

通过协同设计建立统一的设计标准,包括图层、颜色、线型、打印样式等,在此基础上,所有设计专业在统一的平台上进行设计,减少各专业由于沟通不畅或不及时导致的错、漏、碰、缺等问题,实现模型自动更新,提升设计效率和质量。典型软件产品见表7-7。

表7-7 施工图协同设计的典型软件

软件名称	功能概述
Autodesk Revit	通过使用工作集,所有设计人员均基于同一建筑模型开展设计,随时将其编辑结果保存到设计中心,以便其他设计师更新各自的工作集,及时获取其他设计人员的设计结果,保证设计的一致性
ArchiCAD	支持设计人员的实时协作,不同专业(建筑、结构、机电等)可在同一个模型环境中协同工作,避免设计冲突;能与其他相关软件实现数据交换,实现工作流程的无缝对接

7.3.6 设计模型搭建

通过建立三维模型展现建筑平面、立面、透视图及三维动画,各类图纸均来自于同一模型,具有关联互动性的。应用BIM技术将原本二维图形表达的信息提升到三维层面,解决了二维图形不能"可视化"和"可计算"问题,为后续阶段BIM深入应用提供基础。典型软件产品见表7-8。

表7-8 设计模型搭建的典型软件

软件名称	功能概述
Autodesk Revit	最常用的BIM软件,具有友好的用户界面、操作简便;各部件的平面图与三维模型双向关联。Revit的基本原理是利用"组合"的思想,建模门、窗、墙、楼梯等都是组件,而建模过程即是将组件按一定的设计规则拼装成模型。这一建模方式在提高效率的同时,也限制了其在复杂建筑及非标组件方面的应用
ArchiCAD	为数不多的支持Mac系统的BIM软件,界面简洁、直观,拥有强大的三维建模能力,能够快速、准确地创建各种复杂的建筑模型,模型的智能化程度高,并支持实时渲染和交互功能;软件指令均保存在内存中,不适用于大型项目建模
Bentley	支持高复杂度设计,建模自由度高,绘制的建筑模型具有"可控制的随机形态",即通过定义模型各部位的空间结构联系,可模拟多种不同的外形结构,使设计工作具有多样性,并能生成高质量的渲染图和动画

7.4 BIM 设计交付

建筑信息模型的设计交付通常需满足阶段性交付要求，应包括设计阶段的交付和面向应用的交付。完整的交付过程包含交付准备、交付物和交付协同三方面内容，即由建筑信息模型体现设计信息、由建筑信息模型输出为交付物，以及交付过程中各参与方间的协同。

建筑工程设计应包括方案设计、初步设计、施工图设计、深化设计等阶段，施工图设计和深化设计阶段的信息模型宜用于形成竣工移交成果。建筑信息模型的交付准备、交付物和交付协同应满足各阶段设计深度的要求。

面向应用的交付场景非常多，如建筑的性能化分析、冲突检测、造价分析、建筑表现、施工组织等。各种应用所需的设计信息、交付深度、交付物形式、协同模式等均需根据应用自身特点去分析和考量。

7.4.1 命名规则

建筑信息模型及其交付物的命名应简明且易于辨识。

（1）模型单元及其属性命名　对象和参数的命名应使用较少类型的符号，既符合专业习惯，又不引起混乱。宜使用汉字、英文字符、数字、半角下画线"_"和半角连字符"-"的组合；字段内部组合宜使用半角连字符"-"，字段间宜使用半角下画线"_"分隔；各字符间、符号间、字符与符号间均不宜留空格。

（2）电子文件夹命名　电子文件夹名称宜由顺序码、项目简称、分区或系统、设计阶段、文件夹类型和描述依次组成，以半角下画线"_"隔开，字段内部的词组宜以半角连字符"-"隔开，并宜符合下列规定：

1）顺序码宜采用文件夹管理的编码，可自定义。
2）项目简称宜采用识别项目的简要称号，可采用英文或拼音，项目简称不宜空缺。
3）分区或系统应简述项目子项、局部或系统，应使用汉字、英文字符、数字的组合。
4）设计阶段应划分为方案设计、初步设计、施工图设计、深化设计等阶段。
5）文件夹类型宜符合表 7-9 的规定。

表 7-9　文件夹类型

文件夹类型	文件夹类型（英文）	内含文件主要适用范围
工作中	Work In Progress（WIP）	仍在设计中的设计文件
共享	Shared	专业设计完成的文件，但仅限于工程参与方内部协同
出版	Published	已经设计完成的文件，用于工程参与方之间的协同
存档	Archived	设计阶段交付完成后的文件
外部参考	Incoming	来源于工程参与方外部的参考性文件
资源	Resources	应用在项目中的资源库中的文件

（3）电子文件命名　电子文件的名称宜由项目编号、项目简称、模型单元简述、专业代码、描述依次组成，以半角下画线"_"隔开，字段内部的词组宜以半角连字符"-"隔开，并宜符合下列规定：

1) 项目编号宜采用项目管理的数字编码,无项目编码时宜以"000"替代。
2) 项目简称宜采用识别项目的简要称号,可采用英文或拼音,项目简称不宜空缺。
3) 模型单元简述宜采用模型单元的主要特征简要描述。
4) 专业代码宜符合表 7-10 的规定,当涉及多专业时可并列所涉及的专业。

此外,建筑信息模型的电子文件夹和文件,在交付过程中均应进行版本管理,并宜在命名字段中标识。设计阶段的交付中,文件应写明设计阶段的名称,所在文件夹类型宜为出版;面向应用的交付中,文件应写明所有正在进行或已完成的应用需求的代号,所在文件夹类型宜为共享。交付完成后,建筑信息模型及交付物均宜根据设计阶段或应用类别分别存档管理,全部文件所在的文件夹类型宜为存档。

表 7-10 专业代码

专业	专业(英文)	专业代码	专业代码(英文)
规划	Planning	规	PL
总图	General	总	G
建筑	Architecture	建	A
结构	Structural	结	S
给水排水	Plumbing	水	P
暖通	Mechanical	暖	M
电气	Electrical	电	E
智能化	Telecommunications	通	T
动力	Energy Power	动	EP
消防	Fire Protection	消	F
勘察	Investigation	勘	V
景观	Landscape	景	L
室内装饰	Interior Design	室内	I
绿色节能	Green Building	绿建	GR
环境工程	Environmental Engineering	环	EE
地理信息	Geographic Information System	地	GIS
市政	Civil Engineering	市政	CE
经济	Economics	经	EC
管理	Management	管	MT
采购	Procurement	采购	PC
招投标	Bidding	招投标	BI
产品	Product	产品	PD
建筑信息模型	Building Information Modeling	模型	BIM
其他专业	Other Disciplines	其他	X

7.4.2 交付准备

建筑信息模型交付准备过程中,应根据交付深度、交付物形式、交付协同要求安排模型架构和选取适宜的模型精细度,并应根据设计信息输入模型内容。BIM 应由模型单元组成,交付全过程应以模型单元作为基本操作对象,模型单元应以几何信息和属性信息描述工程对象的设计信息,可使用二维图形、文字、文档、多媒体等方式补充和增强表达设计信息。当模型单元的几何信息与属性信息不一致时,应优先采用属性信息。

1. 模型精细度

BIM 包含的模型单元应分级建立，可嵌套设置，分级应符合以下要求：①项目级模型单元，承载项目、子项目或局部建筑信息；②功能级模型单元，承载完整功能的模块或空间信息；③构件级模型单元，承载单一的构配件或产品信息；④零件级模型单元，承载从属于构配件或产品的组成零件或安装零件信息。

BIM 包含的最小模型单元应由模型精细度等级衡量，模型精细度的基本等级划分应符合以下规定：①1.0级模型精细度（LOD1.0），最小模型单元为项目级；②2.0级模型精细度（LOD2.0），最小模型单元为功能级；③3.0级模型精细度（LOD3.0），最小模型单元为构件级；④4.0级模型精细度（LOD4.0），最小模型单元为零件级。此外，根据工程项目的实际应用需求，可在基本等级之间扩充模型精细度等级。

2. 模型内容

建筑信息模型应包含模型单元的系统分类、模型单元的关联关系、模型单元几何信息及几何表达精度、模型单元属性信息及信息深度和属性值的数据来源。应根据设计信息将模型单元进行系统分类，并应在属性信息中表示。

建筑信息模型应选取适宜的几何表达精度呈现模型单元几何信息；在满足设计深度和应用需求的前提下，应选取较低等级的几何表达精度，且不同的模型单元可选取不同的几何表达精度。几何表达精度的等级划分如下：①1级几何表达精度（G1），满足二维化或符号化识别需求的几何表达精度；②2级几何表达精度（G2），满足空间占位、主要颜色等粗略识别需求的几何表达精度；③3级几何表达精度（G3），满足建造安装流程、采购等精细识别需求的几何表达精度；④4级几何表达精度（G4），满足高精度渲染展示、产品管理、制造加工准备等高精度识别需求的几何表达精度。

建筑信息模型应选取适宜的信息深度体现模型单元属性信息；属性宜包括中文字段名称、编码、数据类型、数据格式、计量单位、值域、约束条件；交付表达时，应至少包括中文字段名称、计量单位。属性值应根据设计阶段的发展而逐步完善，并符合唯一性和一致性原则。模型单元信息深度的等级划分如下：①1级信息深度（N1），宜包含模型单元的身份描述、项目信息、组织角色等信息；②2级信息深度（N2），宜包含和补充N1等级信息，增加实体系统关系、组成及材质、性能或属性等信息；③3级信息深度（N3），宜包含和补充N2等级信息，增加生产信息和安装信息；④4级信息深度（N4），宜包含和补充N3等级信息，增加资产信息和维护信息。

7.4.3 交付物

建筑工程各参与方应根据设计阶段要求和应用需求，从设计阶段建筑信息模型中提取所需的信息形成交付物。建筑信息模型主要交付物的代码及类别应符合表7-11的规定。

表7-11 交付物的代码及类别

代码	交付物类别	要求	备注
D1	建筑信息模型	• 包含设计阶段交付所需的全部设计信息 • 应基于模型单元进行信息交换和迭代，并将阶段交付物存档管理 • 可索引其他类别的交付物 • 表达方式宜包括模型视图、表格、文档、图像、点云、多媒体及网页，各种表达方式间应具有关联访问关系 • 交付和应用建筑信息模型时，宜集中管理并设置数据访问权限	可独立交付

（续）

代码	交付物类别	要求	备注
D2	属性信息表	• 项目级、功能级或构件级模型单元应分别制定属性信息表 • 电子文件名可由表格编号、模型单元名称、表格生成时间、数据格式、描述依次组成 • 属性信息表内容应包含版本相关信息、模型单元基本信息和模型单元属性信息	宜与 D1 类共同交付
D3	工程图纸	• 应基于建筑信息模型的视图和表格加工而成 • 电子工程图纸文件可索引其他交付物 • 制图应符合《房屋建筑制图统一标准》(GB/T 50001—2017)的规定	可独立交付
D4	项目需求书	• 建筑信息模型建立之前，宜制定项目需求书 • 项目需求书应包含项目计划概要、项目建筑信息模型的应用需求、项目参与方协同方式、数据存储和访问方式、数据访问权限、交付物类别、交付方式及建筑信息模型的权属等	宜与 D1 类共同交付
D5	建筑信息模型执行计划	• 根据项目需求书，应制订建筑信息模型执行计划 • 建筑信息模型执行计划应包含项目简述、建筑信息模型属性信息命名、分类和编码，所采用的标准名称和版本、模型精细度说明、模型单元的几何表达精度和信息深度、交付物类别、软硬件工作环境、项目的基础资源配置及自定义内容等	宜与 D1 类共同交付
D6	建筑指标表	• 建筑指标表应基于建筑信息模型导出 • 建筑指标表应包含项目简述、建筑指标表应用目的、建筑指标名称及其编码及建筑指标值	宜与 D1 或 D3 类共同交付
D7	模型工程量清单	• 模型工程量清单应基于建筑信息模型导出 • 模型工程量清单应包含项目简述、模型工程量清单应用目的及模型单元工程量及编码	宜与 D1 或 D3 类共同交付

交付物应包括建筑信息模型，宜包括属性信息表、工程图纸、项目需求书、建筑信息模型执行计划、建筑指标表、模型工程量清单。交付物宜集中管理并设置数据访问权限，不宜采用移动介质或其他方式分发交付。

7.4.4 交付协同

建筑信息模型的交付协同应包括设计阶段的交付协同和面向应用的交付协同。交付协同过程中，应根据设计阶段要求或应用需求选取模型交付深度和交付物，项目各参与方应基于协调一致的建筑信息模型协同工作。

1. 设计阶段的交付协同

设计阶段的交付协同宜包括项目需求定义、模型实施和模型交付三个过程。项目需求定义过程应由建设方完成，包括根据基本建设程序分阶段确定建筑信息模型的应用目标，以及根据应用目标制定项目需求文件。模型实施过程应由建筑信息模型提供方完成，包括根据项目需求文件制订建筑信息模型执行计划，以及根据建筑信息模型执行计划建立建筑信息模型。模型交付过程应由建筑信息模型提供方和建设方共同完成，包括提供方根据项目需求文件向建设方提供交付物，建设方根据基本建设程序要求复核交付物及其提供的信息，以及提供方完成建筑信息模型设计信息修改，并将修改信息提供给建设方。施工图和深化设计阶段交付前应进行冲突检测，并应编制冲突检测报告，冲突检测报告可作为交付物。

设计阶段和竣工移交的交付物应符合表 7-12 的规定，相应模型单元模型精细度宜符合下列规定：①方案设计阶段模型精细度等级不宜低于 LOD1.0；②初步设计阶段模型精细度等级不宜低于 LOD2.0；③施工图设计阶段模型精细度等级不宜低于 LOD3.0；④深化设计阶段模型精细度等级不宜低于 LOD3.0，具有加工要求的模型单元模型精细度不宜低于 LOD4.0；⑤竣工移交的模型精细度等级不宜低于 LOD3.0。

表 7-12　设计阶段和竣工移交的交付物

代码	交付物类别	方案设计阶段	初步设计阶段	施工图设计阶段	深化设计阶段	竣工移交
D1	建筑信息模型	▲	▲	▲	▲	▲
D2	属性信息表	—	△	△	△	▲
D3	工程图纸	△	△	▲	△	▲
D4	项目需求书	▲	▲	▲	△	△
D5	建筑信息模型执行计划	△	▲	▲	▲	▲
D6	建筑指标表	▲	▲	▲	△	▲
D7	模型工程量清单	—	△	▲	▲	▲

注：表中▲表示应具备，△表示宜具备，—表示可不具备。

2. 面向应用的交付协同

面向应用的交付宜包括需求定义、模型实施和模型交付三个过程。需求定义过程应由建筑信息模型应用方完成，包括根据应用目标确定应用类别，以及根据应用类别制定应用需求文件。模型实施过程应由建筑信息模型提供方完成，包括根据应用需求文件制订建筑信息模型执行计划，以及根据建筑信息模型执行计划建立建筑信息模型。模型交付过程应由建筑信息模型提供方和应用方共同完成，包括提供方根据应用需求文件向应用方提供交付物，应用方复核交付物及其提供的信息，并应提取所需的模型单元形成应用数据集，以及应用方根据建筑信息模型的设计信息创建应用模型。建筑信息模型设计信息的修改应由提供方完成，并应将修改信息提供给应用方。

面向应用的交付，应用需求文件应作为交付物，并应包含建筑信息模型的应用类别和应用目标、采用的编码体系名称和现行标准名称、模型单元的模型精细度、几何表达精度和信息深度，以及交付物类别和交付方式。

课后练习

1. 总结 BIM 的基本内涵。
2. 简述 CAD 与 BIM 技术的区别和联系。
3. BIM 设计的交付物包含哪些内容？
4. 查阅相关资料，说明应用 BIM 技术时要对建筑工程模型数据进行分类和编码的原因。
5. 简述模型的精细度等级的一般划分方式。
6. 查阅《建筑信息模型设计交付标准》（GB/T 51301—2018），总结建筑外围护系统和其他构件系统的分类方式。

第8章 Revit设计基础

Revit 是 Autodesk 公司开发的 BIM 系列软件，可广泛用于规划、设计、建造及管理过程。Revit 支持多领域协作设计，是我国建筑 BIM 体系中使用最广泛的软件之一。本章对 Revit 2025 软件的基本功能、界面、图元操作、尺寸标准和文字注释的基本知识进行介绍。通过本章学习，熟悉 Revit 软件的操作环境与基本功能，为后续学习 Revit 建筑三维建模的相关内容做好准备。

8.1 软件概况

8.1.1 主要功能

2000 年，美国 Revit Technology Corporation 发布 Revit 软件 1.0 版本。2002 年该公司被 Autodesk 收购，Revit 纳入 Autodesk 软件体系。2013 年，Revit 2014 将建筑、结构、设备等专业模块整合为一个软件，确定了 Revit 软件的基本功能与界面布局。2018 年，Revit 2019 增加了钢结构设计模块，进一步拓展了软件的应用场景。截至 2024 年，Revit 软件的最新版本为 Revit 2025。

Revit 2025 软件主要用于建筑项目的三维设计与可视化，为相关工作人员提供精准、直观的三维建筑信息模型，并支持多人同时使用软件协同作业。Revit 软件的主要功能如下：

（1）建筑、结构与设备等的三维建模 Revit 软件可进行建筑、结构、电气、暖通、管道等的参数化三维建模，包含 Revit Architecture、Revit Structure 和 Revit MEP 等主要模块。

1）Revit Architecture 模块用于建筑设计相关工作，可创建包含建筑外观、内部空间布局、墙体、门窗、屋顶等建筑元素的模型。该模块能进行各种类型建筑的精确几何建模，涵盖从概念设计到施工图设计的各阶段。本书后续内容主要介绍 Revit Architecture 模块的功能与操作方法。

2）Revit Structure 模块用于设计和分析建筑结构，可完成梁、柱、板、基础等结构构件的建模，具备对结构受力、变形、稳定性等进行分析计算的功能。该模块能与 Revit Architecture 协同工作，保证建筑设计与结构设计的一致性。

3) Revit MEP 模块专注于建筑设备领域，涵盖机械（Mechanical）、电气（Electrical）和给排水（Plumbing）等专业，用于设计建筑内部的各种设备系统。该模块支持如通风空调系统、电气布线系统、给排水管网系统等复杂设备系统的设计，能进行设备系统的模拟分析，如通风系统的风量计算、电气系统的负荷分析等。

（2）生成设计图纸　在目前的工程项目建设中，为便于交流与审查，二维设计图纸仍必不可少。Revit 软件在完成三维建模后，可生成平面图、立面图、剖面图、详图等。例如，Revit Architecture 模块可生成如平面图、剖面图、立面图、效果图等建筑图纸；Revit Structure 模块可生成结构平面图、配筋图、节点详图等结构施工图纸；Revit MEP 模块可生成设备布置图、系统原理图、管线综合图等设备系统图纸等。此外，Revit 软件可直接生成".dwg"格式的CAD图纸，方便在AutoCAD等计算机辅助设计软件中进行查看与编辑。

（3）三维渲染　Revit 具有强大的三维渲染功能。真实感呈现方面，能够对材质与光照环境进行逼真模拟，精准还原木材纹理、石材质感及玻璃透明度与反射度等。场景构建方面，其背景设置形式多样。纯色背景可营造简洁的视觉效果，渐变背景能增添艺术氛围，同时还可导入实景图片，使建筑模型与实际场景相融合。此外，该软件还可添加如树木、花草、人物、车辆等周边环境元素，增强场景的生动性。输出方面，可从任意角度进行模型渲染。其中，鸟瞰视角可展示建筑全貌与周边布局，平视视角能呈现与人视角平齐的建筑细节。此外，全景渲染能生成全景图像，全方位展示建筑模型的外观和内部空间，为虚拟漫游和沉浸式体验提供便利。

8.1.2　常用术语

Revit 中用于标识对象的术语大多是行业通用术语，但部分术语具有一定的特殊性或重要含义。了解这些术语概念对熟悉并使用 Revit 软件十分重要。

（1）项目　Revit 软件中，项目指单个设计信息数据库，即建筑信息模型。项目文件包含了建筑的所有设计信息（几何图形、构造数据等）。这些信息被用于设计模型构件、项目视图和设计图纸。利用 Revit 软件不仅可轻松地修改设计，还可使修改反馈在所有关联区域（如平面图、立面图、剖面图、明细表等）。因此，仅需跟踪一个文件，即可方便地对项目进行管理。

（2）标高　标高是无限水平面，作为屋顶、楼板和天花板等以层为主体的图元的参照。标高一般用于定义建筑物内的垂直高度或楼层。Revit 中可为每个已知楼层或建筑的其他必需参照（如基底、墙顶、屋脊等）创建标高。需要注意的是，只有在剖面或立面图中才可放置标高。图 8-1 所示为某房屋的立面图。

（3）图元　创建项目时，可向设计中添加 Revit 参数化图元。如图 8-2 所示，Revit 按类别、族和类型对图元进行分类。

1）类别。类别是一组用于对建筑设计进行建模或记录的图元。例如，模型图元类别包括墙和梁等，注释图元类别包括标记和文字注释等。

2）族。族是包含通用属性（称为参数）集和相关图形表示的图元组。族根据参数（属

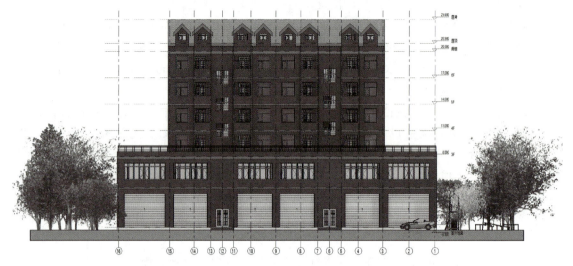

图 8-1　某房屋立面图

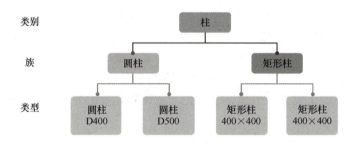

图 8-2　图元分类示例

性）集的共用、使用上的相同点和图形表示的相似度来对图元进行分组。一个族中不同图元的部分或全部属性可能有不同的值，但属性的设置（其名称与含义）是相同的。例如，可将"矩形柱"视为一个族，虽然构成该族的构件可能有不同的尺寸和材质。族可分为可载入族、系统族和内建族三种。

① 可载入族，可载入项目中，且根据样板创建，如窗、门、橱柜、装置、家具和植物等。

② 系统族，包括墙、楼板、尺寸标注、屋顶和标高等。它们不能作为单个文件载入或创建，Revit 预定义了系统族的属性设置及图形表示，可在项目内使用预定义的类型生成属于该族的新类型。

③ 内建族，用于定义在项目中创建的自定义图元。内建族在项目中的使用受到限制，每个内建族只包含一种类型。

3）类型。每一族都可拥有多个类型。类型可以是族的特定尺寸，如 A0 的标题栏或 910mm×2100mm 的门；也可以是样式，如尺寸标注的默认对齐样式或默认角度样式等。

（4）属性　属性分为类型属性和实例属性。类型属性是指适用于同一族下所有实例的属性，实例属性是针对特定的单个实例对象的属性。

8.2 界面介绍

8.2.1 主页界面

Revit 2025 的主页界面集成了"模型"和"族"的打开与新建功能，启动 Revit 2025 会弹出图 8-3 所示的主页界面。在 Revit 主页中，可执行以下操作：

1）通过单击左侧窗格顶部的箭头，转到活动 Revit 模型和功能区。
2）打开或创建模型或族。
3）查看或访问最近使用的文件。主页会显示存储在本地或云中的 Revit 模型和最近打开的族。
4）在 Autodesk Docs 上，查看或管理 Revit 模型。

主页界面的左侧区域包括两个选项组，用于"模型"和"族"的打开或新建。模型是指建筑工程项目的模型，Revit 提供了构造、建筑、结构、机械、系统、电气和管道的样本文件供新建项目时选择。族是包含通用属性集和相关图形表示的图元组，Revit 同样提供了丰富的族样板文件，可通过执行"新建"命令，打开"新族-选择样板文件"对话框，通过此对话框选择合适的族样板文件，进入族设计环境。

主页界面的右侧区域包括"模型"列表和"族"列表，可选择 Revit 提供的样例项目和样例族，进入工作界面进行模型学习和功能操作。

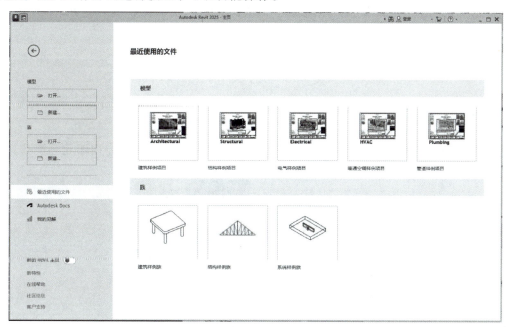

图 8-3 Revit 2025 的主页界面

8.2.2 工作界面

Revit 2025 的工作界面沿用了 Revit 2014 以来的风格。在主页界面选择一个项目样板或新建模型，即可进入如图 8-4 所示的工作界面。

图 8-4　Revit 2025 工作界面

1—应用程序选项卡　2—快速访问工具栏　3—上下文选项卡　4—面板　5—信息中心　6—功能区　7—选项栏
8—类型选择器　9—属性栏　10—状态栏　11—视图控制栏　12—绘图区　13—项目浏览器

8.3　图元操作

8.3.1　图元分类

如图 8-5 所示，Revit 中的图元可分为模型图元、基准图元和视图专用图元等类型。

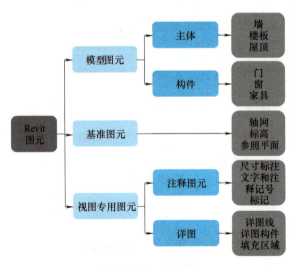

图 8-5　Revit 图元

(1) 模型图元　模型图元用于表示建筑的实际三维几何图形，显示在模型的相关视图中。模型图元包括主体和构件两种类型。主体（或主体图元）是指可容纳或支撑其他模型图元的图元，构成了建筑模型的基础结构，如结构墙、天花板、屋顶等。构件是指依附于主体图元上的模型图元，通常代表了各种建筑部件、设备、家具等，如门、窗、橱柜、梁、支撑、结构柱、水槽、风管等。

(2) 基准图元　基准图元用于建立模型的参考和定位，如轴网、标高和参照平面等。基准图元不直接构成建筑的实体部分，但对于模型的组织和文档的生成至关重要。

(3) 视图专用图元　视图专用图元是仅在特定视图中显示的图元，用于对模型进行描述或归档。这些图元不直接影响模型的三维几何形状，但对文档的生成和细节的展示十分重要。视图专有图元包括注释图元和详图两种类型。注释图元是对模型进行归档并在图纸上保持比例的二维图元，如尺寸标注、标记、文字和注释记号等。注释图元用于提供模型尺寸、位置和其他信息，以便在施工文档中进行清晰的表达。详图是在特定视图中提供有关建筑模型详细信息的二维图元，如详图线、详图构件、填充区域等。详图图元用于创建详细的施工图，展示模型的特定部分，如节点、连接等。

参数化模型中的图元行为为设计者提供了设计的灵活性。图元行为是指图元在模型中的表现、响应和交互方式。Revit 图元设计可由设计者直接创建和修改，无须进行编程，且 Revit 制图时可自定义新的参数化图元。Revit 中的图元通常根据其在建筑模型中的上下文（模型中图元所处的环境和它们之间的关系）来确定其行为。

8.3.2　图元拾取选择

1. 基本方法

Revit 中常采用光标拾取的方式进行图元选择，基本方法如下：

1) 定位要选择的图元：将光标移动到绘图区中的图元上，则该图元的线条将高亮显示并在状态栏和工具栏显示有关该图元的信息。

2) 选择单一图元：单击需要选择的图元。

3) 选择多个图元：按〈Ctrl〉键并单击选择多个图元，或按住鼠标拖拽形成拾取框选择多个图元。

4) 确定当前选择的图元数量：查看状态栏中 :1 图标中的数值。

5) 选择特定类型的全部图元：选择所需类型的任一图元，并输入"SA"（表示选择该类型的全部实例）。

6) 选择某一（某些）类型的所有图元：在图元周围绘制拾取框，切换至"修改 | 选择多个"选项卡，单击【过滤器】按钮，选择所需图元类型，并单击【确定】按钮完成选择。

7) 取消选择图元：按住〈Shift〉键并单击图元，可从一组选定图元中取消选择多个图元。

8) 重新选择以前选择的图元：同时按〈Ctrl〉和〈←〉键。

2. 操作示例

1) 打开样例文件。以 Revit 软件提供的样例文件为例，说明图元拾取选择的基本操作。单击快速访问工具栏或应用程序选项卡的【打开】按钮，弹出图 8-6 所示的对话框，选择 Revit 2025 安装路径下的"Samples"文件夹，打开"rst_advanced_sample_family.rfa"族文件，切换至三维视图，效果如图 8-7 所示。

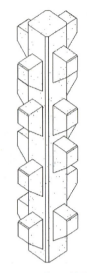

图 8-6　打开图元　　　　　　　　　　　　　　　　　　图 8-7　打开结果

2）定位要选择的图元。如图 8-8 所示，将光标移动到绘图区域中要选择的图元上，该图元的线条将以蓝色显示，并在左下角状态栏及该图元旁边均会显示有关信息。如果几个图元彼此非常接近或相互重叠，可将光标移动到该区域并按〈Tab〉键切换，直至状态栏显示的信息为所需图元为止。

3）选中单一图元。单击要选择的图元，该图元将高亮显示，效果如图 8-9 所示。

4）选中多个图元。按住〈Ctrl〉键，继续单击其他图元，完成多个图元的选择操作，效果如图 8-10 所示。此外，可按住左键拖拽形成拾取框进行多个图元的选择，当光标由左向右形成矩形拾取框时，完全包含在拾取框内的图元将被选中，而当光标由右向左形成矩形拾取框时，与拾取框相交或包含在拾取框内的图元均会被选中。

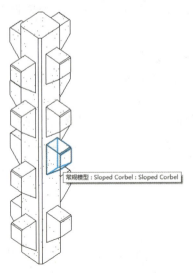
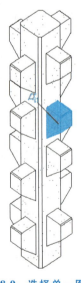
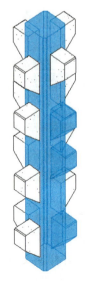

图 8-8　定位图元　　　　　图 8-9　选择单一图元　　　　　图 8-10　选择多个图元

5）确定当前选择的图元数量。如图 8-11 所示，查看右下角状态栏可显示当前所选图元数量。本例中选中的图元数量为 4。

图 8-11　显示所选图元数量

6）选择某一（某些）类型的所有图元。单击"过滤器"图标，打开图 8-12 所示的"过滤器"对话框，取消或勾选类别复选框，可控制是否选择所选的图元类别。

7）选择特定类型的全部图元，选择图 8-9 所示的图元后，键入"SA"，Revit 自动选中该类别的所有图元，效果如图 8-13 所示。此外，可在选中某一图元后，右击，在图 8-14 所示的右键菜单中执行"选择全部实例"→"在视图中可见"命令，完成该类别所有图元的选择。

图 8-12　"过滤器"对话框

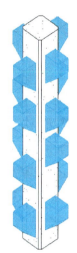

图 8-13　选择特定类型的全部图元

8）取消选择图元，如图 8-15 所示，按住〈Shift〉键并单击图元 2 和 3，则可取消选择这两个图元。如需取消选择全部图元，可按〈Esc〉键退出选择。

图 8-14　选中同类别的全部图元

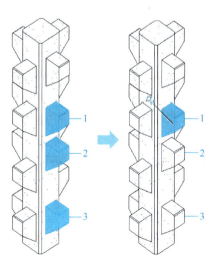

图 8-15　取消选择图元

8.3.3 图元过滤器

1. 控制图元选择选项

Revit 2025 提供了控制图元显示的过滤器,包括"选择链接""选择基线图元""选择锁定图元""按面选择图元""选择时拖拽图元"。可通过功能区"选择"面板中的过滤器选项或状态栏右下角的图标进行操作。

1)选择链接 ,选择链接的文件和链接中的各图元时,启用该选项。链接的文件可包括 Revit 模型、CAD 文件、点云等。判断某项目中是否有链接的模型或文件,可在项目浏览器底部的"Revit 链接"节点下查看。若要选择链接的文件及其所有图元,将光标移动到链接上,直到将其高亮显示,然后单击。若要选择链接文件中的单个图元,将光标移至图元上,按〈Tab〉键将其高亮显示,然后单击。若选择链接及其图元会影响选择项目中的图元,需禁用该选项,但此时仍可捕捉并对齐至链接中的图元。

2)选择基线(底图)图元 ,选择底图中包含的图元时启用该选项;需要避免在视图中选择基线时禁用该选项。

3)选择锁定图元 ,选择被锁定且无法移动的图元时,启用该选项。

4)按面选择图元 ,通过单击内部面来选择图元时,启用该选项。例如,启用该选项后,可通过单击墙或楼板的中心将其选中。该选项适用于所有模型视图和详图视图,但不适用于视觉样式为"线框"的视图。禁用该选项时,需单击图元的一条边才能将其选中。

5)选择时拖拽图元 ,启用该选项时,无需先选择图元即可对图元进行拖拽。该选项适用于所有模型类别和注释类别中的图元。要避免选择图元时意外将其移动时,可禁用该选项。开启该选项时,建议同时开启"按面选择图元"选项,以方便操作。

2. 选择基线图元操作示例

1)打开样例文件。以 Revit 软件提供的样例文件为例,说明选择基线图元的操作方法与效果。选择 Revit 2025 安装路径下的"Samples"文件夹,打开"rac_advanced_sample_project.rvt"建筑样例文件,在项目浏览器的"视图丨楼层平面"子节点中双击打开"02-Floor"视图,效果如图 8-16 所示。若"Samples"文件夹中无上述样例文件,可从 Autodesk 网站下载,网址链接为:https://damassets.autodesk.net/content/dam/autodesk/www/revit-downloads/racadvancedsampleproject.rvt。

2)设置底图。在窗口左侧的属性栏找到"底图"选项组,单击"范围-底部标高",选择"01-Entry Level"作为基线,并单击属性栏底部的【应用】按钮,此时楼层 1 的基线将显示(灰显)在图 8-17 所示的绘图区。

3)选择基线图元。显示底图后,并不能对基线图元进行选择,此时启用"选择基线图元"选项即可,选择效果如图 8-18 所示。

3. 选择锁定图元操作示例

1)打开图 8-16 所示的样例文件,在项目浏览器中切换至三维视图,效果如图 8-19 所示。

第8章 Revit设计基础

图 8-16 "02-Floor"视图

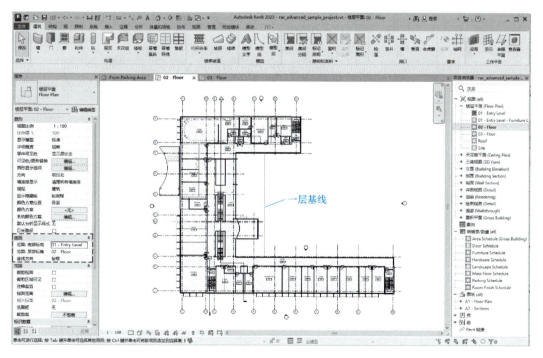

图 8-17 显示基线

图 8-18　选择基线图元

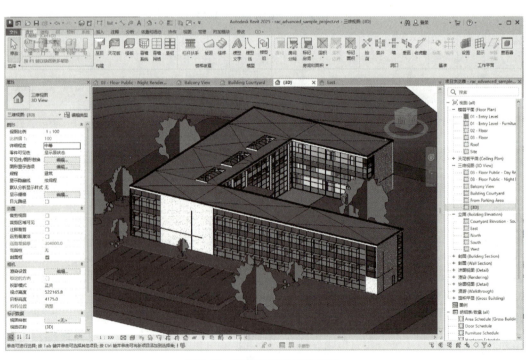

图 8-19　样例项目的三维视图

2）锁定幕墙图元。如图 8-20 所示，在绘图区选择任意的幕墙图元，并输入"SA"，选中所有幕墙图元。在"修改 | 墙"选项板单击【锁定】按钮 ，将所有幕墙图元锁定。

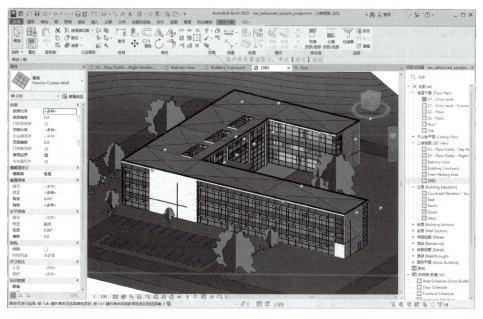

图 8-20　锁定幕墙图元

3）选择或解锁锁定的图元。默认情况下，被锁定的图元不能选择，启用"选择锁定图元"解除限制或单击"修改|墙"选项板的【解锁】按钮，即可对锁定的图元进行选择或解锁。

4. 按面选择图元操作示例

1）打开图 8-16 所示的样例文件，项目浏览器中打开三维视图"03-Floor Public-Night Rendering"，效果如图 8-21 所示。

图 8-21　"03-Floor Public-Night Rendering" 三维视图

2）按面选择图元。以绘图区右侧的墙体为例，当关闭"按面选择图元"选项时，仅有当光标移动至墙体边线位置才能有对柱进行选择；而开启"按面选择图元"选项时，光标移动至该墙图元任意位置均可对其进行选择操作。两种效果的对比如图 8-22 所示。

5. 选择时拖拽图元操作示例

以图 8-21 所示的三维视图为例，开启"选择时拖拽图元"选项，选中图中人物，按住左键并拖动其位置时，人物图元会按鼠标轨迹移动位置，效果如图 8-23 所示。

a) 关闭"按面选择图元" b) 开启"按面选择图元"

图 8-22　按面选择图元

图 8-23　选择时拖拽图元效果

8.3.4　图元组

需要创建代表重复布局的实体或通用于许多建筑项目的实体时，对图元进行分组非常有用。放置在组中的每个实例间都存在相关性。例如，创建一个具有床、墙和窗的组，然后将该组的多个实例放置在项目中。若修改一个组中的墙，则该组所有实例中的墙都会随之改变。

（1）创建组　Revit 软件中可根据需要创建模型组和详图组，但一个图元组不能同时包含详图图元和模型图元。选择要创建图元组的对象，单击"创建"面板中的【创建组】按钮 ，弹出"创建模型组"对话框，设置组名后单击【确定】按钮即可完成图元组的创建。

以图 8-16 所示的样例项目为例，在项目浏览器中切换至楼层平面"01-Entry Level-Furniture Layout"视图，将绘图区缩放至左上角桌椅位置。选中其中两组桌椅，单击【创建组】按钮 ，并在对话框中输入"桌椅组合"作为图元组名称，单击【确定】按钮完成操作，效果如图 8-24 所示。

（2）载入组　可将 Revit 模型（*.rvt）作为组载入项目中，或将 Revit 族文件（*.rfa）作为组载入族编辑器。单击"插入"选项卡，找到图 8-25 所示的"从库中载入"面板。单击【作为组载入】按钮，在"将文件作为组载入"对话框中，定位到要载入的 Revit 项目、族或组。如果载入"*.rvt"或"*.rvg"文件，需选择是否包含附着的详图、楼层或轴网。如果选择附着的详图，则文件中的详图图元将以附着的详图组进行载入。设置完成后，单击【打开】按钮，将文件作为组载入。该组会在项目浏览器的"组"分支下显示。

（3）放置组　可在绘图区放置模型组、详图组和附着的详图组。以放置模型组为例，单击"建筑"选项卡，找到"模型"面板，在"模型组"下拉框中单击【放置模型组】按

第8章 Revit设计基础

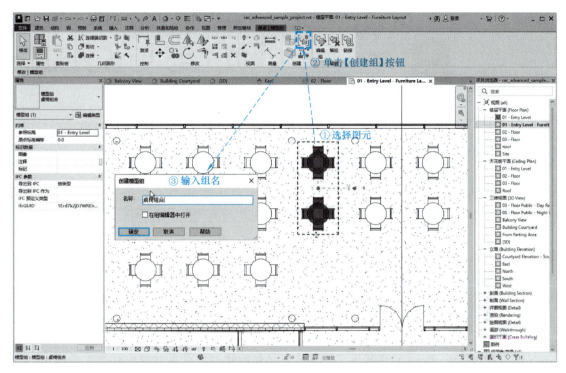

图 8-24 创建图元组

钮 。在"类型选择器"中选择要放置的模型组类型,并在绘图区单击,即完成放置组。

(4)编辑组 添加或删除组中的图元会影响该组的所有实例。在绘图区选择要修改的组,单击"修改 | 模型组"选项卡或"修改 | 附着的详图组"选项卡,在"组"面板单击【编辑组】按钮 。默认设置下,直接双击需要修改的图元组也可进入编辑模式。

在图8-26所示的"编辑组"面板中,单击【添加】按钮将图元添加到组,或单击【删除】按钮从组中删除图元。操作完成后单击【完成】按钮。需要注意的是,如果向模型组中添加视图专用图元,则视图专用图元将被放置于项目视图,而非模型组中。

图 8-25 "从库中载入"面板

图 8-26 "编辑组"面板

(5)保存组 在项目中可将图元组保存为项目文件(*.rvt);在组编辑器中可将图元组保存为族文件(*.rfa)。单击"文件"选项卡→"另存为"→"库"→"成组",弹出图8-27所示的"保存组"对话框。默认文件名为"与组名相同",可根据需要修改。如果项目包含多个组,可从"要保存的组"下拉列表中选择适当的组。设置完成后,单击【保存】按钮完成操作。

(6)删除组 要删除组,需先在项目中删除该组的所有实例。项目浏览器中,在图元组上右击,然后单击"选择全部实例"→"在整个项目中"。单击"修改 | <组类型>组"选

图8-27 "保存组"对话框

项卡→"修改"面板→【删除】按钮 ✖，或按〈Delete〉键，删除项目中该组的所有实例。最后，项目浏览器中，在该组上右击，单击【删除】按钮，完成图元组删除操作。

8.3.5 图元编辑

（1）修改功能　Revit软件提供了丰富的图元修改功能，可通过选中要修改的图元，然后在图8-28所示的"修改"选项卡→"修改"面板执行相关操作。Revit软件中，图元对齐、移动、偏移、复制、镜像、旋转、修剪、延伸、阵列等功能操作与AutoCAD相近，篇幅所限，本书不再详细介绍。

（2）形状编辑　图元形状可通过图8-29所示的"形状编辑"面板进行编辑。具体来说，选择要修改的图元，单击"修改 | <图元>"选项卡→"形状编辑"面板→【修改子图元】按钮，然后拖拽点或边缘进行图元位置或高程的修改。此外，使用"添加点"工具，可向图元中添加单独的点，形状编辑工具可使用这些点来修改图元；使用"添加分割线"工具来添加线性边，可将图元的现有面分割为较小的子面域。

图8-28 "修改"面板

图8-29 "形状编辑"面板

8.4 尺寸标注

8.4.1 临时尺寸标注

1. 基本功能

当创建或选择几何图形时，Revit会在图元周围显示临时尺寸标注。临时尺寸标注可用于创建图元时辅助定位或移动图元位置等。

(1) 辅助定位 当用"墙""门""窗""模型线""结构柱"等工具创建图元时,会出现和左右相邻图元的蓝色临时尺寸,可预捕捉某尺寸位置单击创建图元。如图 8-30 所示,绘制墙和线等捕捉第 2 点时,还会出现蓝色临时尺寸,直接输入长度值即可创建图元。

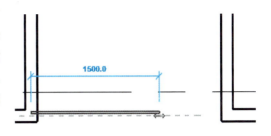

图 8-30 临时尺寸辅助定位

(2) 移动单一图元 选择某一图元时,会出现和相邻图元的蓝色临时尺寸,单击编辑尺寸后,按〈Enter〉键,可将图元移动到新位置。如图 8-31 所示,单击平面视图中某一墙体,出现该墙体与相邻墙体的临时尺寸线。单击右侧尺寸线数值,并将其修改为 4800 后,按〈Enter〉键,即可对该墙体位置进行调整。

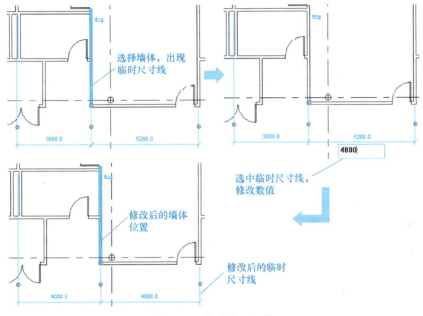

图 8-31 移动单一图元

(3) 移动选择多个图元 在平面视图中,按住〈Ctrl〉键单击选择多个图元,单击功能区"修改"选项卡→"控制"面板→【激活】按钮,会出现关于所选图元的多道临时尺寸线,修改尺寸线数值时,选中图元将会整体移动到新位置。

如图 8-32 所示,选中图中两道墙体,并激活 按钮,绘图区显示墙体两侧的临时尺寸线。将左侧临时尺寸线数值修改为 2700 并确认后,可发现两道墙体整体向右侧移动了 400mm。

2. 转换为永久尺寸标注

单击临时尺寸标注下方的 符号,可将临时尺寸标注转换为永久尺寸标注。转换后的永久尺寸标注,可进行尺寸界线位置、文字替换等编辑操作。需注意,由临时尺寸标注转换的永久尺寸标注是单个尺寸标注,后期编辑的效率较低,故建议直接使用永久尺寸标注来标注图元。

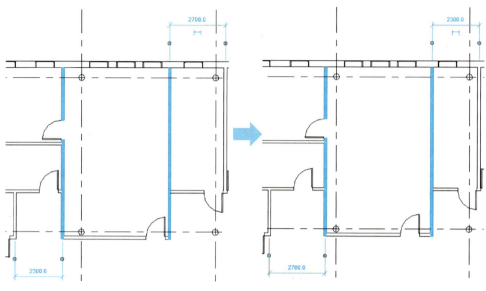

图 8-32 激活尺寸标注

8.4.2 永久尺寸标注

1. 创建永久尺寸标注

如图 8-33 所示，Revit 功能区"注释"选项卡中共有 9 项永久尺寸标注工具。

（1）对齐尺寸标注 "对齐"尺寸标注工具可标注两个或多个平行图元间的距离。建筑设计中尺寸线、墙厚、图元位置等大部分尺寸标注都可使用该工具快速完成。"对齐"尺寸标注有"单个参照点"和"整个墙"两种拾取方式，放置尺寸线可选择"参照墙中心线""参照墙面""参照核心层中心"和"参照核心层表面"。

在平面视图中，单击"尺寸标注"选项卡的【对齐】按钮，出现图 8-34 所示的"修改|放置尺寸标注"选项栏。选项栏默认"拾取"方式为"单个参照点"。以图 8-35 所示的墙体为例，介绍对齐尺寸标注的操作方法。

图 8-33 "尺寸标注"选项卡

图 8-34 "修改|放置尺寸标注"选项栏

1）拾取方式为"单个参照点"，将光标放置在墙图元的参照点上，如可在此放置尺寸标注，则参照点会高亮显示。单击指定该参照点为尺寸标注起点，将光标放置在下一个参照点的目标位置上并单击。此时，移动光标会显示一条尺寸标注线，可继续选择参照点进行连续标注。当选择完参照点后，移动光标使尺寸线显示在合适的位置并单击，完成永久尺寸标注绘制，效果如图 8-36 所示。当选中尺寸标注时，每个尺寸值下方都会出现标记符号。单击可锁定尺寸不变。

2）拾取方式为"整个墙",仅需一次单击即可在墙体上放置尺寸标注,无需拾取所有参照。将光标放置在墙图元的参照点上单击,移动光标使尺寸线显示在合适的位置并单击,可完成该墙体的尺寸标注绘制,效果如图 8-37 所示。

此外,拾取方式为"整个墙"时,可使用自动尺寸标注功能,对于整个墙、附带相交墙的墙或附带洞口的墙,都可进行尺寸标注。在图 8-34 所示的选项栏中单击【选项】按钮,弹出图 8-38 所示的"自动尺寸标注选项"对话框。各选项的含义如下:

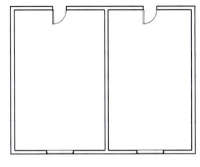

图 8-35　墙体示例

1）洞口。对某面墙及其洞口进行尺寸标注。选择"中心"时,尺寸标注链将使用洞口的中心作为参照;选择"宽度"时,尺寸标注链将测量洞口宽度。

2）相交墙。对某面墙及其相交墙进行尺寸标注。选择要放置尺寸标注的墙后,多段尺寸标注链会自动显示。

3）相交轴网。对某面墙及其相交轴网进行尺寸标注。选择要放置尺寸标注的墙后,多段尺寸标注链会自动显示,并参照与墙中心线相交的垂直轴网。

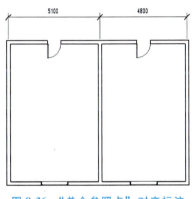

图 8-36　"单个参照点"对齐标注

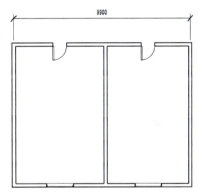

图 8-37　"整个墙"对齐标注

如图 8-34 所示,勾选"洞口"和"相交墙",并选择"宽度"。单击墙体后,Revit 自动完成墙体及洞口的标注,效果如图 8-39 所示。

图 8-38　"自动尺寸标注选项"对话框

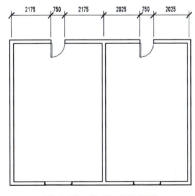

图 8-39　自动对齐标注

(2) 线性尺寸标注 "线性"尺寸标注工具可标注两点间（如墙或线的角点或端点）的水平或垂直距离。单击【线性】按钮，将光标放置在图元的参照点上，通过按〈Tab〉键可在图元交点附近的不同参照点间进行切换。单击指定参照点，然后将光标放置在下一参照点上并单击。最后，移动光标使尺寸线显示在合适的位置并单击，完成线性尺寸标注。

如图 8-40 所示，移动光标到墙的左下角点附近，按〈Tab〉键亮显该点时单击，继续捕捉墙的右下角点并单击，放置尺寸标注，效果如图 8-41 所示。

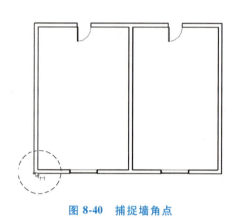

图 8-40 捕捉墙角点

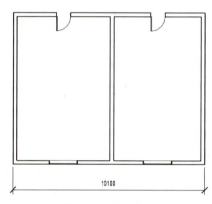

图 8-41 线性标注

(3) 角度尺寸标注 "角度"尺寸标注工具可标注两个或多个图元间的角度值。如图 8-42 所示，单击【角度】按钮，移动光标到左侧墙位置，当中线亮显时，单击捕捉第一点；移动光标到水平墙中线位置并单击，完成角度尺寸标注。

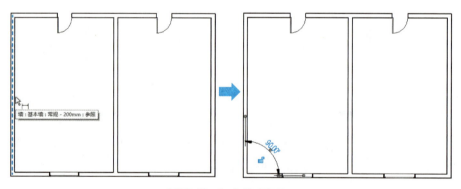

图 8-42 角度尺寸标注

(4) 半径尺寸标注 "半径"尺寸标注工具可标注圆或圆弧的半径值。在平面视图中，建立任一弧形墙体。单击【半径】按钮，移动光标到弧形墙位置时，单击捕捉圆弧线。移动光标出现半径尺寸标注预览图形，单击即可放置半径尺寸标注，效果如图 8-43 所示。

(5) 直径尺寸标注 "直径"尺寸标注工具可标注圆或圆弧的直径尺寸，操作方法与半径尺寸标注相同，标注效果如图 8-44 所示。

(6) 弧长尺寸标注 "弧长"尺寸标注工具可标注圆弧的长度值。在平面视图中，单击【弧长】按钮，移动光标到弧墙，选择合适的参照（中心线或墙面），单击捕捉圆弧线。移动光标至弧墙一端，单击拾取作为弧长标注起点；继续移动光标至另一侧，单击拾取弧长标注终点，移动光标到合适位置单击即可放置弧长度尺寸标注，效果如图 8-45 所示。

图 8-43　半径尺寸标注　　　图 8-44　直径尺寸标注　　　图 8-45　弧长尺寸标注

（7）高程点标注　"高程点"尺寸标注工具可标注选定点的实际高程值。可将其放置在平面、立面和三维视图中。高程点通常用于获取坡道、公路、地形表面、楼梯平台、屋脊、室内楼板、室外地坪等的高程值。以墙为例标注高程点，打开立面视图，单击【高程点】按钮，在左侧类型选择器中选择"三角形（项目）"高程点。移动光标到墙顶部，单击捕捉墙顶，即可放置尺寸标注。效果如图 8-46 所示。

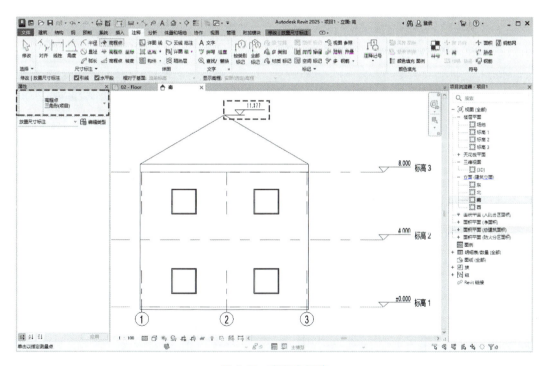

图 8-46　高程点标注

（8）高程点坐标标注　"高程点坐标"尺寸标注工具可标注选定点相对于"项目基点"的 X、Y 坐标值（可包含高程值）。高程点坐标通常用于获取建筑施工放线时关键点相对于项目基点的相对坐标。打开平面视图，单击"视图"选项卡→"图形"面板→【可见性/图形】按钮，弹出图 8-47 所示的"楼层平面：标高 1 的可见性/图形替换"对话框，勾选"模型类别"选项卡→"场地"节点→"项目基点"，单击【确定】按钮返回绘图区，显示的项目基点坐标如图 8-48 所示。

项目设计前要先设定项目基点的位置，如选择①号和Ⓐ号轴线交点与基点位置重合。

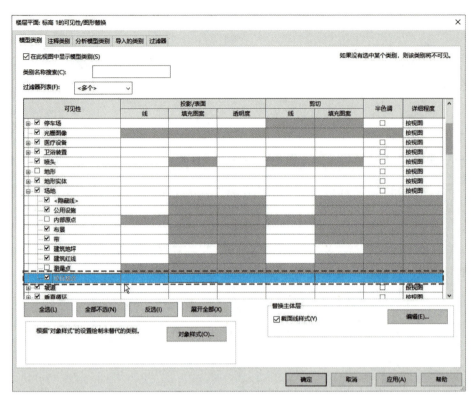

图 8-47 "楼层平面：标高 1 的可见性/图形替换"对话框

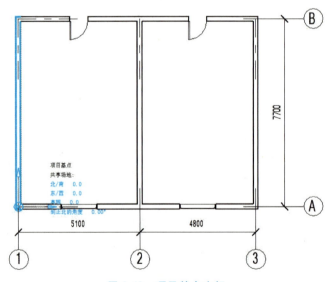

图 8-48 项目基点坐标

单击【高程点坐标】按钮，勾选"引线"和"水平段"选项。移动光标到右上角外墙面交点处，显示该点的坐标预览图形后单击捕捉该点，向右上方移动光标出现引线时单击捕捉引线折点，再向右水平移动光标到合适位置单击放置高程点坐标，效果如图 8-49 所示。

（9）高程点坡度标注 "高程点坡度"尺寸标注工具可标注模型图元的面或边上特定点

图 8-49　高程点坐标标注

的坡度。可在立面视图和剖面视图中放置高程点坡度。高程点坡度标注有箭头和三角形两种显示方式。

1）箭头。打开立面视图，单击【高程点坡度】按钮，"坡度表示"选择"箭头"，设置"相对参照的偏移"为 1.5mm。移动光标至适当位置单击放置高程点坡度，效果如图 8-50 的左坡所示。

2）三角形。打开立面视图，单击【高程点坡度】按钮。"坡度表示"选择"三角形"，设置"相对参照的偏移"为 1.5mm。移动光标至适当位置单击放置高程点坡度，效果如图 8-50 的右坡所示。

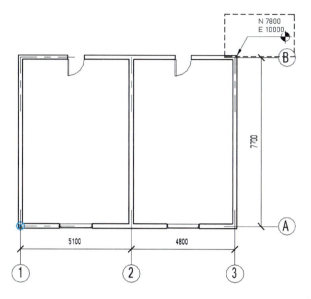

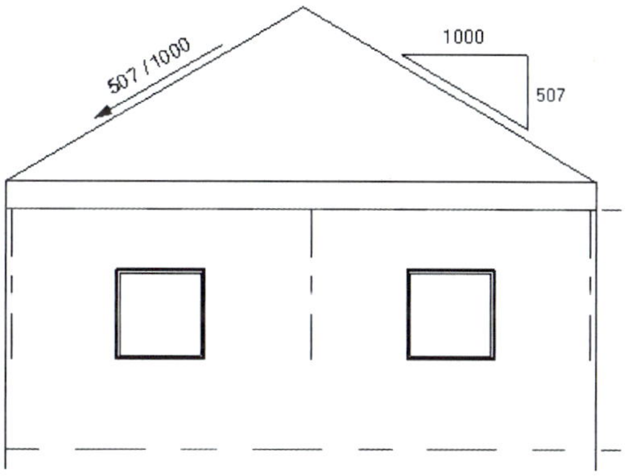

图 8-50　高程点坡度标注

2. 编辑永久尺寸标注

尺寸标注编辑有编辑尺寸界线、尺寸界线控制柄、标注文字位置调整、编辑尺寸标注文字、图元与尺寸关联更新、"类型属性"参数编辑和限制条件等方式。

（1）编辑尺寸界线　该编辑方法仅适用于"对齐"和"线性"尺寸标注类型。选中尺寸标注，功能区单击"修改|尺寸标注"选项卡→"尺寸界线"面板→【编辑尺寸界线】按钮后，标注线会自动跟随光标位置，可对尺寸标注进行增加或删减。单击未标注处可增加标注，单击已标注边界可删减尺寸标注，效果如图 8-51 所示。

（2）尺寸界线控制柄　单击选择尺寸标注，显示效果如图 8-52 所示。观察尺寸标注的每条尺寸界线、每个文字下方都有蓝色圆形控制柄，这些控制柄可拖拽调整尺寸界线。

1）尺寸界线端点控制柄。如图 8-53 所示，单击并拖拽尺寸界线端点的控制柄，可调整尺寸界线长度到合适位置。

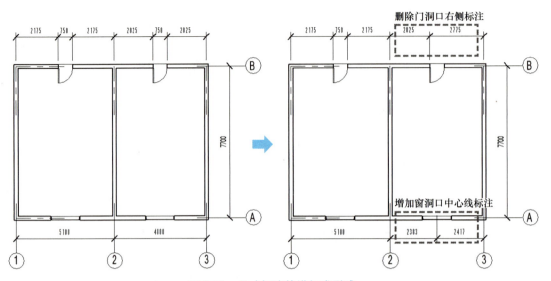

图 8-51　尺寸标注的增加或删减

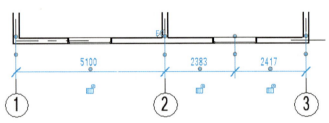

图 8-52　尺寸标注

2）尺寸界线中点控制柄。如图 8-54 所示，单击并拖拽尺寸界线中点的控制柄，移动光标捕捉到其他图元参照位置后松开鼠标，即可将尺寸界线移动到新位置。

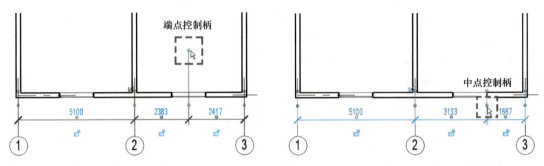

图 8-53　端点控制柄编辑尺寸标注　　　　图 8-54　中点控制柄编辑尺寸标注

（3）标注文字位置调整　单击标注文字下方实心圆点，可对文字位置进行调整。需注意，拖拽时尽量不要将文字拖拽出其左右两条尺寸界线范围外，以保持图纸美观、易读。

（4）编辑尺寸标注文字　Revit 的尺寸值是自动提取的实际值，单独选择尺寸标注，其数值不能直接编辑，但可通过对话框在尺寸值附近增加辅助文字或其他前缀、后缀，或直接进行文字替换等。

1）增加辅助文字。选中尺寸线，单击尺寸标注文字，弹出图 8-55 所示的"尺寸标注文字"对话框。选择"使用实际值"，"文字字段"中分别输入文字内容，可增加前缀或后缀，也可在文字上方、下方增加字段。完成操作后，单击【确定】按钮，效果如图 8-55 所示。

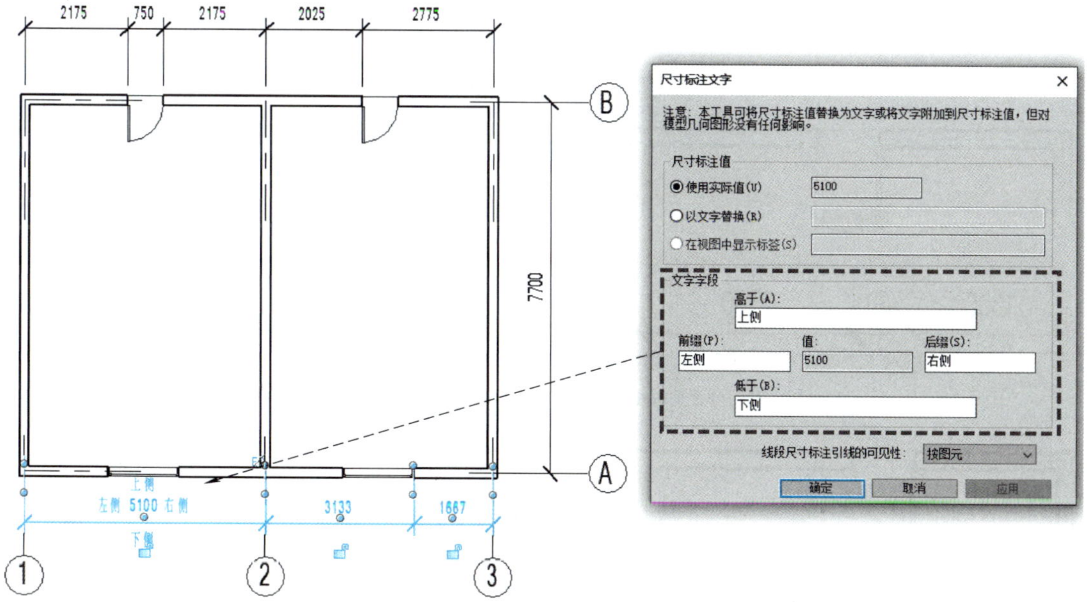

图 8-55 尺寸标注增加辅助文字

2）文字替换。对话框中选择"以文字替换"，输入文字内容后，单击【确定】按钮，替换效果如图 8-56 所示。

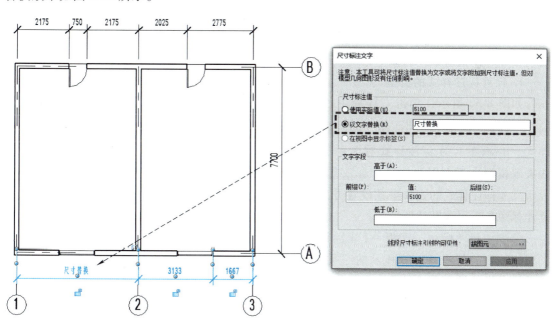

图 8-56 尺寸标注文字替换

（5）图元与尺寸关联更新　与临时尺寸一样，Revit 的永久尺寸标注和被标注的图元间保持关联更新。以图 8-51 所示的墙体平面视图为例，如图 8-57 所示，单击门构件，永久尺寸标注会变小，单击数值并进行修改后，门构件的位置会相应移动。

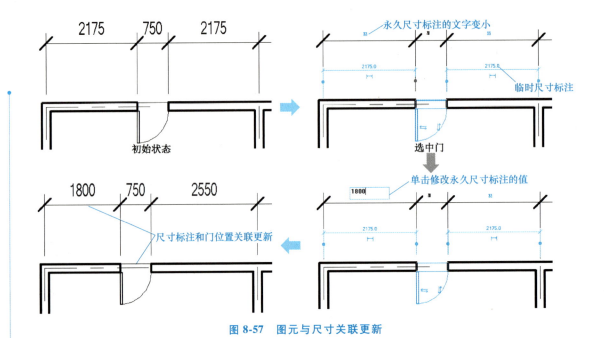

图 8-57　图元与尺寸关联更新

8.4.3　尺寸标注样式

所有尺寸标注的文字字体、字体大小、高宽比、文字背景，尺寸记号，尺寸界线样式、尺寸界线长度、尺寸界线延伸长度、尺寸线延伸长度、中心线符号及样式、尺寸标注颜色等尺才标注的细节可通过尺寸标注样式进行设置。设置完成后，已有尺寸标注将自动更新，新建尺寸标注亦会按新样式显示。

1. 尺寸标注样式的类型

如图 8-58 所示，单击"注释"选项板→"尺寸标注"面板→▼按钮，展示尺寸标注样式。Revit 的尺寸标注样式有 7 种，设置方法大致相同。下面以线性尺寸标注样式为例，说明尺寸标注样式的主要参数设置方法，其他尺寸标注参数可取默认值。

单击"尺寸标注"面板→【线性尺寸标注类型】按钮，打开图 8-59 所示的"类型属性"对话框，尺寸样式在该对话框中进行设置。

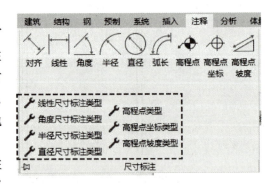

图 8-58　尺寸标注样式

2. 图形类参数设置

尺寸标注样式的图形类参数如图 8-60 所示。主要参数的含义如下：

（1）标注字符串类型　可从下拉列表中选择"连续""基线""纵坐标"三种方式。选择"连续"时，连续捕捉多个图元参照点后，单击放置多个端点到端点的连续尺寸标注，效果如图 8-61 所示。这一方式是建筑设计默认的标注样式，其他两种方式不再详细介绍，请读者自行练习。

图 8-59 "类型属性"对话框

图 8-60 图形类参数

（2）记号　选择尺寸标注两端尺寸界线和尺寸线交点位置的记号样式。默认选择常用的"对角线 3mm"标记样式，即加粗显示为 3mm 长的 45°斜线记号，如图 8-61 所示。

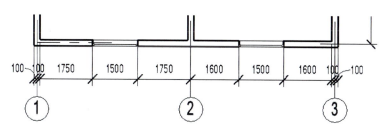

图 8-61 "标注字符串类型"参数

（3）线宽与记号线宽　默认设置尺寸标注线的线宽为 1 号线，记号标记的线宽为 4 号线，可在下拉框中修改。

（4）尺寸标注延长线　设置尺寸标注两端尺寸线延伸超出尺寸界线的长度，建筑设计默认为 0mm。

（5）翻转的尺寸标注延长线　仅当将"记号"类型参数设置为"箭头"类型时，该参数可用。当标注空间不够，需将箭头翻出尺寸界线外时，可用该参数进行设置，效果如图 8-62 所示。

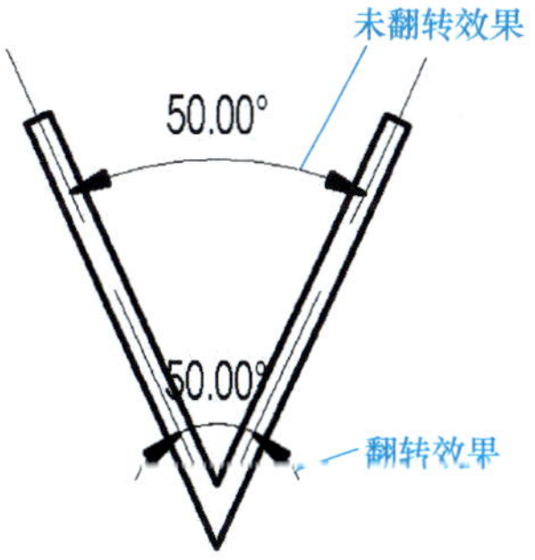

（6）尺寸界线控制点　可从下拉列表中选择"固定尺寸标注线"或"图元间隙"两种方式。选择"固定尺寸标注线"时，可将"类型属性"对话框中的"尺寸界线长度"参数设置为固定值。建筑设计默认采用该标注样式，其标注效果如图 8-63 所示。选择"图元间隙"时，可将"类型属性"对话框中的"尺寸界线与图元的间隙"参数设置为固定值，使尺寸界线端点到图元之间的距离保持不变，其标注效果如图 8-64 所示。

图 8-62 "翻转的尺寸标注延长线"参数

（7）尺寸界线延伸　设置尺寸界线延伸超出尺寸线的长度，默认为 2.5mm。

（8）中心线符号、中心线样式和中心线记号　设置尺寸界线参照族实例和墙的中心线时，尺寸界线上方显示的中心线符号的图案、线型和末端记号。

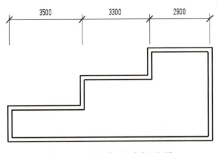

图 8-63　固定尺寸标注线

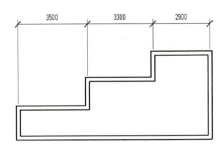

图 8-64　图元间隙

(9) 内部记号　仅当将“记号”设置为“箭头”时，此参数生效，用于设置尺寸翻转后的记号样式。

(10) 同基准尺寸设置　当“标注字符串类型”设置为“纵坐标”时，此参数生效，单击【编辑】按钮，可设置其文字、原点、尺寸线等样式。

(11) 颜色　设置尺寸标注的颜色，默认为黑色。

(12) 尺寸标注线捕捉距离　设置等间距堆叠的线性尺寸标注的自动捕捉距离。

3. 文字类参数设置

尺寸标注样式的文字类参数如图 8-65 所示。主要参数的含义如下：

文字	
宽度因子	0.700000
下划线	☐
斜体	☐
粗体	☐
文字大小	3.0000 mm
文字偏移	1.0000 mm
读取规则	向上，然后向左
文字字体	Microsoft Sans Serif
文字背景	透明
显示洞口高度	☐
消除空格	☐

图 8-65　文字类参数

(1) 宽度因子　设置文字的高宽比。

(2) 下划线、斜体和粗体　为标注文字添加或取消下划线、斜体和粗体。

(3) 文字大小、文字偏移和读取规则　设置标注文字的大小、文字相对尺寸线的偏移距离和读取规则。

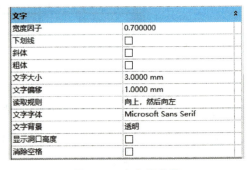

(4) 文字字体、文字背景　设置标注文字的字体、背景是否透明（是否能遮盖文字下方的线等图元）。

4. 主单位参数设置

如图 8-66 所示，主单位参数设置包括单位格式、标注前缀和标注后缀三项内容。

主单位	
单位格式	1235 [mm]
标注前缀	
标注后缀	

图 8-66　主单位参数

(1) 单位格式　设置标注文字的单位格式，默认为项目的单位格式。单击“单位格式”，弹出图 8-67 所示的“格式”对话框，可对尺寸标注的单位格式进行修改。

(2) 标注前缀与后缀　用于在所有尺寸标注文字中增加统一的前缀和后缀，效果如图 8-68 所示。

5. 创建新的尺寸标注类型

在“类型属性”对话框中单击【复制】按钮，在弹出的“名称”对话框中输入新的类

图 8-67　尺寸标注"格式"对话框

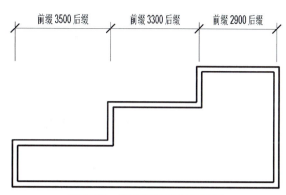

图 8-68　设置标注前缀与后缀

型名称后，单击【确定】按钮进入新尺寸标注样式的"类型属性"对话框。进行各项参数设置后，单击【确定】按钮完成尺寸标注类型创建。

单击"注释"功能区→"尺寸标注"面板→【对齐】按钮，可在图 8-69 所示的属性栏"类型选择器"中选择新建的尺寸标注类型，捕捉图元参照，完成尺寸标注。

8.4.4　限制条件

在创建尺寸标注时，尺寸值附近会出现"锁形"符号和"不相等"符号，此为限制条件。在"视图"选项卡中可采用"可见性/图形"工具，在"注释类别"中取消勾选"限制条件"，隐藏限制条件。

1. 相等限制条件

相等限制条件可用于快速等间距定位图元，如定位参照平面、门窗间距、内墙间距等。

以图 8-63 所示的尺寸标注为例，选中尺寸标注，单击尺寸标注上方的"不相等"符号，则中间的两面垂

图 8-69　尺寸标注类型选择

直墙会自动调整位置，使其左右间距相等，且所有相等的尺寸值变为文字"EQ"。此时，在属性栏将"等分显示"参数设置为"值"，则所有相等的尺寸值变为尺寸标注值（或单击尺寸线上方的"相等"符号，将其切换为"不相等"符号），效果如图 8-70 所示。

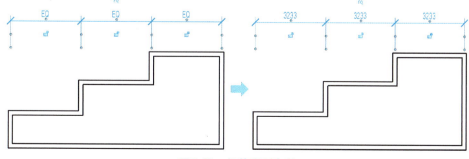

图 8-70　相等限制条件

2. 锁定尺寸标注

单击"锁形"符号 ,切换至 符号,可创建长度或对齐约束。例如,在图 8-63 所示的尺寸标注示例中,锁定最左侧的尺寸标注,再单击尺寸标注上方的"不相等"符号 ,则该段尺寸线左右两侧墙体的间距保持3500mm不变,其他尺寸线两侧墙体的距离会按相等限制条件变为 3500mm,效果如图 8-71 所示。此时,最左侧与最右侧墙体间的距离会由(3500+3300+2900)mm 增加至(3500+3500+3500)mm。

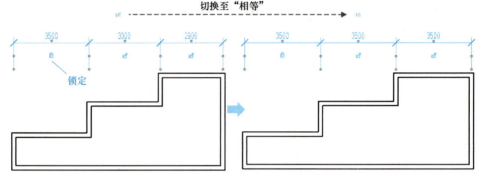

图 8-71 锁定尺寸标注

需注意,当尺寸标注锁定后,无法满足"相等"限制条件的情况下,Revit 会弹出图 8-72 所示的"不满足约束"提示框,此时可取消操作或单击【删除约束】按钮解除锁定,完成后续操作。

3. 删除限制条件

可使用以下方法删除限制条件:

1)单击锁形符号 ,切换至 ,解除锁定。

2)单击相等符号 EQ,切换至 ,解除相等限制条件。

3)删除应用了限制条件的尺寸标注时,会弹出图 8-73 所示的警告框。若单击【确定】按钮,则只删除尺寸标注,但保留限制条件(限制条件可独立于尺寸标注存在和编辑,删除尺寸标注后,选择约束的图元即可显示限制条件);若单击【取消约束】按钮,则会同时删除尺寸标注和限制条件。

图 8-72 "不满足约束"提示框

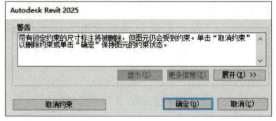

图 8-73 "取消约束"警告框

8.5 其他注释

如图 8-74 所示,Revit 中除尺寸标注,还有文字、标记、注释记号、颜色填充和符号等注释。文字用于在图形中添加说明、技术或其他文字注释等。标记是在图纸中识别图元的专用注释，如平面视图中创建的门窗标记、房间标记和面积标记等。注释记号用于为图元材质等指定唯一标识，如给每个门窗特定的注释记号，方便在图纸和明细表中快速识别和统计。符号用于在图形中放置二维注释图形符号，如建筑楼梯的行走线等。本节重点介绍常用的文字与标记注释。

图 8-74 注释工具面板

8.5.1 文字

1. 创建文字

与 AutoCAD 相同，Revit 的文字分单行文字和多行文字，但集成在同一命令中，且可互相转换。打开平面视图，单击"注释"选项卡→"文字"面板→【文字】按钮 A，弹出图 8-75 所示的"修改放置文字"面板，且文字的字体和字号可在图 8-76 所示的属性栏"类型选择器"中进行设置。利用该面板可创建带有不同形式引线或不带引线的文字，具体操作如下：

图 8-75 "修改放置文字"面板

图 8-76 文字类型选择器

（1）无引线多行文字 A 绘图区单击并拖拽鼠标形成矩形文本框后松开，在文本框中输入文字后，在文本框外单击完成文字创建。

（2）一段引线多行文字 A 绘图区单击放置引线起点，移动光标至终点位置，单击并拖拽鼠标形成矩形文本框后松开，在文本框中输入文字后，在文本框外单击完成文字创建。

（3）两段引线多行文字 A 绘图区单击放置引线起点，移动光标再次单击放置引线折点，继续移动光标到引线终点位置，单击并拖拽鼠标形成矩形文本框后松开，在文本框中输入文字后，在文本框外单击完成文字创建。

（4）曲引线多行文字 A 绘图区单击放置曲引线起点，移动光标到曲引线终点位置，单击并拖拽鼠标形成矩形文本框后松开，在文本框中输入文字后，在文本框外单击完成文字创建。

单行文字与多行文字的创建和编辑方法相同，唯一区别是创建文字时，输入多行文字需拖拽鼠标形成矩形文本框，而单行文字只需在位置起点或引线终点单击。此时，文本框长度会随输入文字的长度而变化，文字不换行。

2. 编辑文字

单击选择已创建的文字，功能区出现图 8-77 所示的"修改 | 文字注释"选项卡，可用于添加或删除引线与设置引线位置。

图 8-77 "修改 | 文字注释"选项卡

（1）添加引线　选择文字后，单击"引线"面板中的【添加引线】按钮，即可增加引线，Revit 提供了添加左直线引线、添加右直线引线、添加左弧引线和添加右弧引线四个选项。

（2）删除引线　选择文字，在"引线"面板中单击【删除最后一条引线】按钮删除引线。仅当所选文字有引线时，该功能可用。

（3）设置引线位置　仅对多行文字可用。选择文字，单击"引线"面板中的【左上引线】按钮、【左中引线】按钮、【左下引线】按钮、【右上引线】按钮、【右中引线】按钮和【右下引线】按钮，可对引线终点在文字上的附着点进行设置。

3. 文字格式与内容编辑

（1）对齐方式设置　选择文字，单击"文字"面板中的【左对齐】按钮、【居中对齐】按钮或【右对齐】按钮，完成多行文字的对齐操作。

（2）文字内容编辑　双击文本框，编辑文字内容。

（3）粗体、斜体、下划线　文本框内选择文字，出现图 8-78 所示的"编辑文字"选项卡。单击功能区的粗体 **B**、斜体 *I*、下划线 U 等工具按钮完成格式设置。

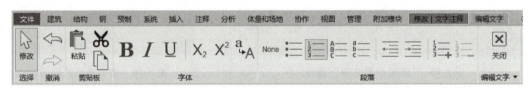

图 8-78 "编辑文字"选项卡

（4）鼠标控制　选中文字，显示图 8-79 所示的文本框和引线控制柄，拖拽控制柄可实现以下编辑功能：

1）移动文本框。单击并拖拽左上角的移动符号，可移动文本框。此时，引线起点位置保持不变，折点和终点会随文本框位置自动调整。

图 8-79 文本框和引线控制柄

2）旋转文本框。单击并拖拽右上角的旋转符号，可旋转文本框。

3）文本框宽度调整。单击并拖拽文本框内侧的圆点控制柄，可调整文本框长度，文字自动换行。

4）引线调整。单击并拖拽引线的起点、折点、终点控制柄，可调整引线控制点的位置。

4. 拼写检查与查找/替换

（1）拼写检查　检查已选内容或当前视图（图纸）中的文字注释拼写，适用于英文拼写检查。例如，创建内容为"Rievt"的文字，单击【拼写检查】按钮，会弹出图 8-80 所示的"检查拼写"对话框，提示拼写不在字典中，并会给出多种修改方案。

（2）查找/替换　通过该工具可查找需要的文字，并将其替换为新文字。

5. 文字样式

（1）类型选择器　选择文字，窗口左侧属性栏的"类型选择器"中可快速设置文字样式。文字样式可在创建文字时设置，或在文字编辑时进行修改。

（2）实例属性参数　如图 8-81 所示，选择文字后，可通过属性栏中的参数对文字的引线附着和对齐方式等进行设置。

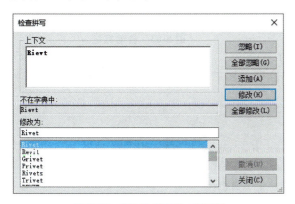

图 8-80　"检查拼写"对话框

图 8-81　设置引线附着与对齐方式

（3）类型属性参数　单击"注释"选项卡→"文字"面板→右侧的斜向箭头，打开图 8-82 所示的文字"类型属性"对话框，也可选择文字，在窗口左侧属性栏单击【编辑类型】按钮，打开文字"类型属性"对话框。

在对话框中可设置文字的颜色、字体、字号、宽度因子、引线箭头、显示边框等属性参数。设置完成，单击【确定】按钮，所有该类型的文字会自动更新。此外，在对话框中单击【复制】按钮，输入新的文字类型名称，可创建新的文字样式。

8.5.2　标记

1. 创建标记

标记的创建方法有自动标记和手动标记两类。

（1）自动标记　在使用门窗、房间、面积、梁等工具时，对应的"修改 | 放置××"选项卡的"标记"面板中激活【在放置时进行标记】按钮，可在创建这些图元时自动进行标记，效果如图 8-83 所示。

图 8-82　文字"类型属性"对话框

（2）手动标记　一般情况下，墙、楼板、材质等图元，需采用图 8-84 所示"注释"选项卡→"标记"面板中的"按类别标记""全部标记""多类别"和"材质标记"等进行手动标记。

1)按类别标记。逐一拾取图元创建图元特有的标记注释。平面视图中单击【按类别标记】按钮,出现图 8-85 所示的"修改丨标记"选项卡。

2)全部标记。批量给某一类或某几类图元创建图元特有的标记注释,如门窗标记、房间标记、梁标记等。在平面视图中,单击【全部标记】按钮,打开图 8-86 所示的

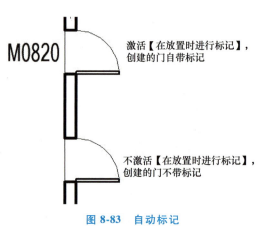

图 8-83 自动标记

"标记所有未标记的对象"对话框,主要选项的含义如下:

图 8-84 "标记"面板

图 8-85 "修改丨标记"选项卡

当前视图中的所有对象:在当前视图中的所有对象中标记指定的图元标记族。

仅当前视图中的所选对象:若已选择了一些图元,则系统默认选择该项,即在当前视图中的所选对象中标记指定的图元标记族。

包括链接文件中的图元:勾选该项,将同时标记链接的 Revit 文件中的图元。

引线设置:勾选该项,可设置标记的引线长度和方向。

如图 8-86 所示,以门标记为例,在对话框中单击选择"门标记"类别,单击【确定】按钮,软件自动标记所有未标记的门。

3)多类别标记。根据共享参数将标记附着到多种类别的图元。使用该功能需先创建多类别标记并将其载入项目中。

4)材质标记。自动标记各种图元及其构造面层的材质名称,适用于对详图中的大量材质做法进行标记。

2. 编辑标记

以门为例,选择图中已有门标记,出现图 8-87 所示的"修改丨门标记"选项卡及图 8-88 所示的"门标记"属性栏。

(1)引线控制 标记引线的端点有自由端点与附着端点两种样式,在属性栏中勾选"引线"时,可在"引线类型"中进行选择。选择"自由端点"时,手动捕捉引线起点、

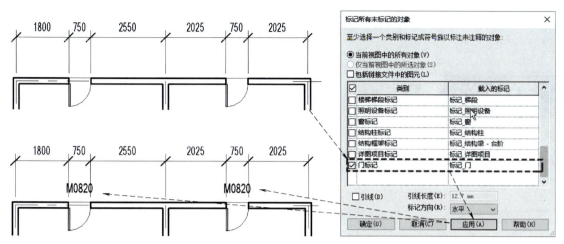

图 8-86 标记所有未标记的对象

图 8-87 "修改 | 门标记"选项卡

图 8-88 "门标记"属性栏

折点、终点位置，完成后自由拖拽其位置；选择"附着端点"时，自动捕捉引线起点，放置标记后只能拖拽标记折点和标记位置，引线起点不能调整。

（2）鼠标控制　单击并拖拽引线的起点、折点可调整引线形状，单击并拖拽标记下方的移动符号 ✥ 可移动标记位置。

（3）标记主体更新　单击【拾取新主体】按钮，再单击新的标记图元，则标记内容自动更新。"协调主体"用于链接模型的标记注释图元的更新或删除。当外部链接模型文件发生变更，以其为主体的标记图元可能需更新或删除失效的孤立标记时，可使用该工具删除或更新标记。

课后练习

1. 【上机练习】熟悉 Revit 的工作界面与基本功能。
2. 【上机练习】熟练掌握本章图元、尺寸标注、文字注释等内容的操作示例。
3. 查阅资料，对比 Revit 和 AutoCAD 在建模方面的主要区别。
4. 简述 Revit 中图元的基本分类。
5. 总结 Revit 中图元的选择方法。
6. 简述临时尺寸标注与永久尺寸标注的区别。
7. Revit 中进行尺寸标注时，〈Tab〉键有何具体作用？
8. Revit 中创建单行文字和多行文字的操作有何区别？与 AutoCAD 有何不同？
9. 简述 Revit 中注释的基本类型与作用。

第9章 Revit视图

建筑施工图设计需创建大量的平面、立面、剖面视图以及详图索引、图例、明细表等。Revit 建筑模型中，所有的图纸、二维视图和三维视图和明细表等都是同一建筑模型数据库的信息表现形式。修改某个视图中的建筑模型时，Revit 会在整个项目中反馈这些修改。本章重点介绍 Revit 中的平面视图、立面视图、剖面视图、三维视图、明细表、图例、详图、布图及打印。"视图"选项卡如图 9-1 所示。

图 9-1 "视图"选项卡

9.1 平面视图

平面视图是 Revit 软件中最重要的设计视图，绝大部分的设计内容都在平面视图中操作。除常用的楼层平面视图、天花板平面视图、场地平面视图外，设计中常用的房间分析平面视图、总建筑面积平面视图、防火分区平面视图等都是从楼层平面视图演化而来，并和楼层平面视图保持一定的关联。

9.1.1 楼层平面视图

1. 创建楼层平面视图

创建楼层平面视图可利用"标高""楼层平面""复制视图"等命令。

（1）"标高"命令　在立面视图功能区中单击"建筑"选项卡→【标高】按钮，出现图 9-2 所示的"修改 | 放置标高"选项卡。选项卡中勾选"创建平面视图"，单击【平面视图类型】按钮，弹出图 9-3 所示的"平面视图类型"对话框。选择"楼层平面"（可复选），单击【确定】按钮后，绘制标高的同时会创建楼层平面视图。

（2）"楼层平面"命令　先使用"阵列""复制"等命令创建参照标高，然后在功能区中单击"视图"选项卡→"创建"面板→"平面视图"工具→【楼层平面】按钮，弹出图 9-4 所示的"新建楼层平面"对话框。在对话框中选择标高名称，单击【确定】按钮，即可将参照标高转换为楼层平面视图。

第9章 Revit视图

图9-2 "修改丨放置标高"选项卡

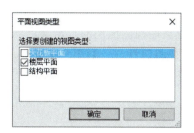

图9-3 "平面视图类型"对话框

（3）"复制视图"命令　基于现有视图快速创建同类视图，适用于平面、立面、剖面图，详图，明细表，及三维视图等。如图9-5所示，单击"视图"选项卡→"创建"面板→"复制视图"工具，选择"复制视图""带详图复制"或"复制作为相关"命令，可在项目浏览器中创建并打开新建视图。

图9-4 新建楼层平面

图9-5 "复制视图"工具

"复制视图"命令只复制轴网、标高和模型图元，不复制门窗标记、尺寸标注、详图线等注释类图元。复制的视图和原始视图仅保持轴网、标高、现有及新建模型图元的同步自动更新，后续添加到原始视图的所有注释类图元，复制的视图中不同步。

"带详图复制"命令复制当前视图所有的轴网、标高、模型图元和注释图元。但复制的视图和原始视图仅保持轴网、标高、现有及新建模型图元、现有注释图元的同步自动更新，后续添加到原始视图的所有注释类图元，复制的视图中不同步。

"复制作为相关"命令复制当前视图所有的轴网、标高、模型图元和注释图元，且复制的视图和原始视图保持绝对关联，所有现有图元和后续添加的图元始终自动同步。

2. 视图设置

创建的平面视图可根据设计需要，设置视图比例、视图可见性、详细程度、视觉样式、视图裁剪等参数，也可在视图属性栏中设置更多的视图参数。

（1）视图比例　在平面视图中，可按以下两种方法设置视图比例：

1）视图控制栏。单击绘图区左下角视图控制栏中的"1∶100"（默认视图比例），打开图9-6所示的比例列表，可从中选择需要的视图比例。在比例列表中选择"自定义"时，弹出图 9-7 所示的"自定义比例"对话框，输入需要的比例值和显示名称，单击【确定】按钮，完成当前视图比例的自定义。

2）视图属性栏。如图 9-8 所示，可通过视图属性栏的"图形"→"视图比例"参数对视图比例进行选择或自定义。

图 9-6 视图控制栏

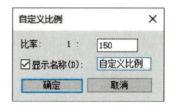
图 9-7 "自定义比例"对话框

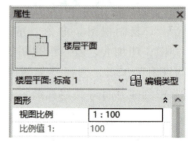
图 9-8 视图"属性"选项板

（2）视图详细程度　Revit 在创建平面、立面和剖面等视图时，会根据视图比例自动按样板文件预先设置的详细程度来显示图元。视图的详细程度分为粗略、中等和精细三种。同一图元在不同的详细程度设置下会显示不同的内容。视图详细程度可在图 9-9 所示的视图控制栏进行修改。

（3）视觉样式　单击绘图区域左下角视图控制栏中的"视觉样式"选项，打开图 9-10 所示的"视觉样式"列表，可从中选择需要的视觉样式。

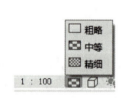
图 9-9 图形显示控制

图 9-10 视觉样式

对于平面、立面、剖面和三维视图等，Revit 软件提供了以下 6 种视觉样式：

1）线框：以透明线框模式显示所有图元边线及表面填充图案。

2）隐藏线：以黑白两色显示所有可见图元边线及表面填充图案，且阳面和阴面显示的亮度相同。

3）着色：以图元材质颜色显示所有可见图元表面及填充图案，图元边线不显示，且阳面和阴面显示的亮度不同。

4）一致的颜色：以图元材质颜色显示所有可见图元表面、边线及表面填充图案，且阳面和阴面显示的亮度相同。

5）纹理：所有图元根据其材质的外观设置显示，不论材质以何种方式定向到光源，始终以相同的方式显示纹理外观。

6）真实：显示材质外观和人造照明，旋转模型时，表面会显示在各种照明条件下呈现的外观。可创建实时渲染以使用"真实"视觉样式显示模型，也可渲染模型以创建照片级真实感图像。

不同视觉样式的效果对比如图9-11所示。

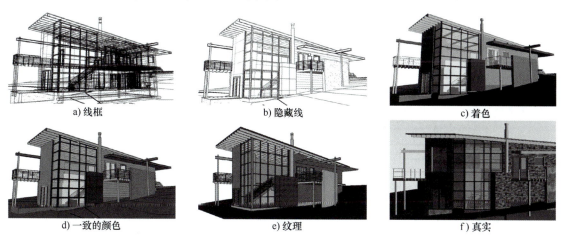

图9-11 不同的视觉样式效果对比

（4）视图可见性 在平面、立面、剖面及三维视图中，随时可根据设计和出图需要，隐藏或恢复显示某些图元。如图9-12所示，Revit中可通过"视图"选项卡→"图形"面板→"可见性/图形""显示隐藏线""删除隐藏线"等命令进行视图可见性设置。

图9-12 "图形"面板

此外，Revit软件能通过"过滤器"设置图元可见性。单击"图形"面板→【过滤器】按钮，弹出图9-13所示的"过滤器"对话框。单击对话框左下角的【新建】按钮，

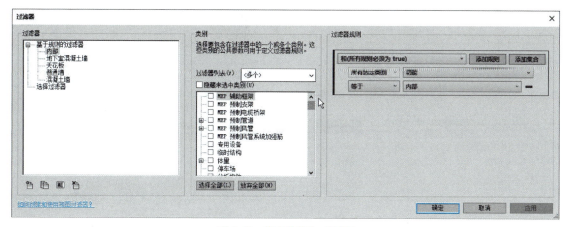

图9-13 "过滤器"对话框

弹出图 9-14 所示的对话框，输入过滤器名称，单击【确定】按钮，可创建新的空过滤器。通过图 9-15 所示的"过滤器列表"显示所设过滤器种类，在列表中勾选需要显示的类别，单击【确定】按钮，完成过滤器设置。此外，在"过滤器"对话框中，可进一步设置"过滤器规则"，从而过滤类别中具有某些共同特性的图元，而不是该类别的所有图元。

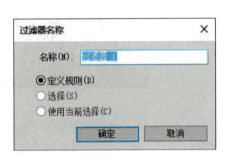

图 9-14 "过滤器名称"对话框

图 9-15 过滤器列表

过滤器设置完成后，单击【可见性/图形】按钮，弹出图 9-16 所示的"楼层平面：标高 1 的可见性/图形替换"对话框，切换至"过滤器"选项卡，单击【添加】按钮，在"添加过滤器"对话框中选择刚创建的过滤器，单击【确定】按钮返回"楼层平面：标高 1 的可见性/图形替换"对话框，如图 9-17 所示，取消勾选"可见性"选项再单击【确定】按钮，即可自动隐藏相应图元。

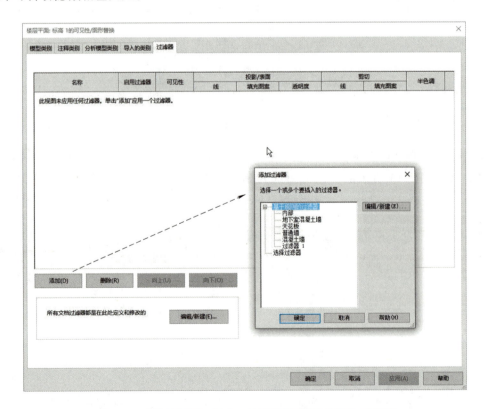

图 9-16 "楼层平面：标高 1 的可见性/图形替换"对话框

第9章 Revit视图

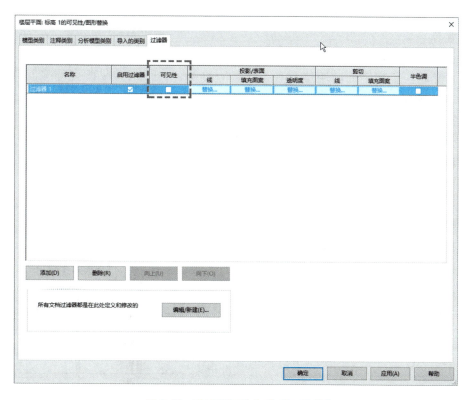

图9-17 过滤器取消勾选"可见性"

在图9-16所示对话框中,除可关闭过滤图元的显示外,也可设置这些图元的投影和截面线样式和填充图案样式,或设置其为半色调、透明显示,以实现特殊的显示效果。

(5)视图属性栏 视图属性栏提供了内容更为丰富的平面视图设置参数,主要参数介绍如下:

1)图形类参数。在平面视图中,窗口左侧属性栏的图形类参数如图9-18所示。

视图比例:设置视图比例或自定义比例。

显示模型:包含"标准""半色调""不显示"三个选项。选择"标准"时正常显示模型图元,选择"半色调"时灰显模型图元,选择"不显示"时隐藏所有模型图元。所有注释及详图图元不受该参数设置的影响。此功能可在某些特殊平面详图视图中,需要突出显示注释及详图图元时使用。

图9-18 视图属性的图形类参数

详细程度:设置图形显示为粗略、中等和精细三种,控制图元的显示细节。

可见性/图形替换:单击该参数框中的【编辑】按钮,可打开"可见性/图形替换"对话框,设置图元可见性。

图形显示选项:单击该参数框中的【编辑】按钮,可打开图9-19所示的"图形显示选项"对话框，用于设置模型视图的视觉效果，如阴影和日光位置等。

方向：可选择"项目北"和"正北"方向。

墙连接显示：设置平面图中墙交点位置的自动处理方式为"清理所有墙连接"或"清理相同类型的墙连接"。图 9-20 所示为两种墙连接显示。本例选择"清理所有墙连接"。当"详细程度"为中等和精细时，该参数自动选择"清理所有墙连接"方式，且不能更改；当"详细程度"为粗略时，可选择任一处理方式。

规程：包含"建筑""结构""机械""电气""卫浴""协调"选项，如图 9-21 所示，用于指定规程专有图元在视图中的显示方式，也可使用此参数来组织项目浏览器中的视图。

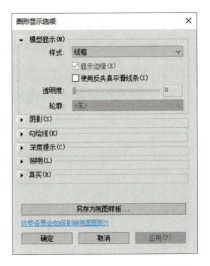

图 9-19 "图形显示选项"对话框

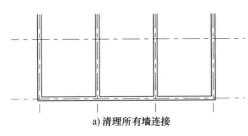
a) 清理所有墙连接

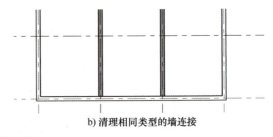
b) 清理相同类型的墙连接

图 9-20 墙连接显示

显示隐藏线：根据类别控制视图中隐藏线的显示，包含"无""按规程""全部"选项。选择"全部"时，根据适用于"可见性/图形替换"对话框中大部分模型类别的隐藏线子类别显示所有隐藏线；选择"按规程"时，根据"规程"设置显示隐藏线；选择"无"时，不显示隐藏线。

颜色方案位置及颜色方案：设置面积分析和房间分析平面的颜色填充方案。

图 9-21 指定图元在视图中的显示方式

系统颜色方案：将颜色方案应用于管道和风管系统。

默认分析显示样式：选择视图的默认分析显示样式，单击该参数后的 按钮，在图 9-22 所示的"分析显示样式"对话框中创建分析显示样式。

日光路径：为项目中指定的地理位置打开或关闭日光投射显示。日光路径可用于所有三维视图，但不包括使用"线框"或"一致的颜色"视觉样式的视图。为分析建筑和场地的灯光/阴影效果时获得最佳结果，需在三维视图中打开日光路径和阴影显示。

2）底图类参数。在平面视图中，属性栏的底图类参数如图 9-23 所示。

底部标高及顶部标高范围：在当前平面视图中显示一系列模型。通过为"底部标高"指定标高设置基线范围。此标高和紧邻的上一标高或"顶部标高"范围间的模型会显示。

基线方向：基线即底图，Revit 软件默认把下一层的平面图灰显作为当前平面图的底图，

第9章 Revit视图

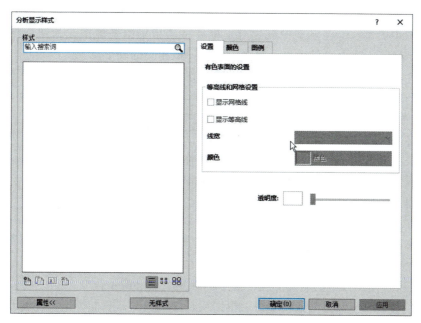

图 9-22 分析显示样式

以方便捕捉绘制，出图前一般需将底图设置为"无"。Revit 软件可将任一层设置为底图，不受楼层位置关系的限制。

3）范围类参数。在平面视图中，窗口左侧属性栏的范围类参数如图 9-24 所示。

图 9-23 底图类参数

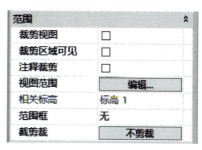

图 9-24 范围类参数

裁剪视图：超出裁剪区域的模型图元（或图元的一部分）不会在视图中显示。

裁剪区域可见：显示裁剪区域的边界。选择裁剪区域，使用夹点或"修改"选项卡的工具编辑裁剪区域的大小。

注释裁剪：注释裁剪区域会在接触到注释图元的任何部分时完全裁剪注释图元，从而确保不会绘制部分注释。

视图范围：视图范围是一组水平面，控制了对象在平面视图中的可见性。定义了视图范围的水平面，包括顶部、剖切面和底部。顶部和底部平面定义了视图范围的顶部边缘高度和底部边缘高度。剖切面通过剖切标识确定图元与平面相交时显示的高度。这三个平面标识了主视图范围。

相关标高：显示当前视图所关联的标高。添加标高需在剖切视图或立面视图中操作。添加标高时，可创建关联的平面视图。

范围框：将范围框应用到视图以定义视图裁剪，从而控制基准图元（轴网、标高和参照线）在视图中的显示。在模型中创建范围框并将其指定给基准图元，随后将范围框应用到一个或多个视图。视图中仅会显示与指定的范围框相交的基准图元。

截剪裁：控制模型边在视图剪裁平面中或上方位置的显示方式，包括"不剪裁""剪裁时无截面线""剪裁时有截面线"选项。

4）标识数据类参数。在平面视图中，窗口左侧属性栏的标识数据类参数如图9-25所示。

图 9-25　标识数据类参数

视图样板：显示用于创建当前视图的样本名称。视图样板是一组视图属性集合，如视图比例、规程、详细程度及可见性设置等。使用视图样板可保证视图设置的一致性。

视图名称：设置视图在项目浏览器中显示的名称。对于平面图，该名称和标高名称保持一致。修改名称并单击应用时，会出现图9-26所示的"确认平面视图重命名"对话框，若选择"是"，则项目浏览器中的名称和立面图中的标高名称会同步改变。

相关性：表示当前视图是依赖于另一视图或是独立视图，只能读取不能修改。复制视图时，可创建多个依赖于主视图的副本。这些副本及主视图会和所有其他相关视图保持同步，从而在某个视图中进行特定更改时，更改内容会在所有视图中体现。

图纸上的标题：指定在图纸上显示为视图标题的文字。当视图放到图纸上时，此处还会显示"图纸编号"和"图纸名称"只读参数，并自动提取视图所在图纸的编号和名称。

参照图纸：指定包含当前视图的图纸。

参照详图：如果当前视图在图纸中被参照，则该值会指定放置在参照图纸上的参照视图。

5）阶段化参数。在平面视图中，窗口左侧属性栏的阶段化参数如图9-27所示。

图 9-26　"确认平面视图重命名"对话框

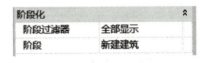

图 9-27　阶段化参数

阶段过滤器：指定当前视图的阶段过滤器。阶段过滤器会根据图元的阶段状态（如新建、现有、已拆除或临时）来控制图元的显示。有多种默认阶段过滤器可用于项目，包括"全部显示""完全显示""显示原有+拆除""显示原有+新建""显示原有阶段""显示拆除+新建""显示新建"选项。

阶段：指定当前视图的阶段。可定义项目阶段并将"阶段过滤器"应用到视图和明细表，以显示不同工作阶段的项目情况。

3. 视图样板

如图9-28所示，利用功能区"视图"选项卡→"图形"面板→"视图样板"工具，可将已有视图设置保存为视图样板，用于快速自动设置其他楼层的平面视图，提高视图设置效率。

（1）从当前视图创建样板　在平面视图中，单击"视图样板"工具→【从当前视图创建样板】按钮，在"新视图样板"对话框中输入样板名称（以"视图样板示例"为例），弹出图9-29所示的"视图样板"对话框。对话框右侧的"视图属性"栏中，各项参数自动提取了当前平面视图的参数值，可根据设计需要对各项参数进行编辑。设置完成后，单击【确定】按钮即可基于平面视图的视图属性创建视图样板。

图9-28　管理视图样板

（2）将样板属性应用于当前视图　将储存在视图样板中的特性应用于当前视图。

图9-29　"视图样板"对话框

（3）管理视图样板　用于显示项目中视图样板的参数，可添加、删除和编辑现有的视图样板。修改现有样板的参数时，所做修改不会影响该样板在修改前应用的视图。

打开图9-29所示的"视图样板"对话框，在图9-30所示的"规程过滤器"列表中可选择所需规程；在图9-31所示的"视图类型过滤器"列表中可选择所需视图类型；在图9-32所示的"名称"列表中选择某一样板名称，则右侧"视图属性"栏可设置该样板的各项参数；在对话框左下角有图9-33所示的三个图标，可复制、重命名和删除当前选择的视图样板。

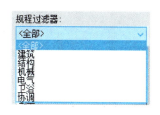

图9-30　规程过滤器

图9-31　视图类型过滤器

图9-32　选择样板名称

图9-33　复制、重命名和删除视图样板

4. 视图裁剪

当大型建筑项目需分区显示、分幅出图时，可使用视图裁剪功能显示局部视图。

（1）基本设置　打开平面视图，激活"裁剪视图""裁剪区域可见""注释裁剪"选项时，绘图区会显示矩形裁剪范围框。单击选择裁剪框，可看到图9-34所示的嵌套矩形裁剪框，内侧实线框是模型裁剪框，外侧虚线框是注释裁剪框。上述选项可通过以下方式控制：

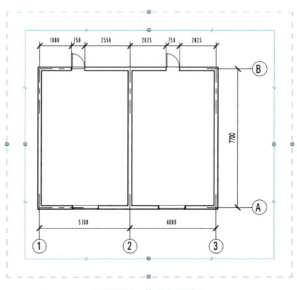

图 9-34　裁剪框示例

1）通过视图属性栏的"裁剪视图"参数或视图控制栏的 图标，控制是否裁剪视图。

2）通过属性栏的"裁剪区域可见"参数或视图控制栏的 图标，控制模型裁剪框是否显示。需注意，当未激活"裁剪视图"时，即使打开裁剪框显示，也不裁剪视图。

3）通过视图属性栏的"注释裁剪"参数控制注释裁剪虚线框是否显示。注释裁剪框专用于裁剪尺寸标注、文字注释等注释类图元，凡与注释裁剪框相交的注释类图元都会被隐藏。

图9-35对比了仅激活"裁剪视图"、仅激活"注释裁剪"和同时激活"裁剪视图"和"注释裁剪"时的视图裁剪效果。

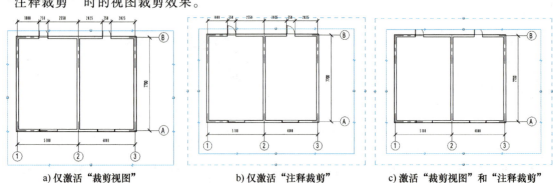

a）仅激活"裁剪视图"　　b）仅激活"注释裁剪"　　c）激活"裁剪视图"和"注释裁剪"

图 9-35　注释裁剪

(2）裁剪视图　激活"裁剪视图""裁剪区域可见""注释裁剪"开关时，可使用"拖拽裁剪"和"精确裁剪"等方式进行视图裁剪。

1）拖拽裁剪。在平面视图中，单击选择模型裁剪框，鼠标拖拽边线中间的蓝色控制柄到指定位置松开鼠标，虚线注释裁剪框跟随移动裁剪视图。裁剪完成后，可在视图控制栏单击图标，隐藏裁剪边界显示，裁剪效果如图 9-36 所示。

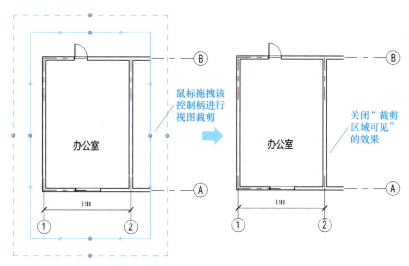

图 9-36　拖拽裁剪效果

2）精确裁剪。打开平面视图，单击选择模型裁剪框，功能区单击"修改丨楼层平面"选项卡→【尺寸裁剪】按钮，弹出图 9-37 所示的"裁剪区域尺寸"对话框。对话框中设置裁剪框的"宽度""高度"和"注释裁剪偏移"参数后，单击【确定】按钮完成精确裁剪。

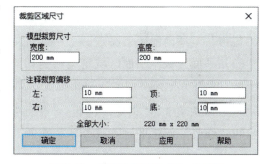

图 9-37　"裁剪区域尺寸"对话框

(3）轴网标头与裁剪框　如图 9-38 所示，选择任意一根垂直轴线，会发现裁剪边界外的所有上标头全部变成了"2D"标头，且标头会随着裁剪边界自动调整位置。打开其他视图，可看到其他视图中的轴线上标头位置没有变化。如果拖拽裁剪框边界到标头外，则所有上标头又会恢复为"3D"标头，并与其他平面视图中的轴网标头同步联动。在平面图设计中，如需单独调整某层轴网标头位置，可使用此功能。

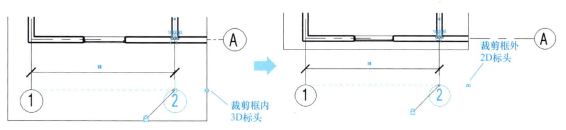

图 9-38　轴网标头与裁剪框

5. 视图范围、平面区域与截剪裁

Revit 平面视图模型图元的显示，由视图范围、平面区域与截剪裁参数控制。

（1）视图范围　建筑设计中，平面视图模型图元的显示是默认在楼层标高以上 1200mm 位置水平剖切模型后向下俯视而得，不同剖切位置与视图深度决定了平面视图中模型的显示。打开平面视图，在视图属性栏中单击"视图范围"参数后的【编辑】按钮，弹出图 9-39 所示的"视图范围"对话框。主要参数的含义如下：

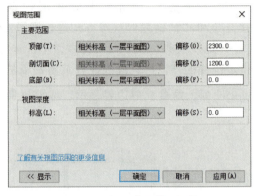

图 9-39　"视图范围"对话框

1）主要范围。

顶部：设置视图"主要范围"的顶部位置，默认为"相关标高"向上偏移 2300mm 的位置。

底部：设置视图"主要范围"的底部位置，默认为"相关标高"位置。

剖切面：设置剖切模型的高度位置，默认为"相关标高"向上偏移 1200mm 的位置。需注意，剖切面的高度位置须位于底部和顶部位置之间。

2）视图深度。"标高"决定了从剖切面向下俯视能看多深，默认的视图深度为"相关标高"位置，可根据需要设置一定的偏移量。

完成上述参数设置单击【确定】按钮，平面视图的显示即由上述"剖切面"到视图深度"偏移"范围内的图元决定。

（2）平面区域　平面区域定义的剖切面高度与用于其余视图的剖切面高度不同。平面区域可用于拆分标高平面，也可用于显示剖切面上方或下方的插入对象。在平面视图中，单击"视图"选项卡→"创建"面板→"平面视图"工具→【平面区域】按钮，出现图 9-40 所示的"修改 | 创建平面区域边界"选项卡。

图 9-40　"修改 | 创建平面区域边界"选项卡

1）在平面内绘制闭合的区域并指定不同的视图范围，以便显示剖切面上下的附属件。视图汇总的多个平面区域不能彼此重叠，但可具有重合边。

2）如图 9-41 所示，单击选择平面区域，拖拽边线上的双三角控制柄可调整边界范围。

3）单击"修改 | 平面区域"选项卡→【编辑边界】按钮，返回绘制边界状态，可重新编辑平面区域边界位置和形状，"完成平面区域"后刷新平面显示。

4）单击属性栏的"视图范围"参数，可重新设置平面区域范围内的"剖切面"等参数。

5）出图前可采用"可见性/图形"命令，在"注释类别"选项卡中取消勾选"平面区域"类别，隐藏"平面区域"的显示。

（3）截剪裁　"截剪裁"参数默认设置为"不剪裁"。选择"不剪裁"时，平面视图显示被剪裁构件的底部投影边线；选择"剪裁时无截面线"时，被剪裁构件在"视图深度"位置截断，下部不显示，且在截断位置不显示截面线；选择"剪裁时有截面线"时，被剪裁构件在"视图深度"位置截断，下部不显示，且在截断位置显示截面线。三种截剪裁方式的对比如图 9-42 所示。

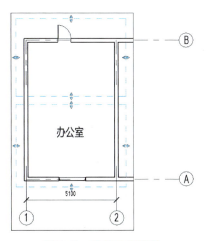

图 9-41　调整边界范围

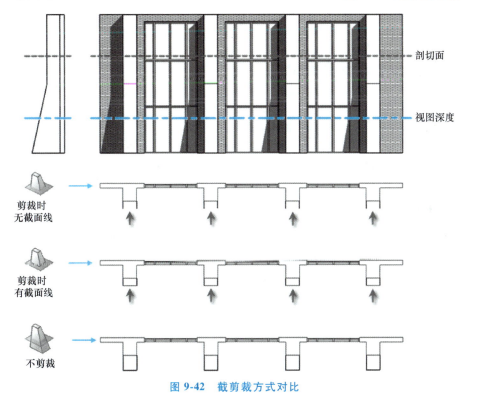

图 9-42　截剪裁方式对比

9.1.2　天花板平面视图

天花板平面视图的创建、编辑、视图样板、视图裁剪、视图范围等功能与楼层平面视图基本一致，不再赘述。本节仅对天花板平面视图创建的不同之处做简要说明。

与楼层平面视图创建相似，天花板平面视图可采用"标高""天花板投影平面"和"复制视图"工具进行创建，具体操作细节的差异如下：

（1）绘制"标高"创建　在立面视图中，单击"建筑"选项卡→【标高】按钮，在

"修改|放置标高"选项卡勾选"创建平面视图",单击【平面视图类型】按钮,在图 9-43 所示的对话框中勾选"天花板平面",单击【确定】按钮后绘制标高,即可创建该标高的天花板平面视图。

(2)通过"天花板投影平面"创建　先使用"阵列""复制"等命令创建标高,然后单击"视图"选项卡→"创建"面板→"平面视图"工具→【天花板投影平面】按钮 ,在图 9-44 所示的"新建天花板平面"对话框中选择标高名称,单击【确定】按钮创建天花板平面视图。

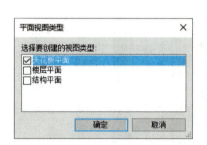

图 9-43　平面视图类型

图 9-44　"新建天花板平面"对话框

9.1.3　房间分析平面视图

Revit 软件提供了专用的"房间"构件,可对建筑空间进行细分并自动标记房间的编号、面积等参数,还可自动创建房间颜色填充平面图和图例。

1. 房间与房间标记

房间是基于图元(如墙、楼板、屋顶和天花板)对建筑模型中的空间进行细分的部分。与门窗和门窗标记一样,房间也分"房间"构件和标记两个对象。

(1)房间边界　在创建房间前,需先创建房间边界。房间边界用于计算房间的面积、周长和体积。默认情况下,Revit 软件中以下图元是房间边界:墙(幕墙、标准墙、内建墙、基于面的墙);屋顶(标准屋顶、内建屋顶、基于面的屋顶);楼板(标准楼板、内建楼板、基于面的楼板);天花板(标准天花板、内建天花板、基于面的天花板);柱(建筑柱、材质为混凝土的结构柱);幕墙系统;房间分隔线。此外,通过更改图元属性,可指示许多图元是否可作为房间边界。

使用"房间分隔线"工具可添加和调整房间边界。房间分隔线用于在开放的、没有隔墙等房间边界的建筑空间内,用"线"将一个大的房间细分为几个小房间,如起居室中的就餐区。房间分隔线在平面视图和三维视图中可见。

如图 9-45 所示,单击"建筑"选项卡→"房间和面积"面板→【房间分隔】按钮 ,出现"修改|放置房间分隔"选项卡,利用图 9-46 所示的"绘制"面板可对房间进行分隔。

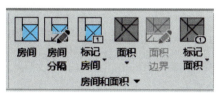

图 9-45　房间分隔线

图 9-46　分隔房间

（2）房间面积与体积计算设置　Revit 软件可自动计算房间的面积和体积，但默认情况下只计算房间面积。计算房间面积时，墙的房间边界位置可根据需要设定为墙面或墙中心线等。另外，房间面积和体积的计算结果与测量高度有关，默认在楼层标高 1200mm 位置计算。在有斜墙的房间中，从 1200mm 标高位置测量的面积和体积可能与从地面位置测量的值不同。功能区单击"建筑"选项卡→"房间和面积"面板→【面积和体积计算】按钮，弹出图 9-47 所示的"面积和体积计算"对话框。

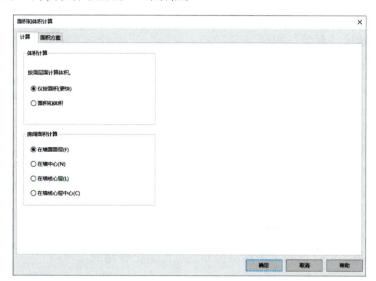

图 9-47　"面积和体积计算"对话框

"体积计算"默认选择"仅按面积（更快）"时，仅计算房间面积，计算速度快；选择"面积和体积"时，可同时进行体积与面积计算。该功能会影响 Revit 的性能，建议只在需要计算房间体积时选择"面积和体积"，并在创建房间体积统计表后，禁用该功能。"房间面积计算"可选择"在墙面面层""在墙中心""在墙核心层""在墙核心层中心"为房间边界位置。需注意，无论"房间面积计算"如何设置，房间体积都基于墙面层计算。参数设置完成后单击【确定】按钮。

（3）创建房间　打开平面视图。功能区单击"建筑"选项卡→"房间和面积"面板→【房间】按钮，显示如图 9-48 所示的"修改 | 放置房间"选项卡，激活【在放置时进行

标记】按钮，以在创建房间时自动创建房间标记。单击【高亮显示边界】按钮时，系统可自动查找墙、柱、楼板、房间分隔线等图中所有的房间边界图元，橙色亮显并显示"警告"提示栏，单击【关闭】按钮恢复正常显示。

图 9-48 "修改｜放置房间"选项卡

按以下步骤完成房间与标记创建：

1）从窗口左侧属性栏中的"类型选择器"选择房间标记类型（本例选择"标记_房间-有面积-方案-黑体-4-5mm-0-8"），并设置以下参数：

上限及偏移：决定房间构件的上边界高度。

标记方向：默认选择"水平"，即房间标记水平显示。可选择"垂直"或"模型"（标记与建筑模型中的墙和边界线对齐，或旋转到指定角度）。

引线：默认不勾选。当房间空间较小，需在房间外标记时可勾选该选项。

房间：默认选择"新建"房间。

2）移动光标，在房间外时出现面积为"未闭合"的房间和标记预览图形；移动光标到房间内，房间边界亮显并显示房间面积值，单击即可放置房间与标记，效果如图 9-49 所示。

（4）编辑房间

1）编辑房间标记。如图 9-50 所示，单击选择标记，房间边界亮显，房间名称"房间"蓝色显示。此时，单击房间名称"房间"，可进行修改。如图 9-51 所示，将其修改为"办公室"。选择房间标记，选项栏勾选"引线"则自动创建引线。如图 9-52 所示，拖拽房间标记的十字移动符号，可将标记移动到房间外。

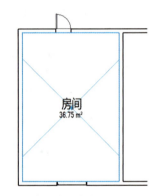

图 9-49 放置房间与标记

图 9-50 选择房间标记

图 9-51 修改房间名称

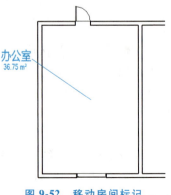

图 9-52 移动房间标记

2)房间属性编辑。如图 9-53 所示,移动光标到房间标记文字左上角,带斜十字叉的房间边界高亮显示,单击即可选中房间。选中房间后,窗口左侧出现图 9-54 所示的房间属性栏。其中,房间的面积、周长等参数为只读。可设置房间"名称"及"上限""高度偏移""底部偏移"等参数。这些参数决定了房间体积的计算法则。当上边界高度在屋顶(房间边界图元)的下方时,房间体积按上边界高度计算,边界上方的体积不计算。当上边界高度在屋顶(房间边界图元)的上方时,房间体积按屋顶边界内的实际体积计算。此功能在有坡屋顶或酒店大堂有多层通透空间时,将"高度偏移"(上边界)设置到屋顶或楼板、天花板高度之上,可确保精确计算房间体积。

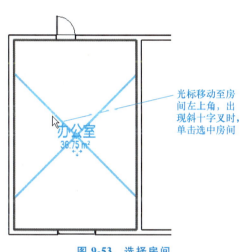

图 9-53 选择房间

图 9-54 房间属性设置

此外,计算房间体积时,如果房间边界图元没有达到房间的上边界,则图元上方的空间不会包含在房间体积内。例如,如果将未到达天花板或屋顶的部分墙或建筑柱定义为房间边界图元,则 Revit 不会在房间体积中包括该图元上方的空间。在图 9-55 所示的剖面视图中,灰色柱未到达屋顶,其上方的白色空间表示 Revit 在房间体积计算中未包括的空

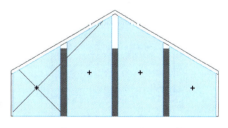

图 9-55 房间边界图元对体积计算的影响

间。要避免这种情况,需关闭图元的"房间边界"参数(选择图元,在属性栏清除"房间边界"参数)。

3)删除房间。单击选择房间(注意不是选择房间标记),按〈Delete〉键或在功能区单击【删除】按钮,删除房间。删除房间时弹出提示"已从所有模型视图中删除某个房间,但该房间仍保留在此项目中。可从任何明细表中删除房间或使用'房间'命令将其放回模型中"。此时,尽管视图中没有了该房间,但在项目浏览器中打开图 9-56 所示的"房间明细表"会发现,房间依然存在但标记为"未放置"。如果在房间统计表中删除了该房间,才是彻底地将该房间从项目删除。

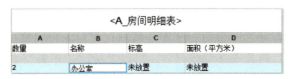

图 9-56 房间明细表

需要恢复放置该房间时,可单击【房间】按钮,然后在图 9-57 所示的"房间:新建"列表中选择刚才删除的房间名称(本例为"办公室"),并在绘图区对应房间位置单击,即可重新放置房间。

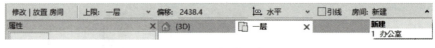

图 9-57 重新放置房间

4)删除房间标记。单击选择房间标记,按〈Delete〉键删除。此时,房间依然在视图中存在,单击【标记房间】按钮 ,在房间内单击可重新标记房间。

5)移动与复制。选择房间,将其移动或复制到其他房间边界内时,则房间边界和面积等参数会自动更新。

2. 房间填充

房间可根据名称或面积等自动创建颜色填充平面图,并放置颜色图例。

(1)创建颜色方案 在视图属性栏中,单击"颜色方案"右侧按钮,弹出图 9-58 所示的"编辑颜色方案"对话框。具体而言,对话框中各主要参数的含义如下:

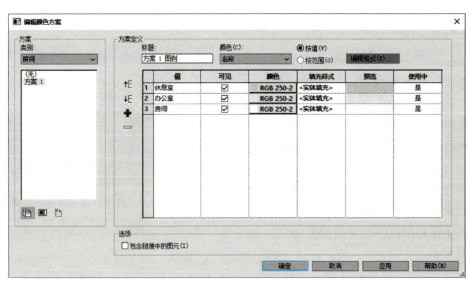

图 9-58 "编辑颜色方案"对话框

1)左下角按钮 :可复制、重命名或删除颜色方案。

2)标题:设置颜色图例的标题名称。

3)颜色:选择"名称"等作为填色依据。

4)列表:"填充样式"列选择实体填充或图案填充样式,"颜色"列选择填充颜色。列

表左侧 ↑≡ ↓≡ 按钮可修改行的上、下顺序，✚ 按钮可新建行，▭ 按钮可删除行。

5）包含链接中的图元：勾选该选项，可为链接的"＊.rvt"文件中的房间创建颜色填充。

以图9-34的平面图为例，分别创建左、右两个房间，并命名为"办公室"和"休息室"。打开"编辑颜色方案"对话框，左侧"方案类别"设置为"房间"，右侧"颜色"设置为"名称"，软件自动给每个房间匹配一种"实体填充"颜色，单击【确定】按钮完成操作，效果如图9-59所示。

此外，属性栏柱"颜色方案位置"参数设置为"背景"时，家具、楼梯等室内构件可遮挡住平面填充颜色；而设置为"前景"时，则填充颜色将覆盖家具、楼梯等所有室内构件。

（2）添加图例　打开楼层平面视图或剖面视图。单击"注释"选项卡→"颜色填充"面板→【颜色填充图例】按钮 ▤。单击要放置颜色填充图例的绘图区域，效果如图9-60所示。

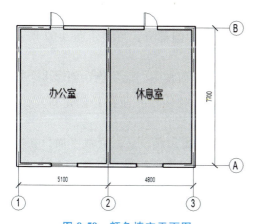

图 9-59　颜色填充平面图　　　　图 9-60　颜色填充图例

（3）编辑颜色方案与图例

1）编辑颜色方案。单击选择颜色图例，单击"修改|颜色填充图例"选项卡→【编辑方案】按钮 ✎，或单击"建筑"选项卡→"房间和面积"面板→【颜色方案】按钮 ▦，打开"编辑颜色方案"对话框。对话框中可重新设置填充图案、颜色或创建新的填充方案。设置完成后，单击【确定】按钮，平面图颜色填充自动更新。

2）编辑颜色方案图例。单击选择颜色图例，属性栏单击【编辑类型】按钮，弹出图9-61所示的对话框，可设置以下参数：

图形：可设置图例的"样例宽度""样例高度""颜色""背景"等。勾选"显示标题"可显示颜色方案标题。设置"显示的值"为"全部"时，显示项目中所有房间的图例；设置为

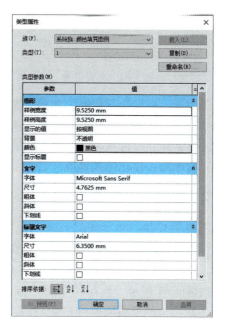

图 9-61　颜色填充图例"类型属性"对话框

"按视图"时，只显示当前平面图房间的图例。

文字：设置图例字体、尺寸、下划线等。

标题文字：设置图例标题的字体、尺寸、下划线等。

9.2 立面视图

在 Revit 项目文件中，默认包含了东南西北 4 个正立面视图，可根据设计需要创建更多的立面视图。立面视图的复制视图、视图比例、详细程度、视图可见性、过滤器设置、视觉样式、视图属性、视图裁剪等，和楼层平面视图的设置方法基本一致，本节仅介绍细节不同之处。

9.2.1 正立面视图

Revit 软件中 4 个立面视图根据楼层平面视图上的 4 个方位的立面符号自动创建。立面符号由立面标记和标记箭头两部分组成。单击选择立面符号的圆部分，可显示图 9-62 所示的完整立面标记。

符号四面有 4 个正方形复选框，勾选即可自动创建一个立面视图。此功能在创建多个室内立面时非常有用。单击并拖拽符号左下角的旋转标记⟳，可旋转立面符号创建斜立面，但该功能无法精确控制旋转角度，需谨慎使用。

单击圆外的黑色三角标记箭头，出现如图 9-63 所示的蓝线，代表立面剪裁平面。在默认样板中，正立面关闭了视图裁剪边界和远裁剪，因此 4 个正立面能看到无限宽、无限远。

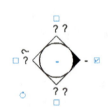

图 9-62　立面符号

图 9-63　立面剪裁平面

需注意，在设计开始时，如建筑范围超出了默认 4 个立面符号的范围，要分别窗选各立面符号，然后拖拽或用"移动"工具将其移动到建筑范围外，以创建完整的建筑立面视图。此外，如删除立面视图符号，其对应的立面视图也将被删除。虽然可用"立面"命令重新创建立面视图，但在原来视图中已创建的尺寸标注、文字等注释类图元不能恢复。

9.2.2 创建立面视图

Revit 软件中，可采用"立面"命令创建建筑正立面、斜立面视图、室内立面视图等。

打开平面视图，功能区单击"视图"选项卡→"创建"面板→"立面"工具→下拉三角箭头→【立面】按钮⬆，出现图 9-64 所示的"修改|立面"选项卡。

如图 9-65 所示，执行"立面"命令时移动光标，立面标记箭头会随光标自动调整对齐方向（始终与附近的墙保持正交）；在指定位置单击放置立面符号，项目浏览器中自动创建"立面 X-a"（X 为数字）立面视图；按〈Esc〉键，结束命令。在项目浏览器中选择创建的

第9章 Revit视图

图 9-64 "修改|立面"选项卡

立面，右键菜单中可对立面进行重命名。可采用以下四种方式打开创建的立面视图：双击黑色三角立面标记箭头；单击黑色三角立面标记箭头，在图 9-66 所示的右键菜单中选择"进入立面视图"命令；在项目浏览器中双击视图名称；在项目浏览器中单击选择视图名称，从右键菜单中选择"打开"命令。

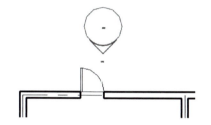

图 9-65 立面标记箭头随光标移动并调整对齐方向

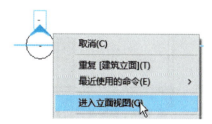

图 9-66 "进入立面视图"命令

如图 9-67 所示，打开立面视图后，选择视图裁剪边界，可直观地调整立面视图裁剪范围。若要精确地创建某角度的斜立面视图，可先放置立面符号，然后选择立面符号，用"旋转"工具旋转一个精确的角度到需要的方向，最后调整视图裁剪边界宽度和深度。斜立面视图的效果如图 9-68 所示。

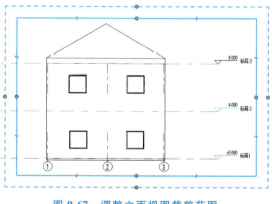

图 9-67 调整立面视图裁剪范围

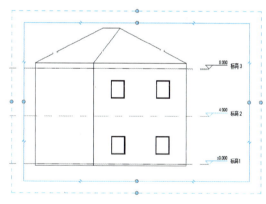

图 9-68 斜立面视图效果

9.2.3 创建室内立面视图

室内立面视图的创建、重命名、打开、裁剪设置等方法与外立面视图基本一致，不同之处如下：

打开平面视图，单击【立面】按钮，移动光标到房间内，使黑色三角立面标记箭头指向要设置立面的方向，单击放置立面符号，完成该方向室内立面创建。室内立面创建时，其左右裁剪边界自动定位到左右内墙面，下裁剪边界自动定位到楼板的上表面，上裁剪边界

299

自动定位到上面楼板或天花板的下表面。如图 9-69 所示，单击选择黑色三角标记箭头，可看到视图的左右裁剪边界自动调整到两侧墙面上，可拖拽调整视图深度裁剪边界。

如图 9-70 所示，单击选中立面标记的圆，勾选北侧复选框，可自动创建第 2 个室内立面。两个室内立面视图的效果如图 9-71 和图 9-72 所示。

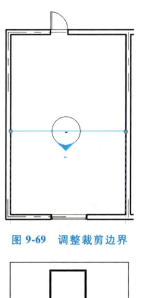

图 9-69 调整裁剪边界

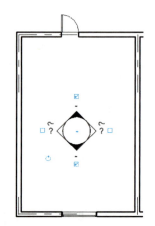

图 9-70 创建北侧室内立面视图

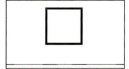

图 9-71 南侧室内立面视图

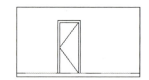

图 9-72 北侧室内立面视图

9.2.4 远剪裁设置

第 9.1 节介绍的平面视图中，视图属性有"截剪裁"参数。在立面视图中，与之对应的是"远剪裁"参数，其功能和设置方法与"截裁剪"类似。在立面视图的视图属性栏中，单击"远剪裁"参数右侧的按钮，可选择"不剪裁"、"剪裁时无截面线"、"剪裁时有截面线"。三种视图处理方式的显示效果对比如图 9-73 所示，请读者参考平面视图"截裁剪"的相关内容进行理解。

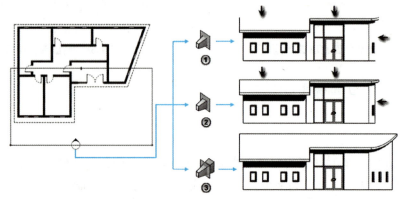

图 9-73 远剪裁

9.3 剖面视图

Revit 软件中系统样板默认提供了建筑剖面和详图视图两种剖面视图类型。两种剖面视图的创建和编辑方法基本一致，但剖面标头显示与用途不同。建筑剖面用于建筑整体或局部的剖切，详图剖面用于墙身大样等详图设计。

剖面视图的复制视图、视图比例、详细程度、视图可见性、过滤器设置、视觉样式、视图属性、视图裁剪等，与楼层平面、立面视图的设置方法基本一致，本节仅对不同之处做简要介绍，并重点介绍建筑剖面视图。

9.3.1 创建建筑剖面视图

平面视图中，功能区单击"视图"选项卡→"创建"面板→【剖面】按钮，出现图 9-74 所示的"修改丨剖面"选项卡，从左侧属性栏的类型选择器中选择"建筑剖面"类型。

图 9-74 "修改丨剖面"选项卡

1. 参数设置

参照其他视图：激活剖面视图或详图索引视图创建工具时，"修改丨剖面"选项卡会出现"参照其他视图"选项。从剖面、平面或立面视图创建详图索引时，可选择"参照其他视图"，以参照项目浏览器中列出的任意详图或绘图视图。使用这种方法，可将视图链接到建筑模型的特定区域。

偏移：设置偏移值后，会相对于两个捕捉点的连线偏移一定距离绘制剖面线。该参数用于精确绘制剖面线位置，默认值为 0。

2. 基本操作

移动光标到平面视图的指定位置，单击捕捉剖面线起点，垂直或水平移动光标到另一位置再次单击捕捉剖面线终点，剖面线绘制结果如图 9-75 所示。绘制剖面线后，项目浏览器中自动创建名为"剖面 X"（X 为数字）的剖面视图。选择剖面视图名称，可从右键菜单中选择"重命名"命令进行修改。可采用以下四种方式打开创建的剖面视图：双击剖面线起点的蓝色剖面标头；单击选择剖面线，从右键菜单选择"转到视图"命令；在项目浏览器中双击视图名称；在项目浏览器中单击选择视图名称，从右键菜单选择"打开"命令。打开剖面视图后，选择视图裁剪边界，可直观地调整剖面视图的裁剪范围，也可在图 9-75 所示的平面视图选中剖面线后调整视图裁剪边界。剖面视图的效果如图 9-76 所示。

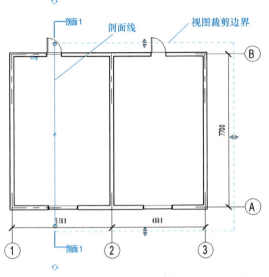

图 9-75 绘制剖面线

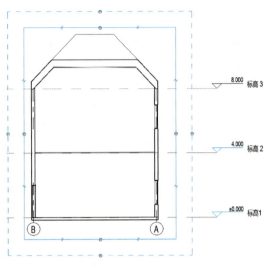

图 9-76 剖面 1 视图效果

9.3.2 编辑建筑剖面视图

（1）剖面标头位置调整　选择剖面线后，在剖面线的两端和视图方向一侧会出现裁剪边界、端点控制柄等。

1）标头位置：拖拽剖面线端点的实心圆点控制柄，可移动剖面标头位置，但不会改变视图裁剪边界。

2）单击双箭头"翻转剖面"符号⇆或从右键菜单中选择"翻转剖面"命令，可翻转剖面方向，剖面视图会自动更新。

3）如图 9-77 所示，单击剖面线中间的"线段间隙"折断符号，可将剖面线截断，拖拽中间的两个实心圆点控制柄到两端标头位置，即可和我国制图标准的剖面标头显示样式保持一致。

（2）折线剖面视图　Revit 软件可将一段剖面线拆分为几段，从而创建折线剖面视图，具体方法如下：

1）平面视图中，单击【剖面】按钮，在指定位置绘制剖面线。选中剖面线，功能区单击"修改｜视图"选项卡→【拆分线段】按钮，在剖面线上单击并拖拽移动光标，被截断位置剖面线随光标动态移动。移动光标到指定位置单击放置剖面线，即可创建折线剖面视图，剖面线拆分线段效果及对应折线剖面视图分别如图 9-78 和图 9-79 所示。

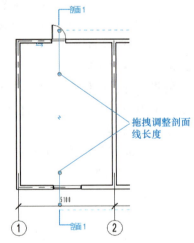

图 9-77 调整剖面线长度

2）平面视图中，单击选择折线剖面线，拖拽每段剖面线上的蓝色双三角箭头可调整剖切位置和折线位置。其他剖面标头位置、翻转剖面、循环剖面标头、剖面线截断等功能与一般剖面线相同。

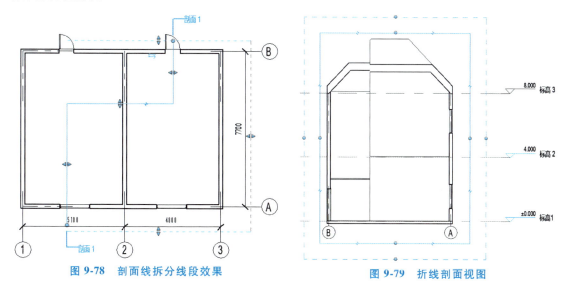

图 9-78　剖面线拆分线段效果　　　　　　图 9-79　折线剖面视图

9.4　三维视图

Revit 的三维视图有透视三维视图和正交三维视图两种。项目浏览器"三维视图"节点下的"{3D}"即默认的正交三维视图。三维视图的复制视图、视图比例、详细程度、视图可见性、过滤器设置、视觉样式、视图属性、视图裁剪等，与楼层平面、立面视图的设置方法基本一致。

9.4.1　创建三维视图

Revit 可在平面、立面、剖面视图中创建透视三维视图，但为精确定位相机位置，建议在平面图中创建三维视图。

如图 9-80 所示，功能区单击"视图"选项卡→"创建"面板→"三维视图"工具→下拉三角箭头→【相机】按钮，绘图区移动光标出现相机预览图形随光标移动。

执行"相机"命令后，出现图 9-81 所示的选项栏，勾选"透视图"选项时，创建透视三维视图；取消勾选时，创建正交三维视图。"偏移"和"自（某一标高）"两个参数决定了放置相机的高度位置。

图 9-80　三维视图相关命令

图 9-81　相机位置设置

如图 9-82 所示，在绘图区指定位置单击放置相机，并指定视觉方向，即可在项目浏览器"三维视图"节点下自动创建透视三维视图，并自动打开该视图。

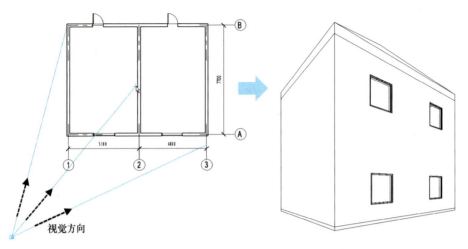

图 9-82　创建透视三维视图

9.4.2　编辑三维视图

透视三维视图需精确设置相机的高度和位置、相机目标点的高度和位置、相机远裁剪、视图裁剪框等参数，才能得到预期的透视图效果，具体设置方法如下：

（1）属性栏　如图 9-83 所示，在透视三维视图中，左侧属性栏中可通过"远剪裁""视点高度""目标高度"等参数设置相机和视图。

远剪裁激活：默认勾选，只能看到远剪裁平面内的图元；取消勾选时，可看到相机目标点处远剪裁平面外的所有图元。

视点高度：创建相机时，相机高度"偏移量"参数值。

目标高度：相机指向的目标点高度，和"视点高度"共同决定了透视三维视图的相机位置和方向。

（2）在平面、立面视图中显示相机并编辑　除通过属性栏设置相机的"视点高度""目标高度"等，还可在立面视图中拖拽相机视点和目标的高度位置；相机平面位置也可在平面视图中拖拽调整。

打开楼层平面视图，默认状态下视图中未显示相机。在项目浏览器中单击选择透视三维视图，右击选择"显示相机"命令，则在平面视图中显示相机。如图 9-84 所示，单击并拖拽相机符号即可调整相机视点水平位置，单击并拖拽相机目标符号即可调整目标水平位置。

打开楼层立面视图，在项目浏览器中单击选择透视三维视图，右击选择"显示相机"命令，则在立面视图中显示相机。如图 9-85 所示，单击并拖拽相机符号可调整相机"视点高度"参数和水平位置；单击并拖拽相机目标符号可调整目标水平位置。

图 9-83　透视三维属性栏

第9章 Revit视图

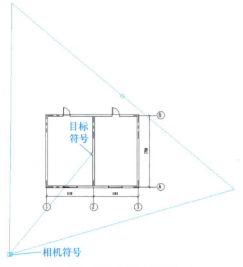

图 9-84 平面视图中调整相机

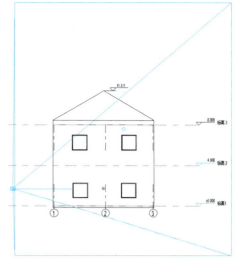

图 9-85 立面视图中调整相机

(3) 裁剪视图　打开透视三维视图，选中视图裁剪框后，可直接拖拽裁剪框四边的实心圆点，或利用功能区【尺寸裁剪】按钮 ，调整裁剪范围。执行尺寸裁剪命令时，会弹出图 9-86 所示的"裁剪区域尺寸"对话框，设置"宽度""高度"参数后，单击【确定】按钮即可。

(4) 剖面框　"剖面框"参数可在建筑外围打开立方体线框，拖拽立方体 6 个面的

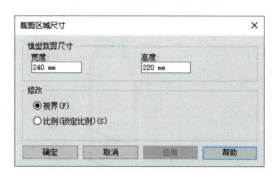

图 9-86 "裁剪区域尺寸"对话框

控制柄，可在三维视图中水平剖切模型查看建筑各层内部布局，或垂直剖切模型查看建筑纵向结构。

在三维视图中，属性栏勾选"剖面框"参数，建筑外围显示立方体剖面框。图 9-87 所示，单击选择剖面框，立方体 6 个面上显示 6 对蓝色双三角控制柄和一个旋转控制柄。拖拽顶面的双三角控制柄，可水平剖切模型观察图 9-88 所示的建筑内部平面布局；拖拽侧面的双三角控制柄，可垂直剖切模型观察图 9-89 所示的建筑纵向空间结构；拖拽旋转控制柄先旋转剖面框再拖拽侧面控制柄，可斜切模型观察图 9-90 所示的建筑纵向空间结构。剖切模型后，如取消勾选"剖面框"参数，则模型自动复原。因此，若需要保留剖切视图，需先复制视图再打开剖面框剖切视图。

(5) 背景设置　在三维视图中，可指定图形背景，使用不同的颜色呈现天空、地平线和地面。功能区单击"视图"选项卡→"图形"面板→右下角箭头 ，打开图 9-91 所示的"图形显示选项"对话框。对话框中可设置"模型显示""透明度""阴影""勾绘线""深度提示""照明""真实"和"背景"等参数。如图 9-92 所示，可选择不同的显示背景，包括"无""天空""渐变""图像"。以选择"渐变"为例，对话框中设置地

平线颜色与地面颜色、地平线颜色与天空颜色间的双色渐变，单击【确定】按钮，背景效果如图 9-93 所示。

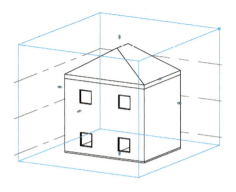

图 9-87　立方体剖面框

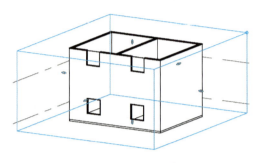

图 9-88　水平剖切模型

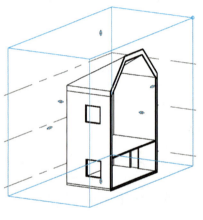

图 9-89　垂直剖切模型

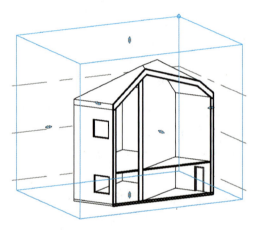

图 9-90　斜切模型

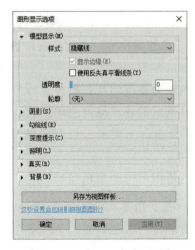

图 9-91　"图形显示选项"对话框

图 9-92　显示背景的选择

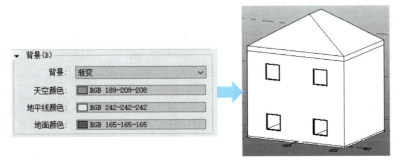

图 9-93 "渐变"选项背景

9.5 明细表

9.5.1 基本功能

Revit 软件可自动提取各种建筑构件、房间和面积构件、材质、注释、修订、视图、图纸等图元的属性参数，并以表格形式显示图元信息，从而自动创建门窗统计表、材质明细表等。可在设计过程中随时创建明细表，明细表将自动更新以反映项目内容的修改。

功能区单击"视图"选项卡→"明细表"工具，下拉菜单中有图 9-94 所示的六个明细表命令，包括"明细表/数量""图形柱明细表""材质提取""图纸列表""注释块""视图列表"。各明细表的功能如下：

明细表/数量：用于统计各种建筑、结构、设备、场地、房间和面积等构件明细，如门窗表、梁柱构件表、卫浴装置统计表、房间统计表，以及规划建设用地面积统计表、土方量明细表、楼层明细表等。

图形柱明细表：创建图形柱明细表，用于过滤特定柱，将相似的柱位置分组，或将明细表应用到图纸等。

材质提取：用于统计各种建筑、结构、设备、场地等构件的材质数量，如墙、结构柱等的混凝土用量统计表。

图纸列表：用于统计当前项目文件中所有施工图的图纸清单。

注释块：用于统计使用"符号"工具添加的全部注释实例。

视图列表：用于统计当前项目浏览器中所有楼层平面、天花板平面、立面、剖面、三维、详图等各种视图的明细。

图 9-94 "明细表"工具

与门窗等图元类似，明细表也分为实例明细表和类型明细表。实例明细表按个数逐行统计每一图元实例的明细，如每一个 M0921 门实例都占一行；类型明细表按类型逐行统计某类图元总数的明细，如 M0921 类型的门及其总数占一行。

9.5.2 创建明细表

(1) 新建明细表 以"明细表/数量"明细表为例，功能区单击"视图"选项卡→"明细表"工具→【明细表/数量】按钮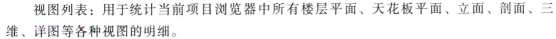，弹出图 9-95 所示的"新建明细表"对话框。

通过对话框左上角"过滤器列表"进行构件的快速筛选（以选择"建筑"为例），然后在对话框左侧的"类别"列表中选择需创建明细表的类别（以选择"窗"为例）。对话框右侧选择"建筑构件明细表"，"阶段"选择"新建建筑"，单击【确定】按钮，弹出图9-96所示的"明细表属性"对话框，用于设置明细表的各项属性参数。

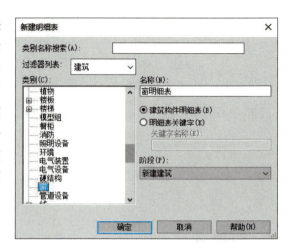

图9-95 "新建明细表"对话框

（2）设置明细表"字段"属性

1）添加与删除字段。"明细表属性"对话框左侧"可用的字段"列表中单击选择参数，然后单击【添加】按钮，将其加入右侧"明细表字段"栏中。从右侧"明细表字段"栏中选择字段，单击【删除】按钮，可将字段复原到左侧"可用的字段"栏中。

2）新建字段。单击【新建参数】按钮、【添加计算参数】按钮、【合并参数】按钮，可创建新的字段。

3）调整字段顺序。在"明细表字段"栏中选择某一字段，单击【下移】按钮，将其移动到下方，单击【上移】按钮，将其移动到上方。

（3）设置明细表"过滤器"属性 "过滤器"选项卡图9-97所示，通过设计过滤器，可统计符合过滤条件的构件，不设置过滤器则统计全部构件。过滤条件与"字段"选项卡设置的明细表字段一致。单击"过滤器"选项卡，从"过滤条件"后面的下拉列表中选择

图9-96 "明细表属性"对话框

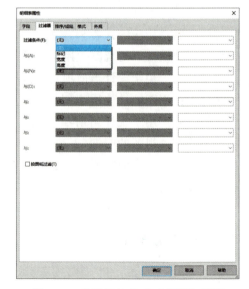

图9-97 设置明细表"过滤器"属性

条件，以此条件统计相关信息。同样方法，可从"与"后面的下拉列表中设置更多层过滤条件，以统计同时满足所有条件的构件。

（4）设置明细表"排序/成组"属性 "排序/成组"选项卡如图9-98所示，用于设置表格列的排序方式及总计。

排序方式：从"排序方式"下拉列表中选择相关信息，并单击选择"升序"，设置第一排序规则；从"否则按"下拉列表中选择"类型"，并单击选择相关信息，设置第二排序规则。可根据需要设置四层排序方式。

总计：勾选并选择相关信息时，将在表格最后统计总数量等。

逐项列举每个实例：不勾选时，按类型统计数量。

（5）设置明细表"格式"属性 "格式"选项卡如图9-99所示，用于设置构件属性参数字段在表格中的列标题、单元格对齐方式等。单击选择左侧"字段"栏中的参数信息，设置其右侧的"标题""标题方向""对齐"等参数。Revit软件提供了"左""中心线""右"三种对齐方式。此外，勾选"在图纸上显示条件格式"时，软件提供了"无计算""计算总数""计算最小值""计算最大值""计算最小值和最大值"五种格式，默认为"无计算"。

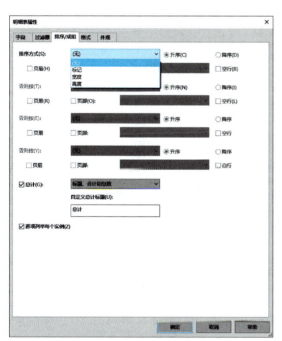

图9-98 设置明细表"排序/成组"属性

图9-99 设置明细表"格式"属性

（6）设置明细表"外观"属性 "外观"选项卡如图9-100所示，用于设置表格边线、标题和正文的字体等。

1）设置表格边线。勾选"网格线"，设置内部表格线样式；勾选"轮廓"，设置表格的外轮廓线样式。

2）设置标题与页眉。勾选"显示标题"显示表格的名称（大标题）；勾选"显示页

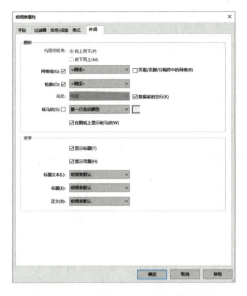

图 9-100 设置明细表“外观”属性

眉”显示“格式”选项卡设置的字段“标题”(列标题)。

3）设置字体与字号。通过“标题文字”“标题”“正文”设置字体与字号。

此处的“外观”属性设置在明细表视图中不会直观显示，必须将明细表布置到图纸后，表格线宽、标题和正文文字的字体和大小等样式才能显示并打印。

(7) 生成明细表 各参数选项卡设置完成后，单击【确定】按钮，项目浏览器“明细表/数量”节点下自动创建明细表，效果如图 9-101 所示。

<窗明细表>

A	B	C	D
标记	宽度	高度	合计
1	1500	1500	1
2	1500	1500	1
3	1500	1500	1
4	1500	1500	1
总计: 4	6000	6000	

图 9-101 窗明细表效果

9.5.3 编辑明细表

明细表可随时重新编辑其字段、过滤器、排序方式、格式、外观或表格样式等。此外，明细表视图可用于编辑图元的族、类型、宽度等尺寸，也可自动定位构件在图形中的位置等。在项目浏览器中双击打开“窗明细表”，图 9-102 所示的明细表“属性”选项板和图 9-103 所示的“修改明细表/数量”选项卡，均可用于编辑明细表。以后者为例，对明细表的编辑操作做介绍。

(1) 参数编辑

“设置单位格式”：用于指定度量单位的显示格式。单击“修改明细表/数量”选项卡→【设置单位格式】按钮

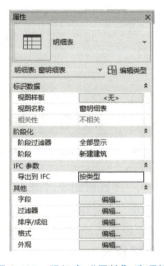

图 9-102 明细表“属性”选项板

图 9-103 "修改明细表/数量"选项卡

，弹出图 9-104 所示"格式"对话框，可设置单位、舍入、单位符号等参数。勾选"使用项目设置"时，各参数不能更改。

计算：将计算公式添加到明细表某一单元格中，计算值不会指定给某个类别，要将计算值移入其他单元格需重新输入。

合并参数：创建合并参数，或允许在明细表当前选定列中编辑合并参数。合并参数在明细表的单个单元格中显示两个或更多参数值，参数值以斜线或指定的其他字符分隔。合并参数值在明细表中为只读。

（2）行列编辑　行列编辑功能与操作类似，下面以列编辑为例进行介绍。

插入：打开"选择字段"对话框以添加列到明细表。默认情况下，新列会创建到当前选定单元格的右侧。

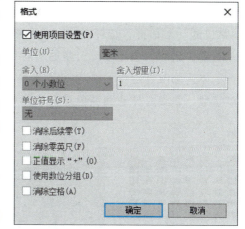

图 9-104 设置单位格式

删除：删除当前选定列，也可在选定列或单元格时，右击选择"删除列"命令。

调整：指定当前选定列的宽度。单击"调整"按钮，在"调整列宽"对话框中输入列的宽度完成设置。也可通过单击并拖拽水平列边界，手动调整列宽。

隐藏：隐藏明细表中的列。将光标放置在要隐藏的列上，单击"隐藏"按钮完成操作。隐藏的列不会显示在明细表视图或图纸中，但可用于过滤、排序和明细表数据分组。

取消隐藏全部：显示明细表中的所有隐藏列。无需将光标放置到特定位置，明细表打开时，单击"取消隐藏全部"即可。

此外，行编辑无"隐藏"和"取消全部隐藏"命令，但增加了"插入数据行"命令，用于在明细表中插入行，以便添加新的值或图元。该命令只能用于某些明细表，如关键字明细表。

（3）标题和页眉

合并/取消合并：将多个单元格合并为一个，或将合并的单元格拆分。也可右击选择"合并/取消合并"命令，来合并或拆分单元格。

插入图像：从文件插入图像。单击【插入图像】按钮，弹出"导入图像"对话框，选择图像所在路径后，单击【打开】按钮完成插入。可插入图像文件格式包括"*.bmp""*.jpg""*.png""*.tif"等。

清除单元格：删除选中页眉单元的文字和参数关联。

成组：为明细表中的选定列页眉创建标题。需注意，使用"成组"命令要选择列标题，确保光标显示为箭头形式，而不是文字插入光标。已成组的列标题上方将显示新的标题行，可在此输入标题文字。

解组：删除在将两个或更多列标题组成一组时所添加的列标题。

（4）外观编辑

着色：指定选定单元格的背景颜色。单击【颜色】按钮，弹出图9-105所示的"颜色"对话框，选择背景颜色。

边界：为选定单元格范围指定线样式和边框。单击【边界】按钮，弹出图9-106所示的"编辑边框"对话框，选择线宽和单元格边框。

重置：删除与选定单元关联的所有格式，但单元的条件格式保持不变。

字体：修改选定单元格的字体属性。单击【字体】按钮，弹出"编辑字体"对话框，可对字型、字号、样式和颜色进行设置。

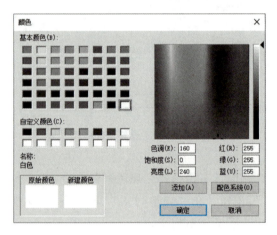

图9-105 "颜色"对话框

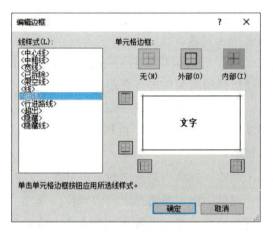

图9-106 "编辑边框"对话框

（5）图元编辑 "在模型中高亮显示"是指在一个或多个项目视图中显示选定的图元。选中某一单元格，单击"在模型中高亮显示"按钮，对应图元的视图将自动打开。

9.5.4 导出明细表

Revit软件中所有明细表都可导出为外部的带分割符的"＊.txt"或"＊.csv"格式的文件，可用记事本、Microsoft Excel等软件进一步编辑。

在"明细表"视图中，单击左上角的"文件"选项卡。如图9-107所示，从应用程序菜单中单击"导出"→"报告"→"明细表"，在对话框中选择导出文件的保存路径和名称。系统默认设置导出文件名为"＊＊＊明细表"。设置完成后，单击【打开】按钮，弹出图9-108所示的"导出明细表"对话框。根据需要设置"明细表外观"和"字段分隔符"等输出选项，单击【确定】按钮完成操作。本例中导出的"窗明细表.csv"如图9-109所示。

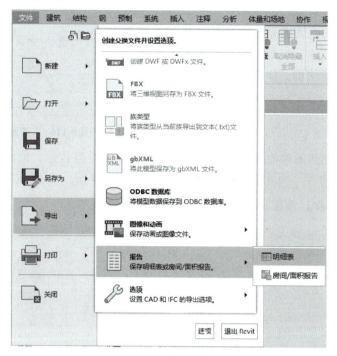

图 9-107　导出明细表

图 9-108　“导出明细表”对话框

A	B	C	D
窗明细表			
标记	宽度	高度	合计
1	1500	1500	1
2	1500	1500	1
3	1500	1500	1
4	1500	1500	1
总计: 4	6000	6000	

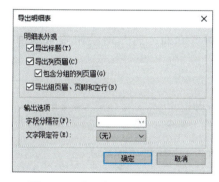

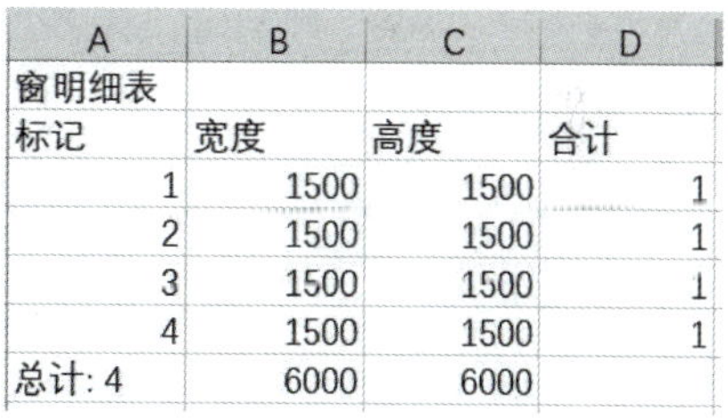

图 9-109　导出的“窗明细表 .csv”

9.6　图例

图例视图用于列出项目中使用的模型构件和注释。Revit 软件提供了专用的“图例”和“图例构件”命令，可自动快速创建需要的构件图例视图。下面以门窗样式图例为例，介绍“图例视图”和“图例构件”命令的使用方法。

9.6.1　图例视图

功能区单击“视图”选项卡→“创建”面板→“图例”工具→【图例】按钮，打开图 9-110 所示的“新图例视图”对话框。输入图例视图“名称”（以“门窗图例”为例），“比例”设置为“1：50”，单击【确定】按钮，软件自动在项目浏览器中创建新的节点“图

例"和空白的"门窗图例"视图。

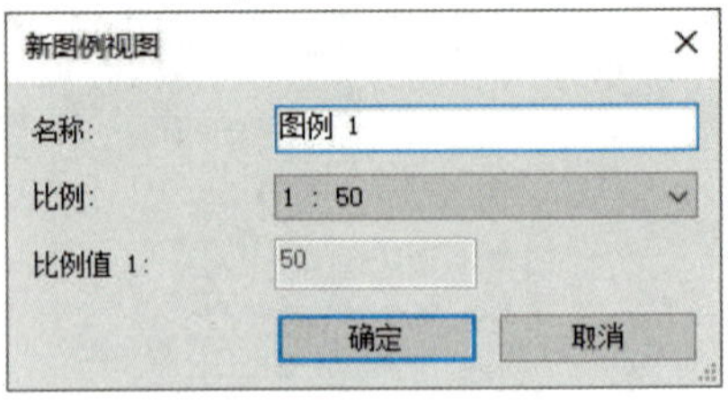

图例视图是专用视图类型，在项目浏览器中和明细表、图纸、视图、族、组等属于同一级别。图例视图不能作为参照详图使用，图例构件只能在图例视图中创建。

9.6.2 图例构件

图 9-110 "新图例视图"对话框

图例视图中可创建图例构件，并标注图例尺寸、标记类型名称、添加文字注释等。

（1）创建图例构件　功能区单击"注释"选项卡→"详图"面板→"构件"工具→下拉三角箭头→【图例构件】按钮，出现图 9-111 所示的选项栏。

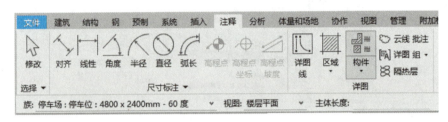

图 9-111 "图例构件"命令

如图 9-112 所示，在选项栏中"族"列表选择需要的类型，"视图"列表可选择"楼层平面""立面：前""立面：后"。设置完成后，在绘图区单击完成图例构件放置。以族"窗：固定：1500×1500mm"为例，"楼层平面"和"立面：前"的绘制效果如图 9-113 所示。

图 9-112 "族"下拉列表

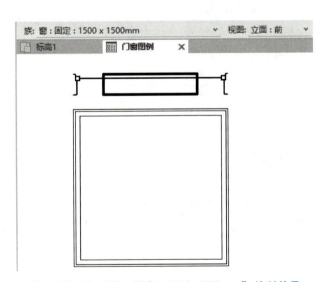

图 9-113 族"窗：固定：1500×1500mm"绘制效果

（2）编辑图例构件　图例视图中，放置的图例构件可采用以下方法进行编辑：

1）选项栏：单击选择图例构件，可像创建图例构件时一样，在选项栏重新选择图例"族"和"视图"方向，图例会自动更新。

2）属性栏：单击选择图例构件，在属性栏可设置"视图方向""主体长度""详细长度""标识数据"等参数，图例会自动更新。

3）"注释"选项卡：采用"尺寸标注""文字"等工具，可标注图例尺寸和标记，采用"详图线""区域""构件""详图组""隔热层"等详图工具，在图例视图中补充图例构件的设计细节。

9.7 详图

作为 BIM 软件，Revit 可将项目构造为现实世界中物理对象的数字表示形式，但并不是每一构件都需要进行三维建模。建筑师和工程师可创建标准详图，以说明如何构造较大项目中的材质。因此，详图是对项目的重要补充。

9.7.1 绘制步骤

详图可采用详图视图和绘图视图进行创建。其中，详图视图包含建筑信息模型中的图元，绘图视图是与建筑信息模型没有直接关系的图纸。创建详图的一般步骤如下：

1）创建视图。创建剖面、详图索引和绘图视图以细化模型，并生成施工文档。可将模型图元用作详图的一部分、详图图元的参照，或不在详图视图中使用模型图元。

2）添加详图构件。详图构件是视图特定的二维图元，用于构成详图视图。Revit 软件提供了含有 500 多个详图构件族的示例库。创建模型的详图视图时，还可使用线和填充区域等工具。

3）注释详图。使用"尺寸标注"和"文字"等工具对详图进行注释。可使用注释记号将注释快速添加到详图中。

4）构建详图库。将典型详图保存到库中，方便项目使用、提高设计效率。

9.7.2 详图视图

详图视图是在其他视图中显示为详图索引或剖面的模型视图。详图视图表示的模型通常比父视图更精细。详图视图可创建为剖面视图或详图索引视图。创建详图索引视图时，详图可包含为其指定的剖面注释和详图索引注释。

（1）创建详图视图　可从平面、立面或剖面视图创建详图索引，然后使用模型几何图形作为基础，添加详图构件。创建详图索引视图或剖面视图时，可参照模型中的其他详图视图或绘图视图。Revit 视图中创建详图索引视图或剖面视图的基本步骤如下：

1）功能区单击"视图"选项卡→"创建"面板→【详图索引】按钮或【剖面】按钮，在属性栏的"类型选择器"中选择如图 9-114 所示的"详图视图：详图"，并在绘图区左下角的视图控制栏选择合适的详图比例。

2）需要参照其他详图视图或绘图视图时，执行"详图索引"或"剖面"命令后，在"修改 | 详图索引"选

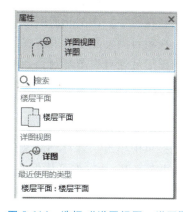

图 9-114　选择"详图视图：详图"

项卡→"参照"面板上,勾选"参照其他视图",并从下拉列表中选择要参照的视图。

3)如图9-115所示,对于剖面视图,在平面视图上选择两个点,以确定剪切剖面的位置;对于详图索引视图,选择要包含在详图索引视图中的区域。

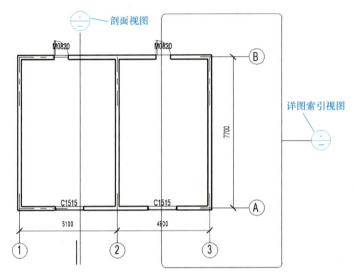

图 9-115　详图索引示例

4)项目浏览器中双击打开详图视图,属性栏中将"显示模型"参数设置为"半色调",方便区分模型几何图形与详图构件的差异。

5)单击"注释"选项卡→"详图"面板→【详图线】按钮，沿半色调图元线进行绘制,或将半色调图元线作为详图的一部分。绘制详图线时,光标会捕捉到该视图中的模型几何图形。

6)采用"区域"工具,按需要创建填充区域,如创建表示混凝土、玻璃或密封层的填充。

7)利用"详图构件"命令,将详图构件添加到详图,有关详图构件的知识将在第9.7.4节介绍。

8)采用"尺寸标注""文字"等工具添加详图注释。

(2)复制详图视图　复制视图时,可自由决定模型几何图形和详图几何图形是否都复制到新视图中。详图几何图形包括详图构件、详图线、重复详图、详图组和填充区域等。

在项目浏览器中的现有视图上右击,然后单击"复制视图"→"复制"命令,可将模型几何图形从现有视图复制到新视图;而若选择"带细节复制"命令,则模型几何图形和详图几何图形都被复制到新视图中。

(3)将视图保存到外部项目　可将视图保存到外部Revit项目。此操作将把视图及该视图中的所有可见图元都保存到新的项目文件中。在项目浏览器中,选择某一视图,在视图的右键菜单中单击"保存到新文件"命令,输入Revit文件名称即可。

此外,Revit软件可从保存的详图视图中插入详图构件。如图9-116所示,依次单击"插入"选项卡→"从库中载入"面板→"从文件插入"下拉列表→【插入文件中的二维图元】按钮。在"打开"对话框中选择某一保存为详图视图的项目,单击【打开】按钮。在"插入二维图元"对话框中，选择包含要插入的二维图元的视图。此操作会将二维详图构件（重复详图、详图线、隔热层和填充区域）复制到新的详图视图，提高详图绘制效率。

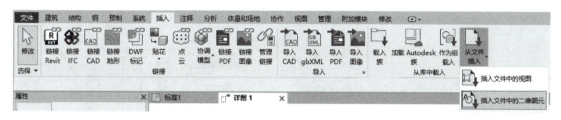

图 9-116 "插入"选项卡

9.7.3 绘图视图

绘图视图不显示任何模型图元，即详图内容不依赖具体的建筑模型图元。在绘图视图中，可按不同的视图比例创建详图，并可使用详图线、详图区域、详图构件、隔热层、参照平面、尺寸标注、符号和文字等二维详图工具。这些工具与创建详图视图时完全相同。

（1）创建绘制视图　单击"视图"选项卡→"创建"面板→【绘图视图】按钮，弹出如图 9-117 所示的"新绘图视图"对话框，设置绘图视图的名称和比例，单击【确定】按钮，绘图区自动打开绘图视图。此后，可使用"注释"选项卡的"详图""尺寸标注""文字"等工具绘制详图。

图 9-117 "新绘图视图"对话框

（2）插入其他项目的绘图视图　绘图视图可在不同 Revit 项目中重复使用，提高设计效率。插入其他项目绘图视图的基本步骤如下：

1）打开目标 Revit 项目（要插入现有绘图视图的项目）。

2）单击"插入"选项卡→"从库中载入"面板→"从文件插入"→【插入文件中的视图】按钮。

3）在"打开"对话框中选择项目文件，单击【打开】按钮，弹出图 9-118 所示的"插入视图"对话框。

4）对话框中会显示保存在该项目中的绘图视图，列表中选择要插入的视图，单击【确定】按钮后，Revit 将创建带有全部二维构件和文字的新绘图视图。

（3）从其他 CAD 程序导入绘图视图　Revit 软件可从其他 CAD 程序中导入视图，然后将绘图视图作为详图索引或剖面的参照，并将其放置在施工图文档集的图纸上。从其他CAD 程序导入绘图视图的基本步骤如下：

1）单击"视图"选项卡→"创建"面板→【绘图视图】按钮，设置绘图视图的名称和比例，单击【确定】按钮，完成绘图视图的创建。

2）单击"插入"选项卡→"导入"面板→【导入 CAD】按钮，弹出图 9-119 所示的"导入 CAD 格式"对话框。选择要导入的 CAD 文件，单击【打开】按钮完成导入。

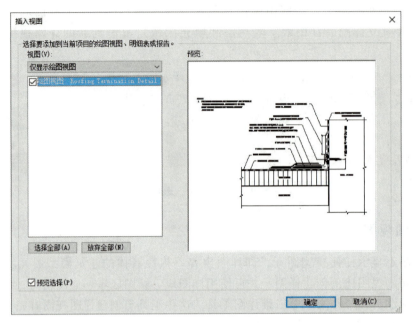

图 9-118 "插入视图"对话框

图 9-119 "导入 CAD 格式"对话框

9.7.4 详图构件

（1）插入详图构件 使用"详图构件"命令将详图构件放置在详图视图或绘图视图中。单击"注释"选项卡→"详图"面板→"构件"工具→【详图构件】按钮。从属性栏"类型选择器"中选择要放置的详图构件。可按空格键旋转详图构件，单击完成详图构件放置。

（2）插入重复详图　使用"重复详图"工具绘制由两点定义的路径，然后使用详图构件填充图案对该路径进行填充。重复详图实质是详图构件阵列。创建重复详图的步骤如下：

1）单击"注释"选项卡→"详图"面板→"构件"工具→【重复详图】按钮，绘制重复详图。

2）选中绘制的重复详图，单击"修改|详图项目"选项卡→"属性"面板→【类型属性】按钮，弹出图9-120所示的"类型属性"对话框。对话框单击【复制】按钮，为重复详图类型输入名称，并设置类型参数。各主要参数的含义如下：

详图：选择详图构件。

布局：包含"填充可用间距""固定距离""固定数量""最大间距"四个选项。"填充可用间距"表示详图构件将沿路径长度进行重复，因此间距等于构件宽度。"固定距离"表示详图构件从路径始端开始按"间距"参数值进行等距排列。"固定数量"表示已定义数目的详图构件沿路径进行排列，并进行间距调整以容纳该数目的构件。"最大间距"表示详图构件沿路径长度等距排列，最大间距为"间距"参数值。实际采用的间距可能较小，以确保路径两端不出现非完整构件。

内部：勾选"内部"参数，将详图构件的排列限制于路径长度内。

图9-120　"类型属性"对话框

间距："布局"设置为"固定距离"或"最大间距"时，该参数启用。

详图旋转：指定详图构件的旋转方式。

3）"类型属性"参数设置完成后，单击【确定】按钮。如果"布局"参数设置为"固定数量"，需在属性栏输入"编号"参数值。

4）单击"注释"选项卡→"详图"面板→"构件"工具→【重复详图】按钮，从属性栏的"类型选择器"中选择要创建的重复详图。绘图区单击确定起点，拖拽鼠标后，再次单击确定终点完成绘制。

（3）创建详图构件　在"详图构件"库中自带了大量的详图构件图库，可载入使用。当系统库无法满足实际设计需求时，为提高设计效率，可使用过去积累的"*.dwg"详图图库中的详图资源，保存为Revit的详图构件族。详图构件的自定义方法如下：

1）单击左上角应用程序菜单"新建"→"族"命令，选择"公制详图构件"为模板，单击【打开】按钮进入族编辑器。

2）以参照平面交点为中心，使用图 9-121 所示的"创建"选项卡的"线""填充区域""尺寸标注""文字"等命令绘制二维详图构件与注释。

3）可使用"详图构件""符号"命令从外部载入其他详图构件族、符号族等，插入到图中创建嵌套族。

4）单击【族类型】按钮，在"族类型"对话框进行参数设置。

5）保存详图构件。

图 9-121 "创建"选项卡

9.8 布图与打印

Revit 软件中完成平面、立面、剖面、详图等视图及明细表、图例等设计后，可创建图纸清单，输出设计成果，保存项目设计资料。

如图 9-122 所示，Revit 软件中创建图纸主要通过"视图"选项卡→"图纸组合"面板的相关命令完成。图纸打印通过应用程序选项卡完成。

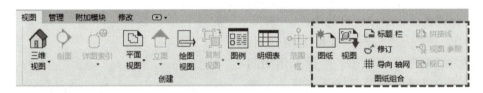

图 9-122 "图纸组合"选项卡

9.8.1 创建图纸

在打印出图前，首先要创建图纸，然后将视图布置在图纸上，并设置各视图的标题等。

功能区单击"视图"选项卡→"图纸组合"面板→【图纸】按钮，打开图 9-123 所示的"新建图纸"对话框。在"选择标题栏"列表中设置图幅大小后，单击【确定】按钮，自动生成图 9-124 所示的图框，按以下步骤设置相关图纸和项目信息参数：

1）输入项目信息，单击选择图框，再单击标题栏中"项目名称""所有者""项目编号"参数，输入实际项目信息。

2）输入图名信息，单击标题栏中的"未命名"输入图纸名称。以输入"平面图"为例，项目浏览器中图纸子节点下的图纸名称也变为"平面图"。

3）输入设计者信息，单击"绘图员""审图员"后的"作者"标签输入实际绘图与审图人员姓名。

此外，也可在图纸视图的属性栏中设置"设计者""审核者""图纸编号""图纸名称""绘图员"等参数。图纸和项目信息的设置效果如图 9-125 所示。

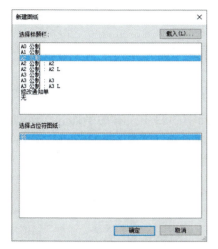
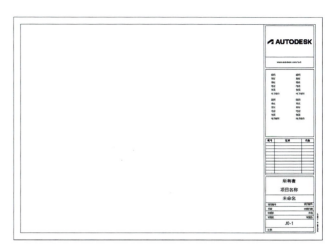

图 9-123 "新建图纸"对话框　　　　　图 9-124 图框

图 9-125 图纸和项目信息设置

9.8.2 导向轴网

（1）创建导向轴网　为使图面美观，布置视图前可先创建"导向轴网"显示定位网格，在布置视图后、打印前关闭其显示即可。在"J0-1-平面图"图纸中，功能区单击"视图"选项卡→"图纸组合"面板→【导向轴网】按钮，打开"导向轴网名称"对话框。输入"名称"为"默认"，弹出"指定导线轴网"对话框中，设置轴网名称并单击【确定】按钮，即可显示覆盖整个图纸标题栏的视图定位网格，效果如图 9-126 所示。

（2）编辑导向轴网　导线轴网的编辑可采用以下方式：单击选择导向轴网，通过属性栏可修改"导向间距"与"名称"；选中导向轴网并拖拽轴网边界的 4 个控制柄，可调整导向轴网范围。

9.8.3 布置视图

在图纸中布置视图有两种方法：使用"图纸组合"面板中的"视图"命令或直接从项目浏览器中将所需视图拖拽到图纸中。

以平面视图图纸为例，功能区单击"视图"选项卡→"图纸组合"面板→【视图】按钮 ，弹出图 9-127 所示的"选择视图"对话框，列出了当前项目中所有的平面、立面、剖面、三维、详图、明细表等各种视图。

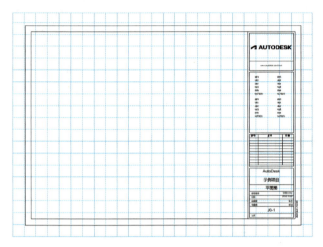

图 9-126　网格覆盖标题栏

图 9-127　"选择视图"对话框

在"视图"对话框中选择"楼层平面"视图。单击【确定】按钮，移动光标出现视图预览边界框，图框中适当位置单击，放置"楼层平面"视图。若视图放置位置需要调整，可单击选中该视图，利用"修改|视口"选项卡→"修改"面板→【移动】按钮 调整视图放置位置。此外，可单独选中视图标题，用"移动"命令调整视图标题的位置。

视图放置完成后，打开"可见性/图形"工具，在"注释类别"中取消勾选"导向轴网"类别，单击【确定】按钮，完成该平面图纸布置。

需要说明的是，对于详图视图，将视图布置在图纸上后，所有的详图索引标头都可自动记录图纸编号和视图编号，以方便视图管理。对于明细表视图，可根据需要调整表格的列宽或拆分、合并表格等。

9.8.4 编辑图纸中的视图

图纸中布置好的各种视图，与项目浏览器中原始视图间具有双向关联性，可使用以下方法编辑各种模型和详图图元：

（1）在原始视图中编辑图元　从项目浏览器中打开原始视图，在视图中的任何修改都将自动更新到图纸中。如重新设置了视图"属性"中的比例参数，则图纸中的视图裁剪框大小将自动调整，且所有的尺寸标注、文字注释等的文字大小都将自动调整为标准打印大小，但视图标题的位置可能需要重新调整。

（2）在图纸中编辑图元　如图 9-128 所示，单击选择图纸中的视图，出现"修改|视

口"选项卡。单击【激活视图】按钮（或在右键菜单中选择"激活视图"命令），则其他视图灰显，当前视图激活。此时，可选择视图中的图元编辑修改，效果等同于在原始视图中编辑。编辑完成后，从右键菜单中选择"取消激活视图"命令，即可恢复图纸状态。

单击选择图纸中的视图，在属性栏可设置该视图的"视图比例""详细程度""视图名称""在图纸上的标题"等参数，等同于在原始视图中设置视图属性。

图 9-128 "修改|视口"选项卡

9.8.5 图纸清单

Revit 中可自动统计并形成图纸清单。功能区单击"视图"选项卡→"创建"面板→"明细表"工具→【图纸列表】按钮，弹出图 9-129 所示的"图纸列表属性"对话框，设置"字段""过滤器""排序/成组""格式""外观"参数后，单击【确定】按钮，即可生成图纸清单。具体操作方法可参见第 9.5 节有关明细表创建、编辑与导出的相关内容。

图 9-129 "图纸列表属性"对话框

9.8.6 打印与导出

完成布图后，可直接打印出图。打开"J0-1-平面图"图纸，单击应用程序菜单"打印"命令，打开图 9-130 所示的"打印"对话框，各选项的设置方法如下：

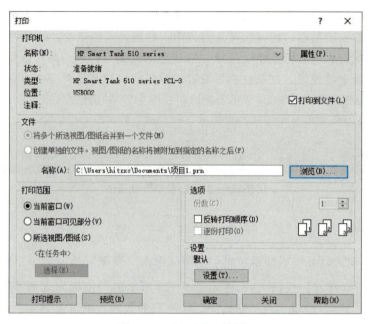

图 9-130 "打印"对话框

（1）打印机　打印机"名称"列表中选择需要的打印机，自动提取打印机的"状态""类型""位置"等信息。

（2）打印到文件　勾选该选项，则"文件"栏中的"名称"激活，单击【浏览】按钮打开"浏览文件夹"对话框，可设置保存打印文件的路径、名称及文件类型，可选择"打印文件（*.plt）"或"打印机文件（*.prn）"。

（3）打印范围　"打印范围"默认选择"当前窗口"时，打印当前窗口中所有的图元。选择"当前窗口可见部分"时，仅打印当前窗口中的可见图元，缩放到窗口外的图元不打印。选择"所选视图/图纸"时，单击下方的【选择】按钮，打开图 9-131 所示的"选择视图/图纸"对话框。对话框中勾选要打印的图纸或视图，可实现批量打印。

（4）打印设置　单击【设置】按钮，打开图 9-132 所示的"打印设置"对话框，可设置以下内容：

1）打印机："名称"为"默认"，提取"打印"对话框的设置。

2）纸张：从"尺寸"下拉列表中选择需要的纸张尺寸。

3）页面位置：选择"中心"将居中打印，选择"从角部偏移"则按指定的 X、Y 向偏移值打印。

4）缩放：选择"匹配页面"时，根据纸张大小自动缩放图形打印；选择"缩放"时，可手动设置缩放比例。

5）方向：根据需要选择打印方向为"纵向"或"横向"。

6）隐藏线视图：设置"删除线的方式"为"矢量处理"或"光栅处理"。该选项可设置在立面、剖面和三维视图中隐藏线视图的打印性能。

7）外观：设置光栅图像的打印质量和颜色。

8）选项：默认用黑色打印链接视图，勾选"用蓝色表示视图链接"可用蓝色打印；勾选"隐藏参照/工作平面""隐藏范围框""隐藏裁剪边界"时，不打印参照平面、工作平面、范围框、视图裁剪边界图元（即使这些图元在视图中可见）；如果视图没有放到图纸上，则在视图中剖面、立面和详图索引的标记符号将为空，打印时可勾选"隐藏未参照视图的标记"；对视图中以"半色调"显示的图元，可勾选"将半色调替换为细线"选项，采用细线打印半色调图元。

设置完成后单击【确定】按钮，返回"打印"对话框。

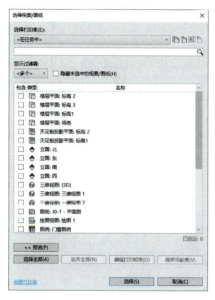

图 9-131　"选择视图/图纸"对话框　　　图 9-132　"打印设置"对话框

（5）打印预览　"打印"对话框中单击【预览】按钮，可预览打印结果，如不符合出图要求，可返回修改打印设置。预览无误后，单击【确定】按钮发送数据到打印机进行打印，或打印到指定格式的文件。

（6）导出其他格式文件　如果需要将 Revit 创建的图纸导出到文件，用于后续编辑操作，可单击"应用程序选项卡"→"导出"，在菜单中选择要导出的文件格式，设置导出参数后，完成导出操作。Revit 软件支持"CAD""PDF""IFC""DWF""ODBC 数据库""图像和动画"等多种文件导出格式。以导出 CAD 图纸为例，如图 9-133 所示的"导出"菜单中选择"CAD 格式"→"DWG"，弹出

图 9-133　"导出"菜单

图 9-134 所示的"DWG 导出"对话框。对话框中设置导出选项与内容后，单击【下一步】按钮，弹出"导出 CAD 格式-保存到目标文件夹"对话框。设置选择文件保存路径与文件类型后，单击【确定】按钮，完成图纸导出操作。

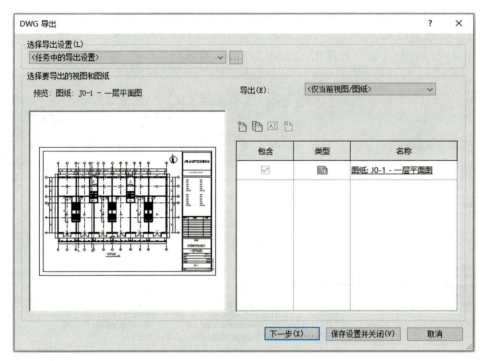

图 9-134 "DWG 导出"对话框

课后练习

1. 【上机练习】熟练掌握本章 Revit 视图创建与编辑的操作示例。
2. 【上机练习】选择 Revit 安装路径下的"Samples"文件夹，打开"rac_advanced_sample_project.rvt"建筑样例文件。尝试依据样例文件的平面视图生成立面、剖面及三维视图，练习创建与打印图纸。
3. Revit 软件可创建哪些类型的视图？
4. Revit 软件中视图与图纸有何区别与联系？
5. 哪些图元可作为房间边界？
6. 总结创建三维视图后，如何调整相机位置？
7. 总结在视图中布置图纸的两种常用方法。
8. 如何在 Revit 视图中插入 CAD 文件？
9. 对比详图视图和绘图视图的区别。
10. 总结 Revit 软件中创建详图的基本方法。
11. 总结"可见性/图形"工具在 Revit 创建、编辑视图及布置图纸时的作用。

第10章 Revit建筑三维建模

前面的章节详细介绍了 Revit 软件的图元、注释与视图，对软件的功能界面与操作有了基本了解。本章围绕建筑三维建模与设计，首先介绍 Revit 软件中绘制标高与轴网的基本操作，然后重点讲解墙、门窗、楼板、屋顶、楼梯、栏杆扶手等的三维建模方法。如图 10-1 所示，功能区"建筑"选项卡提供了建筑三维图元绘制的主要工具。

图 10-1 "建筑"选项卡

10.1 标高

标高是有限水平平面，用作屋顶、楼板和天花板等图元的参照。标高需在剖面视图或立面视图中绘制。添加标高时，可创建关联的平面视图。

10.1.1 绘制标高

打开要添加标高的立面或剖面视图，功能区单击"建筑"选项卡→"基准"面板→【标高】按钮。将光标放置在绘图区内，然后单击选择标高线起点，水平移动光标，在适当位置再次单击选择标高线终点，完成标高绘制。此时，继续选择标高线起点可连续绘制下一层标高，按〈Esc〉键可退出绘制。标高的绘制效果如图 10-2 所示。

图 10-2 标高绘制效果

此外，Revit 软件中标高有"上标头""下标头""正负零标头"三种形式，可在窗口左侧属性栏的"类型选择器"中进行切换，相应效果如图 10-3 所示。

图 10-3　标高类型

10.1.2　创建关联视图

如图 10-4 所示，执行"标高"命令时，功能区出现"修改|放置标高"选项卡，"创建平面视图"选项默认处于启用状态。因此，创建标高时，会自动生成与之关联的楼层平面视图和天花板投影平面视图，可单击【平面视图类型】按钮 修改自动创建的视图类型。若取消勾选"创建平面视图"，则标高是非楼层标高或参照标高，且不创建关联的平面视图。墙等以标高为主体的图元可将参照标高用作自己的墙顶定位标高或墙底定位标高。

图 10-4　"修改|放置标高"选项卡

10.1.3　标高编辑

（1）修改标高名称　软件自动生成的标高名称为"标高×"（×为数字），可单击标高名称按一般设计习惯将其修改为"一层"或"1F"等。修改标高名称时，会弹出"确认标高重命名"对话框，单击【是】按钮，会自动将关联的平面及天花板视图重命名。图 10-5 所示为修改标高名称的效果。

（2）移动标高　Revit 软件中，移动标高可采用下列三种方法之一：选中标高并单击标高的高程数字，修改高程数字调整标高线的位置；选中某一标高，自动显示与上下层

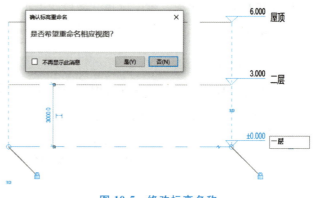

图 10-5　修改标高名称

标高的临时尺寸标注，修改尺寸标注数值调整标高线位置；选中某一标高，直接鼠标拖拽标高线，调整标高线位置。

（3）删除标高　删除标高时，弹出图 10-6 所示的警告框，单击【确定】按钮自动删除关联视图和以标高为主体的模型图元（如门、家具和房间）。如果删除标高但不删除关联的视图或基于主体的图元，需要根据警告列表的详细信息找到对应视图或图元，并更改其关联标高，然后删除标高。

第10章 Revit建筑三维建模

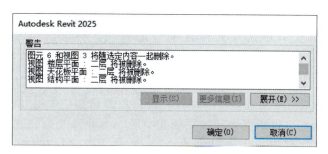

图 10-6　删除标高警告框

10.2　轴网

轴网是仅在与轴网范围相交的视图中可见的三维图元，可为建筑图元的绘制提供位置参照。

10.2.1　添加轴网

打开平面视图（也可在立面等视图中添加轴网），功能区单击"建筑"选项卡→"基准"面板→【轴网】按钮，出现图10-7所示的"修改|放置轴网"选项卡，其中"绘制"面板提供了"线""起点-终点-半径弧""圆心端点弧""拾取线""多段网格"等轴线绘制工具。其中，"线"用于创建直线轴网，"起点-终点-半径弧""圆心端点弧"用于创建弧线轴网，"拾取线"用于根据绘图区选中的现有墙、线或边创建轴线。"多段网格"用于绘制组合形状的轴线（如直线与圆弧线组合成一条轴线）。

图 10-7　"修改|放置轴网"选项卡

以直线轴网为例，执行"轴网"命令后，在"绘制"面板单击【线】按钮，绘图区单击选择轴线起点，移动光标到适当位置，再次单击选择轴线终点完成绘制，软件自动为轴线编号。此时，继续选择轴线起点可连续绘制下一条轴线，按〈Esc〉键可退出绘制。轴线的绘制效果如图10-8所示。

10.2.2　轴网编辑

Revit软件中，默认的轴网样式与轴线编号与实际建筑制图有一定差异，可在绘图区

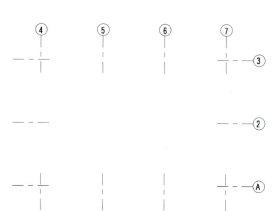

图 10-8　轴线的绘制效果

329

或属性栏进行修改，以符合绘图要求与习惯。

（1）修改轴网编号　单击需要修改编号的轴线，再单击编号值，输入新值并按〈Enter〉键完成修改，或选中轴线后，在属性栏"名称"参数中修改轴号。轴号值允许输入数字或字母，但不同轴线不允许键入相同编号。

（2）修改轴线样式　单击选择任一轴线，窗口左侧属性栏单击【编辑类型】按钮 ，弹出图10-9所示对话框。对话框中，将"轴线中段"参数修改为"连续"，并勾选"平面视图轴号端点1"和"平面视图轴号端点2"，单击【确定】按钮。轴网的修改效果如图10-10所示。

（3）2D与3D轴线　Revit软件中，默认绘制的轴线均为3D轴线，可选中轴线后，在轴号附近单击"3D"标记进行切换。2D与3D轴线的区别是，修改3D轴线会影响其他视图，而修改2D轴线仅影响当前视图。

图10-9　"类型属性"对话框

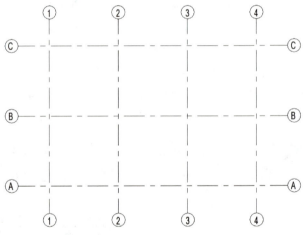

图10-10　轴网修改效果

（4）轴号偏移　当相邻轴线的距离很近，轴号位置相互重叠时，可采用偏移功能调整轴号位置。如图10-11所示，选中轴线，单击"添加弯头"控制柄后，拖拽实心圆点控制柄到适当位置即可。

图10-11　轴号偏移

10.3 墙

10.3.1 墙定位线

与建筑模型中的其他基本图元类似，墙是预定义系统族类型的实例。Revit 软件中支持绘制直墙、椭圆墙、倾斜墙、锥形墙等，并可设置复合墙与叠层墙。

对于所有类型的墙，均可在执行"墙"命令后，在选项栏或属性栏设置墙的定位线，包括"墙中心线""核心层中心线""面层面：外部""面层面：内部""核心面：外部""核心面：内部"。Revit 软件中，墙的核心指其主结构层。简单的砖墙中，"墙中心线"和"核心层中心线"平面重合，但二者在有多个构造层的复合墙中可能不同。从左向右绘制墙时，其外部（面层面：外部）默认位于上侧。

此外，Revit 软件中的墙体分为建筑墙和结构墙。建筑墙指装饰墙、围护墙、隔墙等，结构墙指竖向承重墙体，如混凝土剪力墙。建筑墙与结构墙在三维建模时有以下区别：与梁、柱相交时，建筑墙不会剪切梁、柱，而结构墙会剪切梁、柱；创建建筑墙时，选项栏默认显示"高度"参数，指从当前标高向上的尺寸，而创建结构墙时，选项栏默认显示"深度"参数，指从当前标高向下的尺寸；视图属性栏中，"规程"参数可设置为"建筑""结构"等，设置为"建筑"时会同时显示建筑墙与结构墙，而设置为"结构"时仅显示结构墙。

10.3.2 创建墙

（1）基本墙 建筑墙与结构墙的创建过程类似。以建筑墙为例，打开楼层平面或三维视图，单击"建筑"选项卡→"构建"面板→"墙"工具→【墙：建筑】按钮，出现图 10-12 所示的"修改|放置墙"选项卡。创建墙前，需在选项栏设置以下参数：

图 10-12 "修改|放置墙"选项卡

标高：为墙底定位选择标高，可选择非楼层标高（仅三维视图中该参数可用）。
高度：为墙顶定位选择标高，或为默认设置"未连接"输入值。
定位线：选择在绘制时墙体的对齐方式。
链：勾选时可绘制一系列在端点处连接的墙分段。
偏移：指定墙定位线与光标位置或选定的线（面）间的偏移（不适用于椭圆或半椭圆墙）。
连接状态：选择"允许"时，墙相交位置自动创建对接；选择"不允许"时，墙在相交处不连接。

可在选项卡"绘制"面板，选择墙体绘制工具，包括直线、矩形、多边形、圆形、弧线、椭圆等，并可在窗口左侧图 10-13 所示的属性栏"类型选择器"中选择要创建的墙类型。绘制建筑墙可采用以下方式：

1）绘制墙，以"线"为例，"绘制"面板单击【线】按钮，绘图区指定起点和终点绘制直墙分段，或指定起点后沿所需方向移动光标并输入墙长度值。墙体绘制完成后，可按空格键以相对于墙的定位线翻转墙的内部和外部。

2）沿已有线放置墙，"绘制"面板单击【拾取线】按钮，可沿在图形中选择的线来放置墙分段。被拾取的线可以是模型线、参照平面或图元边缘。

3）将墙放置在现有面上，"绘制"面板单击【拾取面】按钮，可将墙放置在图形中选择的体量面或常规模型面上。

（2）倾斜墙　创建倾斜墙的过程与基本墙类似，但在执行"墙：建筑"命令后，需在窗口左侧属性栏中将"横截面"参数修改为"倾斜"，并在下方输入"垂直方向的角度"参数。角度可取 -90°~+90°，其中 0°表示竖直墙。

（3）锥形墙　创建锥形墙的过程与基本墙类似，但"类型选择器"中选择的墙类型需包含可变宽度层。执行"墙：建筑"命令后，需在窗口左侧属性栏中将"横截面"参数修改为"锥体"，并设置"替换类型属性""外部角度"和"内部角度"参数。

图 10-13　墙类型选择器

（4）编辑墙轮廓　Revit 软件中墙的立面轮廓默认为矩形，若需要设计其他的轮廓形状或要求墙中有洞口，可在剖面视图或立面视图中编辑墙的立面轮廓。选中要编辑立面轮廓的墙，单击"修改|放置墙"选项卡→"模式"面板→【编辑轮廓】按钮。如当前视图为平面视图，会弹出"转到视图"对话框。选择相应的立面视图或剖面视图后，墙的轮廓会以粉色模型线显示。此时，使用"修改"和"绘制"面板上的工具根据需要编辑轮廓，包括删除线并绘制新轮廓线、拆分现有线并添加弧及绘制洞口等。编辑完成后，单击按钮退出，修改效果如图 10-14 所示。

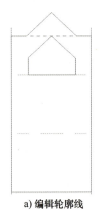
a) 编辑轮廓线

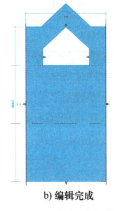
b) 编辑完成

c) 三维效果

图 10-14　编辑墙轮廓

10.3.3 墙连接

墙相交时，Revit 默认情况下会创建平接连接，通过选择其他连接选项（"斜接"或"方接"）可修改平面视图中连接的显示方式。如图 10-15 所示，功能区单击"修改"选项卡→"几何图形"面板→【墙连接】按钮 。将光标移至墙连接位置，然后在显示的灰色方块中单击。若要选择多个相交墙连接进行编辑，可采用框选或按〈Ctrl〉键的同时选择每一连接。

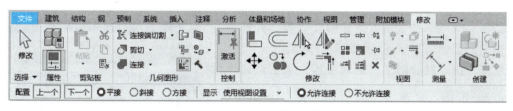

图 10-15 "墙连接"选项栏

（1）连接方式　Revit 软件提供了"平接""斜接""方接"三种方式，选择"平接"或"方接"时，可在选项栏单击【上一个】【下一个】按钮切换连接顺序，各种连接方式的效果如图 10-16 所示。

a) 平接

b) 斜接

c) 方接

图 10-16 墙连接方式

（2）清理选项　可通过"选项栏"的"显示"参数指定墙是否连接，以及如何在平面视图中进行清理。要使墙能在当前配置下连接，需在选项栏选择"允许连接"，并指定"显示"选项：

1）清理连接，显示平滑连接。选择连接进行编辑时，临时实线指示墙层在何处结束；退出"墙连接"工具且不打印时，这些线会消失。

2）不清理连接，显示彼此相互搭接的墙端点。

3）使用视图设置，根据视图的"墙连接显示"属性来清理墙连接，该属性可控制清理功能适用于所有的墙类型或仅适用于同种类型的墙。

若指定相交墙的墙端点不连接，需在选项栏选择"不允许连接"。"不允许连接"选项可确定墙端点的连接行为，与墙的放置位置无关。

10.3.4 复合墙

墙可包含多个垂直层或区域形成复合墙，并可使用多种工具来修改复合墙的结构。绘图区选中墙，功能区单击"修改|墙"选项卡→"属性"面板→【编辑类型】按钮 ，弹出图 10-17 所示的"类型属性"对话框。单击【预览】按钮打开预览窗格，对墙体的所有修改都会显示在预览窗格中。要修改复合墙的图层或区域时，将预览窗格中的"视图"切换为

"剖面：修改类型属性"，并单击"结构"参数后的【编辑】按钮，打开图10-18所示的"编辑部件"对话框。

（1）墙层属性 墙层可通过"插入""删除""向上""向下"进行增加、删除及顺序调整。各墙层属性如下：

功能：定义墙层功能，包括"结构""衬底""保温层/空气层""面层""涂膜层"等，并确定复合图元的层如何连接到相邻的复合图元。

材质：指定材质用于图形和分析，单击该属性栏中的 ... 按钮，会弹出"材质浏览器"对话框，进行相关设置。

厚度：定义层的厚度，涂膜层的厚度可设置为0。

包络：控制层是在墙端点或插入对象（门和窗）处包络。

结构材质：墙核心边界间的一个层可设置为

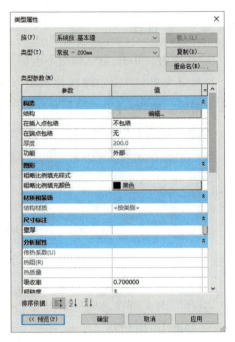

图10-17 "类型属性"对话框

"结构材质"，而核心边界外的层不能指定为结构材质。指定给此层的材质将用于结构分析模型。

可变：复合墙的某一层可设置为可变，除可变层外的所有层都具有固定厚度。此时，墙的"横截面"参数除选择"垂直"和"倾斜"外，还可选择"锥形"。

（2）修改垂直墙结构 "编辑部件"对话框提供了"修改""拆分区域""合并区域"

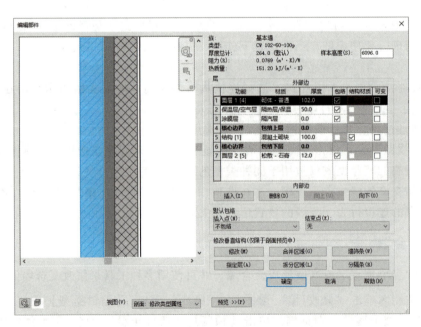

图10-18 "编辑部件"对话框

"指定层"等复合墙工具。需要注意的是,垂直复合墙工具只能修改墙类型进行剖面预览,不能修改墙实例。

1) 修改复合墙。单击【修改】按钮,然后在预览窗格选择样例墙的外边界或区域间的边界。选择样例墙的外垂直边界,会显示临时尺寸标注。改变临时尺寸标注的值,与此边界相邻的层或区域厚度会立即改变。选择墙层顶部或底部的水平外边界,可指定该层是否能延伸。例如,选择墙顶部的水平边界,会显示锁形标志。锁定的锁形标志表示选定层不能延伸。

2) 拆分与合并区域。使用"拆分区域"命令可在水平或垂直方向上,将墙层(或区域)分割成多个新区域。拆分区域时,新区域采用与原始区域相同的材质。使用"合并区域"命令可在水平或垂直方向上,将墙区域(或层)合并成新区域,高亮显示边界时光标所在位置决定合并后的材质。

3) 指定层。使用"指定图层"命令可将对话框中的行指定给图层或预览窗格中的区域。对话框中单击某一行的编号,选中该行;当前指定给此行的全部区域在预览窗格中均高亮显示。单击【指定层】按钮,然后预览窗格中单击区域的边界,即可将选中行的层属性指定给该区域。

4) 墙饰条与分隔条。使用"墙饰条"命令,可将饰条加入该类型墙中。单击【墙饰条】按钮,弹出图10-19 所示的"墙饰条"对话框。设置各项参数后,单击【确定】按钮,"编辑部件"对话框的预览窗格中会显示墙饰条的效果。"墙饰条"对话框中,"距离"参数指墙饰条到墙顶部或底部的距离,"偏移"指墙饰条的水平位置偏移,负值会使墙饰条朝墙核心方向移动;"收进"为墙饰条到附属件(如门窗)

图 10-19 "墙饰条"对话框

的收进距离;"剪切墙"指当墙饰条偏移并内嵌墙中时,墙饰条从主体墙中剪切几何图形。

此外,可使用"分隔条"命令,通过"分隔条"对话框设置参数,为墙添加分隔缝,其操作与"墙饰条"命令类似。

(3) 翻转复合墙方向 墙的方向(内部/外部)可在放置时或放置后更改。在平面视图中放置复合墙时,可按空格键翻转其方向,或在平面视图中选择现有墙,墙的外侧会显示控制箭头⇄,单击箭头则墙的内外将绕定位线翻转。

10.3.5 叠层墙

如图10-20所示,叠层墙由2面以上子墙竖向堆叠形成,子墙可具有不同的厚度。叠层墙中的所有子墙都被附

图 10-20 叠层墙示例

着，其几何图形相互连接。需注意，仅"基本墙"系统族中的墙类型可作为叠层墙的子墙。

（1）定义叠层墙结构　叠层墙结构定义的基本步骤如下：

1）打开叠层墙"类型属性"对话框。项目浏览器的"族"→"墙"→"叠层墙"中，某一类型叠层墙的右键菜单中单击"属性"，打开"类型属性"对话框。如绘图区已布置了叠层墙，可选中该墙，单击功能区"修改"选项卡→"属性"选项板→【类型属性】按钮。

2）对话框中单击【预览】按钮打开预览窗格，用以显示选定墙类型的剖面视图。

3）单击"结构"参数后的【编辑】按钮，打开图 10-21 所示的"编辑部件"对话框。"类型"表中的每一行定义叠层墙的一个子墙。

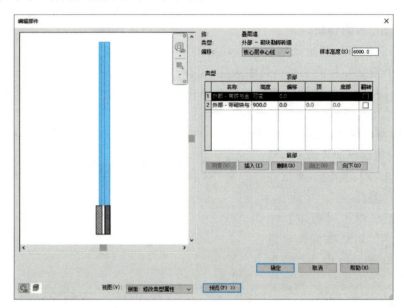

图 10-21　叠层墙"编辑部件"对话框

4）对话框右上角，设置用于对齐子墙的平面作为"偏移"值，可选择"墙中心线""核心层中心线""面层面：外部""面层面：内部""核心层面：外部""核心层面：内部"。

5）指定预览窗格中墙的高度作为"样本高度"。若所插入子墙的无连接高度大于样本高度，则该值将改变。

6）在"类型"表中，单击左列中的编号选择定义子墙的行，或单击"插入"添加新的子墙。类型表中各主要参数的含义如下：

名称：选择子墙类型。

高度：指定子墙的无连接高度。某一子墙需设置为"可变"高度。可通过选择其他子墙的行并单击【可变】按钮，修改可变高度的子墙。

偏移：指定子墙定位线与主墙参照线之间的偏移距离（偏移量）。正值会使子墙向主墙外侧（预览窗格左侧）移动。

顶部、底部：子墙在顶部或底部未锁定时，这两个参数用于控制子墙的"顶部延伸距离"和"底部延伸距离"。

翻转：沿主叠层墙的参照线翻转子墙。

7）参数设置完成后，单击【确定】按钮，完成叠层墙定义。

（2）创建叠层墙实例　功能区单击"建筑"选项卡→"构建"面板→"墙"工具→【墙：建筑】按钮，在出现的"修改|放置墙"选项卡中，选择合适的绘制工具，然后在窗口左侧属性栏的"类型选择器"中选择要布置的叠层墙类型，并在绘图区适当位置绘制叠层墙。

10.3.6　墙饰条与分隔条

"墙饰条"工具用于向墙中添加踢脚板、冠顶饰或其他类型的装饰用水平或垂直投影。打开三维视图或立面视图（包含要添加墙饰条的墙）。功能区单击"建筑"选项卡→"构建"面板→"墙"工具→【墙：饰条】按钮。在属性栏的"类型选择器"中选择墙饰条类型，从"修改|放置墙饰条"→"放置"面板选择墙饰条的方向（水平或垂直）。将光标放在墙上以高亮显示墙饰条位置，单击放置墙饰条。要在不同的位置放置墙饰条，可单击"修改|放置墙饰条"选项卡→"放置"面板→【重新放置墙饰条】按钮。完成墙饰条布置后，按〈Esc〉键退出操作。

"分隔条"工具用于将装饰用水平或垂直剪切添加到立面视图或三维视图的墙中。"分隔条"命令可在三维视图或立面视图中，通过功能区单击"建筑"选项卡→"构建"面板→"墙"工具→【墙：分隔条】按钮执行，具体操作方法与【墙：饰条】类似。

"墙饰条"与"分隔条"的效果如图10-22所示。

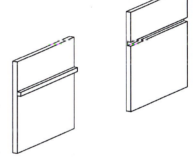

图10-22　"墙饰条"（左）与"分隔条"（右）

10.4　门窗

10.4.1　创建门窗

门和窗是基于主体的构件，可添加到任何类型的墙内，窗也可添加到内建屋顶形成天窗。可在平面、立面、剖面或三维视图中添加门窗构件。选择要添加的门或窗类型，然后指定门或窗在主体图元上的位置，Revit软件会自动剪切洞口并放置门或窗。门窗标记（门窗编号）用于注释门窗型号，可在放置门窗时自动附着标记，或放置门窗后附着标记。

门和窗的创建方法类似，以窗为例，在平面、立面、剖面或三维视图中，功能区单击"建筑"选项卡→"构建"面板→【窗】按钮，出现"修改|放置窗"选项卡。需要放置窗时自动进行标记，在"标记"面板激活【在放置时进行标记】按钮。如图10-23所示，在属性栏的"类型选择器"中选择要布置的窗类型，并设置"底高度"等参数，将光标移到主体构件（如墙）上时，会显示窗的预览图像。预览图像位于墙上所需位置时，单击完成窗的创建，效果如图10-24所示。

图 10-23 窗属性栏

图 10-24 窗绘制效果

10.4.2 更改方向

在平面视图中选择窗，在右键菜单中选择"翻转开门方向"或单击窗图元附近的控制箭头，可更改窗的水平方向（开启方向），效果如图 10-25 所示；选择"翻转面"或单击窗图元附近的控制箭头，可垂直翻转窗（面）。门方向的更改操作与此类似。

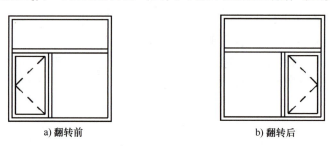

a) 翻转前　　　　　　　　　　　b) 翻转后

图 10-25 翻转开门方向

10.4.3 移动门窗

可通过直接拖拽门窗构件、修改临时尺寸标注或利用"修改"面板的【移动】按钮，在最初放置门窗的墙上重新定位门窗，或采用【拾取新主体】按钮将门窗移到其他墙主体上。具体操作如下：选择要移动的门或窗；单击"修改|窗口"选项卡→"主体"面板→【拾取新主体】按钮；将光标移到另一面墙上，当预览图像位于所需位置时，单击放置门或窗。

10.5 构件

"构件"工具常用于对需要现场交付和安装的建筑图元（如家具和卫浴设备）进行建

模。放置构件的基本步骤如下：

1）打开适用于要放置的构件类型的项目视图。例如，可在平面视图或三维视图中放置桌子，但不能在剖面视图或立面视图中放置。

2）功能区单击"建筑"选项卡→"构建"面板→"构件"工具→【放置构件】按钮。

3）在属性栏的"类型选择器"中，选择所需的构件类型。如所需的构件族尚未载入，可单击"修改|放置构件"选项卡→"模式"面板→【载入族】按钮，在"载入族"对话框中选择族文件进行载入。

4）绘图区中移动光标到适当位置，按空格键选择构件方位，单击完成构件放置。图10-26所示为放置桌子和壁灯的效果。

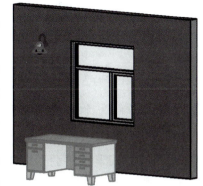

图 10-26　放置构件效果

10.6　柱

10.6.1　创建柱

可使用建筑柱围绕结构柱创建柱框外围模型，并将其用于装饰。建筑柱将继承所连接的其他图元的材质。如果连接墙和建筑柱，且墙定义了粗略比例填充图案，则连接后的柱也会采用该填充图案。

可在平面和三维视图中添加建筑柱。柱的高度由"底部标高"和"顶部标高"属性及偏移定义。单击"建筑"选项卡→"构建"面板→"柱"工具→【柱：建筑】按钮，出现图10-27所示的"修改|放置柱"选项栏，各选项含义如下：

图 10-27　"修改|放置柱"选项栏

放置后旋转：勾选时，可在放置柱后立即将其旋转。

标高：为柱底部选择标高，仅在三维视图中可用。在平面视图中，该视图的标高即为柱的底部标高。

高度：从柱的底部向上绘制柱。要从柱的底部向下绘制，选择"深度"参数。

标高/未连接：选择柱的顶部标高（本例选择为"二层"）或选择"未连接"，然后指定柱的高度。

房间边界：勾选时，可在放置柱前将其指定为房间边界。

设置上述参数后，在属性栏的类型选择器中选择要布置的柱类型，然后在绘图区适当位置单击放置柱。如需移动柱，可选中该柱将其拖拽到新位置。

10.6.2　附着柱

选择某根（或多根）柱时，可将其附着到屋顶、楼板、天花板、参照平面、结构框架

构件、独立基础、基础底板及其他参照标高。在绘图区选择柱，单击"修改|柱"选项卡→"修改柱"面板→【附着顶部/底部】按钮 ，出现图 10-28 所示的选项栏，各选项含义如下：

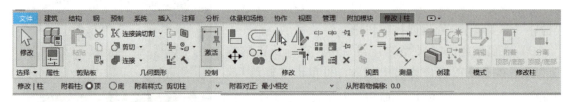

图 10-28 "修改|柱"选项栏

附着柱：指定附着柱的"顶部"或"底部"。

附着样式：包含"剪切柱""剪切目标""不剪切"三个选项。

附着对正：包含"最小相交""相交柱中线""最大相交"三个选项。

从附着物偏移：设置从目标的偏移量。

设置上述参数后，在绘图区选择要附着的目标（如屋顶或楼板）完成操作，效果如图 10-29 所示。

此外，在将柱附着到屋顶、楼板或天花板时，"附着样式"设置为"剪切柱"时，不同附着对正的效果对比如图 10-30 所示。

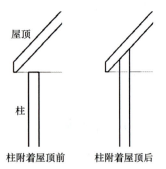

图 10-29 附着柱效果

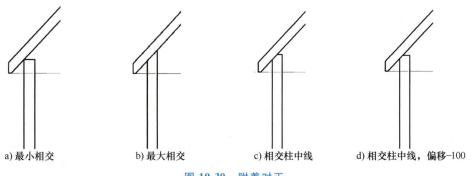

图 10-30 附着对正

对于已附着到屋顶、楼板或其他图元的柱，可对其进行分离。在绘图区选择要分离的柱，单击"修改柱"选项卡→"修改柱"面板→【分离顶部/底部】按钮 ，单击柱附着的目标，完成分离操作。

10.7 楼板

可通过拾取墙或使用绘制工具定义楼板的边界来创建楼板。楼板一般在平面视图绘制，其会沿绘制时所处的标高向下偏移。与"复合墙"类似，Revit 软件中楼板可通过"类型属性"对话框设置多层，具体操作方法可参考 10.3.4 节。

功能区单击"建筑"选项卡→"构建"面板→"楼板"工具→【楼板：建筑】按钮，出现图10-31所示的"修改|创建楼层边界"选项卡。可采用以下方法绘制楼板边界：

1）拾取墙，在绘图区选择用作楼板边界的墙。

2）绘制边界，单击"修改|创建楼板边界"选项卡→"绘制"面板，选择绘制工具，绘制楼板的轮廓。

图10-31 "修改|创建楼层边界"选项卡

楼板边界必须为闭合轮廓线。要在楼板上开洞，可在需要开洞的位置绘制闭合轮廓线。确定楼板边界后，属性栏的"类型选择器"中可选择楼板类型，设置完成后，单击 按钮创建楼板，效果如图10-32所示。

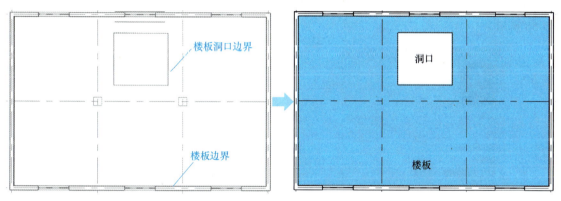

图10-32 创建楼板

此外，采用以下方法可在建筑模型中创建倾斜楼板：在绘制或编辑楼层边界时，绘制坡度箭头 ，指定平行楼板绘制线的"相对基准的偏移"属性值；指定单条楼板绘制线的"定义坡度"和"坡度"属性值。

10.8 屋顶

10.8.1 创建屋顶

Revit软件中常按迹线或拉伸创建屋顶。迹线屋顶通过定义屋顶的边界、屋脊线、交界线和屋顶坡度等形成屋顶，常用于坡屋顶、平屋顶的创建；拉伸屋顶通过定义横截面形状，并拉伸形成屋顶，常用于拱形屋顶创建。

（1）迹线屋顶

1）在楼层平面视图或天花板投影平面视图中，单击"建筑"选项卡→"构建"面板→"屋顶"工具→【迹线屋顶】按钮 ，弹出图10-33所示的"修改|创建屋顶迹线"选项卡。

图 10-33 "修改|创建屋顶迹线"选项卡

2）窗口左侧属性栏的"类型选择器"中，设置屋顶的类型。

3）"绘制"面板选择适当的绘制工具，为屋顶绘制或拾取闭合轮廓线。使用"拾取墙"命令时，可通过设置选项栏的"悬挑"参数值，在绘制屋顶前指定悬挑长度。

4）在绘制屋顶迹线时，通过在选项栏勾选"定义坡度"，并在属性栏中设置"坡度"参数，指定迹线的坡度。如果将某条屋顶线设置为坡度定义线，它的旁边会出现 ◺ 符号。要修改某一迹线的坡度，可选择该线并在图 10-34 所示的属性栏选中"定义屋顶坡度"，然后修改"坡度"参数值。

5）单击"修改|创建屋顶迹线"选项卡→"模式"面板→ ✓ 按钮，弹出图 10-35 所示的对话框，选择"附着"时，软件自动将高亮显示的构件附着到屋顶。屋顶的绘制效果如图 10-36 所示。

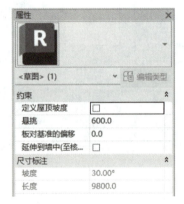

图 10-34 屋顶迹线属性

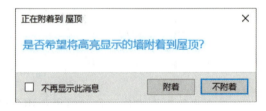

图 10-35 "正在附着到屋顶"对话框

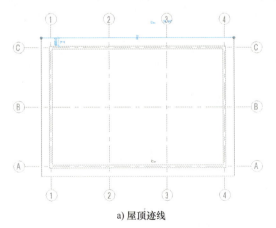

a）屋顶迹线　　b）创建屋顶的三维效果

图 10-36 按迹线创建屋顶

（2）拉伸屋顶

1）在立面视图、三维视图或剖面视图中，单击"建筑"选项卡→"构建"面板→"屋顶"工具→【拉伸屋顶】按钮，弹出图10-37所示的对话框，可采用"名称""拾取平面""拾取线并使用绘制该线的工作平面"三种方式指定工作平面。

2）指定工作平面后，弹出图10-38所示的"屋顶参照标高和偏移"对话框，通常将"标高"参数设置为项目中的最高标高；并通过"偏移"参数设置相对于参照标高提升或降低屋顶。Revit以指定的偏移放置参照平面。使用参照平面，可相对于标高控制拉伸屋顶的位置。

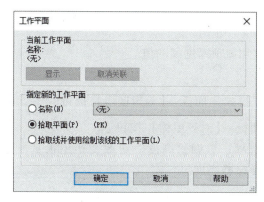

图10-37 "工作平面"对话框

图10-38 "屋顶参照标高和偏移"对话框

3）如图10-39所示，在"修改|创建拉伸屋顶轮廓"选项卡→"绘制"面板选择合适的绘制工具，绘制开放屋顶轮廓线。

图10-39 "修改|创建拉伸屋顶轮廓"选项卡

4）单击"修改|创建屋顶迹线"选项卡→"模式"面板→✓按钮，完成屋顶创建，效果如图10-40所示。

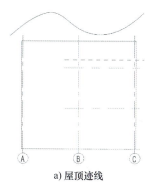

a）屋顶迹线

b）创建屋顶的三维效果

图10-40 拉伸屋顶效果

5) 三维视图中选择所有墙体，单击"修改|墙"选项卡→"修改墙"面板→【附着顶部/底部】按钮，选择已创建的拉伸屋顶，将墙附着到屋顶，效果如图10-41所示。

10.8.2 屋檐

创建屋顶时，通过指定悬挑值来创建屋檐。完成屋顶绘制后，可对齐屋檐并修改其截面和高度。

（1）修改屋檐截面　绘图区选择屋顶，通过属性栏的"橡截面"参数设置屋檐截面，可选择"垂直截面""垂直双截面""正方形双截面"。对于"垂直双截面"或"正方形双截面"，需为"封檐带深度"参数指定介于零和屋顶厚度间的值。

图 10-41　墙附着到拉伸屋顶

（2）对齐屋檐

1）选中屋顶，单击"修改|屋顶"选项卡→"模式"面板→【编辑迹线】按钮，出现"修改|屋顶>编辑迹线"选项卡，单击"工具"面板→【对齐屋檐】按钮。

2）选择屋檐线，设置用于调整屋檐属性的选项。"调整高度"可改变距屋顶基准的"偏移"。"调整悬挑"可通过调整"悬挑"值改变屋檐高度。

3）选择处于所需悬挑/高度的屋檐。

4）选择需要调整悬挑/高度的其余屋檐。当选择其余屋檐时，如使用"拾取墙"创建的屋顶线，则可选择"调整高度"或"调整悬挑"。如使用绘制工具绘制的屋顶线，则只可选择"调整高度"。

5）单击按钮完成编辑。

（3）更改屋檐高度　在创建屋顶后，可调整屋檐的高度。选中屋顶，单击"修改|屋顶"选项卡→"模式"面板→【编辑迹线】按钮。选择坡度定义边界线。在属性栏指定"与屋顶基准的偏移"或"板对基准的偏移"值，单击按钮完成编辑。

10.8.3 檐沟

Revit软件中，可为屋顶、屋檐底板和封檐带边缘添加檐沟。添加檐沟的基本步骤如下：单击"建筑"选项卡→"构建"面板→"屋顶"工具→【屋顶：檐槽】按钮；在绘图区移动光标，高亮显示屋顶、层檐底板、封檐带或模型线的水平边缘，单击放置檐沟。

10.8.4 老虎窗

在屋顶创建老虎窗的基本步骤如下：

1）创建老虎窗的侧墙。单击"建筑"选项卡→"构建"面板→"墙"工具，在属性栏"类型选择器"中选择墙类型，将墙的"顶部约束"设置为"未连接"并指定"高度"。在平面视图中放置围成老虎窗的三面墙。选中三面墙，在属性栏将"底部约束"设置为屋顶标高。使用"修改|墙"选项卡，将三面墙的底部附着到主屋顶。

2）创建老虎窗的屋顶。单击"建筑"选项卡→"构建"面板→"屋顶"工具，在属性栏将"底部约束"设置为屋顶标高并指定"偏移"和"悬挑",从而将老虎窗屋顶定位在主屋顶上方。使用"拾取墙"和"线段"工具创建屋顶迹线,创建老虎窗屋顶,将老虎窗墙附着到老虎窗屋顶,并将老虎窗屋顶与主屋顶连接。

3) 创建老虎窗。单击"建筑"选项卡→"构建"面板→"窗"工具,按第10.4节的方法绘制窗。

4) 主屋顶与老虎窗相交位置处开洞。打开可在其中看到老虎窗屋顶及附着墙的视图。单击"建筑"选项卡→"洞口"面板→【老虎窗】按钮。移动光标,高亮显示建筑模型的主屋顶,单击选中主屋顶,出现"修改|编辑草图"选项卡,【拾取屋顶/墙边缘】按钮默认为激活状态,拾取构成老虎窗洞口的边界,单击 ✓ 按钮完成编辑。

老虎窗的绘制效果如图10-42所示。

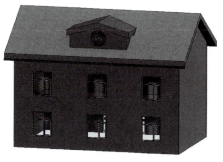

图10-42 老虎窗绘制效果

10.9 楼梯

Revit软件中通过装配常见梯段、平台和支撑等构件来创建楼梯。楼梯常包括以下部件:①梯段,可绘制直梯、螺旋梯段、U形梯段、L形梯段、自定义绘制的梯段等,梯段会自动与楼梯系统中的其他构件交互;②平台,通过拾取两个梯段在梯段间自动创建,或创建自定义绘制的平台;③支撑(侧边和中心),随梯段自动创建,也可通过拾取梯段或平台边缘创建;④栏杆扶手,在创建期间自动生成,或稍后放置。

10.9.1 创建梯段

1. 基本设置

(1) "修改|创建楼梯"选项卡 单击"建筑"选项卡→"楼梯坡道"面板→【楼梯】按钮,出现图10-43所示的"修改|创建楼梯"选项卡。

图10-43 "修改|创建楼梯"选项卡

单击"构件"面板→【梯段】按钮。在"构件"面板可选择"直梯""全踏步螺旋梯段""圆心-端点螺旋梯段""L形斜踏步梯段""U形斜踏步梯段""创建草图",以创建所需的梯段类型。不同梯段类型的效果如图10-44所示。其中,创建草图用于绘制自定义梯段。各类型梯段的创建操作类似,本书以"直梯"为例进行介绍。

可在创建梯段时自动创建栏杆扶手。单击"修改|创建楼梯"选项卡→"工具"面板→【栏杆扶手】按钮,弹出图10-45所示的对话框,对栏杆扶手类型与位置进行设置。在栏杆扶手类型列表中,选择"无"时不自动创建栏杆扶手。需注意,在完成楼梯创建前,绘

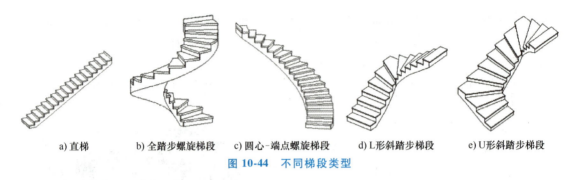

图 10-44　不同梯段类型

图区不会显示栏杆扶手。

（2）选项栏　"定位线"可设置为"梯边梁外侧：左""梯段：左""梯段：中心""梯段：右""梯边梁外侧：右"，分别对应图 10-46 中的位置 1~5。其他参数含义如下：

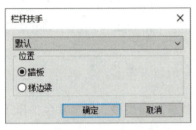

图 10-45　"栏杆扶手"对话框

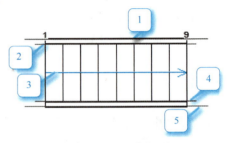

图 10-46　梯段定位线

偏移：为创建路径指定偏移值。例如，为"偏移"输入 50，且"定位线"为"梯段：中心"，则创建路径为向上楼梯中心线的右侧 50。负偏移在中心线的左侧。

实际梯段宽度：指定梯段宽度值，不包含支撑。

自动平台：默认勾选，创建到达下一楼层的两个单独梯段时，Revit 会在两梯段间自动创建平台。

（3）属性栏　楼梯和直梯段的属性栏如图 10-47 所示，可在【编辑类型】按钮左侧的

a）楼梯属性

b）直梯段属性

图 10-47　梯段属性栏

下拉框内切换。主要属性参数的含义如下：

底部标高：指定楼梯底部的标高。平面视图中相关标高设置为基准；三维视图中项目的底部标高设置为基准；立面或剖面视图中系统会提示选择标高。

底部偏移：设置楼梯与底部标高的偏移。

顶部标高：设置楼梯的顶部标高。默认为底部标高上方的标高，若底部标高上方没有标高，则为"未连接"。

顶部偏移：设置楼梯与顶部标高的偏移，"顶部标高"为"未连接"时不可用。

所需踢面数：基于标高间的高度按建筑设计要求确定的楼梯踏步数。

实际踢面数：只读参数，正确添加梯段后一般与"所需踢面数"相同。

实际踢面高度：只读参数，根据本层楼梯高度与"所需踢面数"计算得到。

实际踏板深度：踏步宽度，可由设计者指定。

相对基准高度：梯段相对于楼梯底部高程的基准高度。

相对顶部高度：梯段相对于楼梯底部高程的顶部高度。

梯段高度：只读参数，显示计算得出的梯段高度。

延伸到踢面底部之下：梯段延伸到楼梯底部标高下的距离。当梯段附着到楼板洞口表面，而非放置在楼板表面时，可通过该参数进行设置。要将梯段延伸到楼板下需输入负值。

以踢面开始：勾选该项时，可在梯段的开始处添加一个踢面；不勾选该项时，删除起始踢面，并将相邻踏步放置在底部高程处。

以踢面结束：勾选该项时，可在梯段的末端添加一个踢面；不勾选该项时，删除末端踢面。

2. 创建直梯段

通过指定梯段的起点和终点来创建直梯段构件。单击"修改|创建楼梯"选项卡→"构件"面板→【直梯段】按钮 ▥。绘图区单击指定梯段的起点，移动光标再次单击指定梯段的终点和踢面总数。如图10-48所示，在创建直梯段时，Revit会指示梯段边界和达到目标标高所需的完整台阶数。在快速访问工具栏上，单击【默认三维视图】按钮 ⌂ 或在项目浏览器中打开三维视图，可在退出楼梯编辑模式前以三维形式查看梯段。完成操作后单击 ✓ 按钮，直梯段绘制的三维效果如图10-49所示（提示：需要在三维视图中仅显示楼梯，可选中楼梯构件，然后输入快捷键"HI"）。

3. 创建多跑直梯段

可通过"自动平台"功能创建由平台连接的多跑直梯段。单击"修改|创建楼梯"选项卡→"构件"面板→【直梯段】按钮 ▥，选项栏中设置合适的"定位线"并确认"自动平台"为勾选状态。

以双跑楼梯为例，绘图区单击指定第一梯段的起点，达到所需的踢面数后，单击指定第一梯段的终点（平台的起点）。移动光标，在适当位置单击指定第二梯段的起点，达到所需的踢面数后，单击指定第二梯段的终点，单击 ✓ 按钮完成楼梯创建。采用类似的方式可创建三跑楼梯等，绘制效果如图10-50所示。

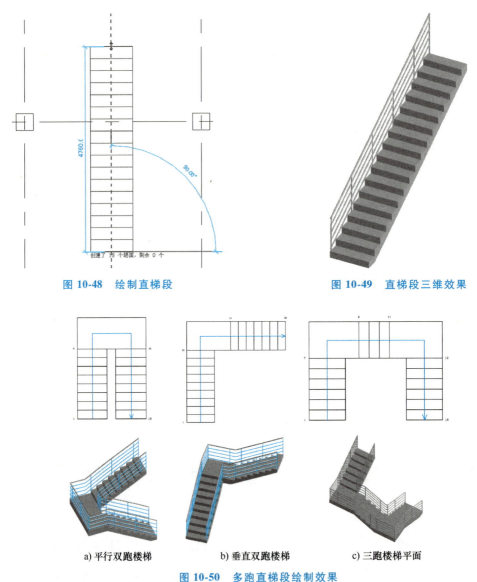

图 10-48 绘制直梯段　　图 10-49 直梯段三维效果

a) 平行双跑楼梯　　b) 垂直双跑楼梯　　c) 三跑楼梯平面

图 10-50 多跑直梯段绘制效果

10.9.2 创建平台

创建梯段时若未勾选"自动平台",可利用"平台"工具创建两个相关梯段间的平台,但两梯段需在同一楼梯部件编辑任务中创建,且一个梯段的起点或终点标高与另一梯段的起点或终点标高相同。

单击"修改|创建楼梯"选项卡→"构件"面板→"平台"工具→【拾取两个梯段】按钮, 在绘图区依次选择两个相关梯段后,软件自动创建连接平台,效果如图 10-51 所示。

10.9.3 创建支撑构件

使用"支撑"工具可为现有梯段或平台创建支撑构件。在平面视图或三维视图中选择

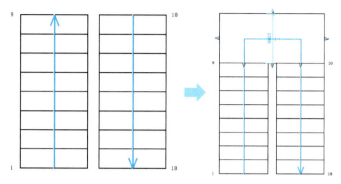

图 10-51 创建平台

楼梯,单击"修改|楼梯"选项卡→"编辑"面板→【编辑楼梯】按钮,出现"修改|创建楼梯"选项卡。单击"构件"面板→【支座】按钮。在绘图区中将光标移动到要添加支撑的梯段或平台边缘上,单击选择边缘自动创建支撑。可继续选择其他边缘以创建其他侧支撑,连续支撑将通过斜接连接自动连接在一起。

单击按钮完成支撑构件的创建,效果如图 10-52 所示。此外,要选择楼梯的整个外部或内部边界,可将光标移到边缘上按〈Tab〉键,直到整个边界被高亮显示,然后单击将其选中。在这种情况下,将通过斜接创建平滑支撑。

10.9.4 修改楼梯

图 10-52 创建支撑

创建楼梯时,可修改楼梯的各构件,包括梯段、平台和支撑等,也可修改整个楼梯,如更改楼梯类型或位置。修改某一构件可能会影响其他构件。此外,通过绘制形状创建楼梯构件时,构件间不会自动彼此关联。例如,绘制梯段和平台构件后,若更改梯段的宽度,则平台形状不会自动更改,需手动更新。

(1) 使用编辑工具修改楼梯构件 可使用第 8.3 节介绍的常见编辑工具(如"移动""旋转""复制""对齐")修改楼梯部件或整个楼梯。例如,可选中所有或部分楼梯部件,使用"移动"命令重新定位,或使用"旋转"命令更改梯段的水平位置。使用编辑工具修改楼梯时,需要注意以下几点:

1)使用"移动"等编辑工具不会更改楼梯的基准高程,但会重新定位楼梯的起点和终点标高。

2)使用"移动"工具修改平台的高度位置或修改平台的"高度"属性后,梯段间的台阶将发生调整,以适应平台高度的变化。

3)若删除连接到自动平台的梯段,则平台将转换为草图。

4)删除梯段或平台将删除构件和以其为主体的图元,如支撑、踏板/踢面和栏杆扶手。

(2) 使用控制柄修改楼梯构件 采用控制柄可修改楼梯构件、移动/旋转梯段、添加/删除台阶、平衡台阶数量、修改梯段宽度及重塑平台等。

1)修改楼梯构件。选择楼梯,单击"修改|楼梯"选项卡→"编辑"面板→【编辑楼

梯】按钮 。在楼梯部件编辑模式下，会显示踢面索引号作为参考。这些编号指明了每一梯段中的第一个和最后一个踢面。对楼梯进行修改时，这些编号会动态更新。单击选择要修改的构件，使用控制柄直接修改。如图 10-53 所示，对于直梯段及平台，各控制柄的功能如下：

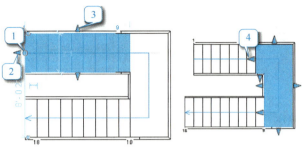

图 10-53　楼梯部件控制柄

控制柄 1：拖拽实心圆点控制柄（在开放的梯段末端），可重新定位梯段末端，并添加或删除任何方向的踏板/踢面。需注意，不能在楼梯的底部标高之下添加踏板/踢面。

控制柄 2：沿楼梯路径拖拽梯段末端的箭头控件，可添加或删除台阶。使用箭头控件修改梯段末端可保持楼梯的高度。

控制柄 3：拖拽其中一个梯段边缘处的箭头形状控件，可修改梯段的宽度。

控制柄 4：拖动平台位置的箭头控制柄，可修改平台弦边长度（平台与梯段连接处）。

2）移动梯段。编辑模式下选中梯段，光标变为 形状时，按住左键移动梯段，相互连接的构件（如自动平台）依然保持连接，且楼梯部件的高度保持不变。

3）旋转梯段。选择梯段构件，偏离梯段方向拖拽实心圆点控制柄（在开放末端）可进行梯段旋转。如果梯段连接了自动平台，平台的形状将进行调整，以适应新的梯段角度，效果如图 10-54 所示。

4）添加/删除台阶。如图 10-55 所示，选择梯段构件，沿梯段方向拖拽实心圆点控件，可在开放梯段末端添加或删除踏板/踢面。如果在顶部梯段的开放末端添加台阶，这些台阶将高出楼梯的顶部高程。此外，添加台阶后，梯段的底部不能低于楼梯的底部。

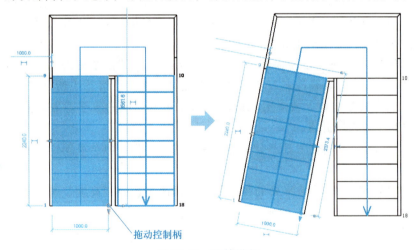

图 10-54　旋转梯段

5）平衡台阶数量。拖拽梯段一端的 形控制柄，可平衡梯段中的台阶数量。原来的楼梯高度保持不变，但台阶的配置会发生变化。如图 10-56 所示，拖动右侧梯段 形控制

第10章 Revit建筑三维建模

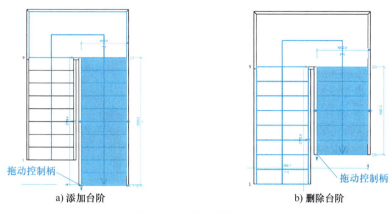

图 10-55 添加/删除台阶

柄，减少1个台阶时，左侧梯段开放端自动增加1个台阶，从而在楼梯高度不变的情况下保持台阶数量平衡。

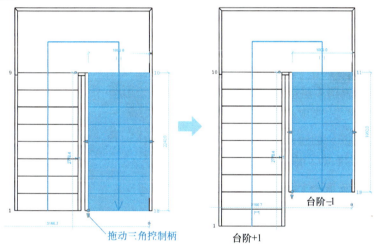

图 10-56 平衡台阶数量

6）修改梯段宽度。选择梯段，拖拽梯段边缘处的箭头形状控制柄，可修改梯段宽度，同时连接的平台构件宽度也随之改变，效果如图 10-57 所示。

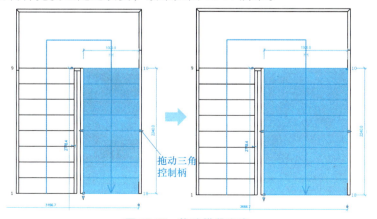

图 10-57 修改梯段宽度

351

7）重塑平台。选择平台，拖拽平台边缘处的箭头形状控制柄，可修改平台的尺寸和形状，效果如图 10-58 所示。

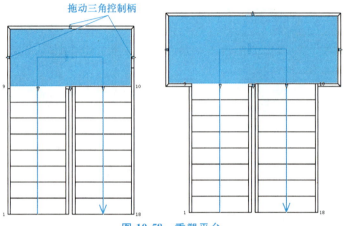

图 10-58　重塑平台

10.9.5　多层楼梯

在创建楼梯时，使用"多层：选择标高"工具可在选定标高上创建多层楼梯，具体步骤如下：

1）单击"建筑"选项卡→"楼梯坡道"面板→【楼梯】按钮，创建所需的楼梯构件。

2）选中楼梯，单击"修改|创建楼梯"选项卡→"多层楼梯"面板→【选择标高】按钮，弹出图 10-59 所示的"转到视图"对话框，选择适当的视图单击【打开视图】按钮。

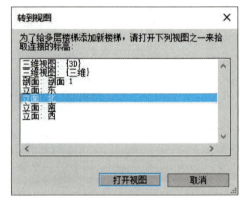

图 10-59　"转到视图"对话框

在立面视图或剖面视图中，选择楼梯延伸的标高（选中后高亮显示），单击 ✓ 按钮完成多层楼梯创建，效果如图 10-60 所示。

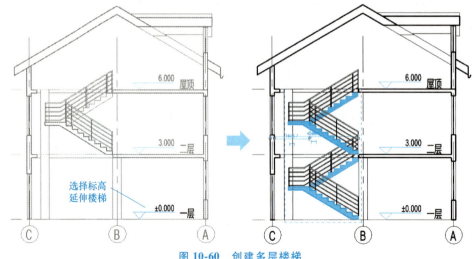

图 10-60　创建多层楼梯

课后练习

1. 【上机练习】熟练掌握本章 Revit 建筑三维建模的操作示例。
2. 【上机练习】熟悉 Revit 建筑三维建模时，墙、门窗、构件、柱、楼板、屋顶及楼梯等的类型属性与实例属性，总结修改属性的基本方法。
3. 【上机练习】练习使用"轴网"工具绘制圆弧轴网。
4. 【上机练习】按以下构造层新建复合墙类型：①0.2mm 外墙涂料面层；②20mm 厚水泥砂浆防护层；③100mm 厚 EPS 保温层；④20mm 专用粘结砂浆层；⑤200mm 钢筋混凝土墙；⑥20mm 厚水泥砂浆找平层；⑦8mm 厚瓷砖面层。
5. 【上机练习】在 Revit 平面视图中，练习绘制图 4-200 所示的建筑平面。
6. 【上机练习】查阅资料，练习利用"修改|创建楼梯"选项卡→"构件面板"→"创建草图"工具，绘制图 10-61 所示的自定义梯段，梯段总高度 2800mm。

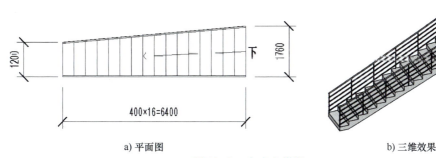

a) 平面图　　　　　　　　　　　　b) 三维效果

图 10-61　自定义梯段

7. 简述 Revit 软件中载入系统族的方法。
8. 对比建筑墙柱与结构墙柱的区别。
9. 说明修改门窗构件开启方向和内外面的常用方法。
10. 简述 Revit 软件中墙连接的形式及设置方法。
11. 对比迹线屋顶和拉伸屋顶的差异，简述二者的适用范围。
12. 简述附着建筑墙和柱到坡屋顶的基本操作。
13. 总结双跑直段楼梯中修改各梯段踏步数可采用的方法。
14. 查阅资料，总结 Revit 软件中楼板与天花板的区别。
15. 查阅资料，总结 Revit 软件中创建坡道构件的基本方法。

第11章 Revit建筑三维建模实例

在前面的章节中,详细介绍了 Revit 的基础知识、视图及三维建模操作。为进一步系统地说明建筑三维建模的方法与步骤,本章以多层建筑项目设计为例,采用 Revit 2025 软件创建标高与轴网,进行墙、门窗、楼板、屋顶、楼梯与场地的三维设计,并布置平面图、立面图、剖面图及门窗表等。通过本章学习,应能够较为熟练地掌握建筑三维建模与布图,独立完成简单建筑的 Revit 建模操作。此外,通过在同一建筑项目案例设计的基础上,对比本章 Revit 建筑三维建模操作过程与第 6 章的 AutoCAD 建筑二维制图过程,可进一步深入了解二维制图与三维建模的差异。

11.1 项目设置

11.1.1 新建项目

BIM-01 项目设置

本章以第 6 章的多层建筑为例,介绍采用 Revit 软件进行建筑三维建模的基本操作过程。

Revit 软件中,项目是建筑设计的联合文件,所有视图、图纸及明细表都包含在项目文件中。修改建筑模型时,所有相关的视图、图纸和明细表会自动更新。

启动 Revit 软件,进入 Revit 主页界面,在"模型"列表中单击【新建】按钮,弹出图 11-1 所示的"新建项目"对话框。单击样板文件列表右侧的【浏览】按钮,弹出"选择样板"对话框,选择"DefaultCH-SCHS.rte"后单击【打开】按钮,返回"新建项目"对话框,新建对象设置为"项目",单击【确定】按钮,完成项目创建并进入工作界面。

图 11-1 "新建项目"对话框

11.1.2 项目设置与保存

(1) 设置项目信息 单击"管理"选项卡→"设置"面板→【项目信息】按钮,在对话框内输入项目信息。

（2）设置单位 单击"管理"选项卡→"设置"面板→【项目单位】按钮，弹出图 11-2 所示的"项目单位"对话框。将长度单位设置为毫米（mm），面积单位设置为平方米（m²），体积单位设置为立方米（m³），坡度单位设置为百分比（%）。

（3）保存项目 单击"应用程序菜单"或"快速访问工具栏"→【保存】按钮，弹出"另存为"对话框。设置文件名（本例设置为"三维建模实例"）与保存路径，单击【保存】按钮。

图 11-2 "项目单位"对话框

11.2 创建基准

11.2.1 创建标高

BIM-02 创建基准

（1）打开立面视图 如图 11-3 所示，在项目浏览器中打开立面视图（以南立面为例）。

（2）修改标高 将"标高 1"和"标高 2"分别修改为"1F"和"2F"。将"2F"标高的数值修改为 4.500，即一层的层高修改为 4.500m。

（3）创建标高 如图 11-4 所示，通过"复制"命令生成新标高，命名为"室外地面"，标高数值为"-0.300"，并在属性栏的"类型选择器"中将标高类型设置为"下标头"。

单击"建筑"选项卡→"基准"面板→【标高】按钮，在"修改|放置标高"选项卡→"平面视图"面板中勾选"创建平面视图"。如图 11-5 所示，将光标移动至"2F"标高线的左端，Revit 自动捕捉和对齐"2F"标高线的起点。向上移动光标，当临时尺寸显示 3500 时，单击并向右拖动，与"2F"右端标头对齐时，再次单击，完成新标高线绘制。采用相同步骤，绘制 3~6 层及屋顶标高，结果如图 11-6 所示。各层底部标高数值分别如下：1 层±0.000，2 层 4.500，3 层 8.000，4 层 11.000，5 层 14.000，6 层 17.000，阁楼 20.000，屋顶 20.900，屋脊 23.600。

图 11-3 项目浏览器

11.2.2 创建轴网

创建标高后，项目浏览器中双击打开 1F 楼层平面视图，进行轴网创建和编辑。

（1）绘制垂直轴线 单击"建筑"选项卡→"基准"面板→【轴网】按钮，在绘图区选择垂直轴线的起点和终点，完成 1 号轴线绘制。选中①号轴线，在属性栏中单击【编辑类型】按钮，在"类型属性"对话框中，将"轴线中段"参数设置为"连续"，并勾选"平面视图轴号端点 1"和"平面视图轴号端点 2"后，单击【确定】按钮。利用"轴网"或"复制"工具等，继续绘制其他垂直轴线。单击"注释"选项卡→"尺寸标注"面板→【对齐】按钮，对垂直轴线的间距进行尺寸标注。轴线及尺寸标注的绘制结果如图 11-7 所示。

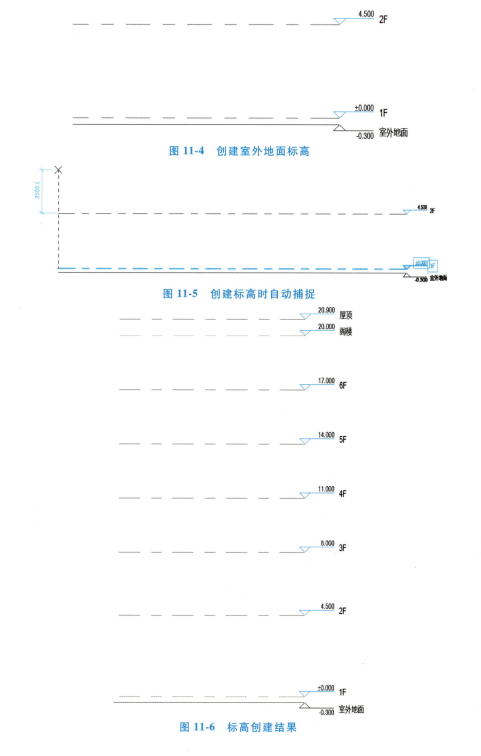

图 11-4　创建室外地面标高

图 11-5　创建标高时自动捕捉

图 11-6　标高创建结果

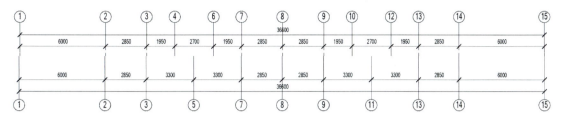

图 11-7 垂直轴线绘制结果

（2）绘制水平轴线 单击"建筑"选项卡→"基准"面板→【轴网】按钮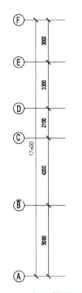，移动光标到视图中①号轴线下标头的左上方位置，单击确定轴线起点。水平移动光标到⑮号轴线右侧，再次单击确定轴线终点。双击标头文字，将其修改为"A"。采用类似方法或"复制"工具绘制其他水平轴线并标注轴线间距，结果如图 11-8 所示。

为方便布置建筑构件，可采用修改工具和控制柄对轴网做进一步优化，结果如图 11-9 所示。轴网创建完成后，为防止后期建模过程中对轴网进行误操作，可对轴网进行锁定。选中所有轴线，单击"修改|轴网"选项卡→"修改"面板→【锁定】按钮。

图 11-8 水平轴线绘制

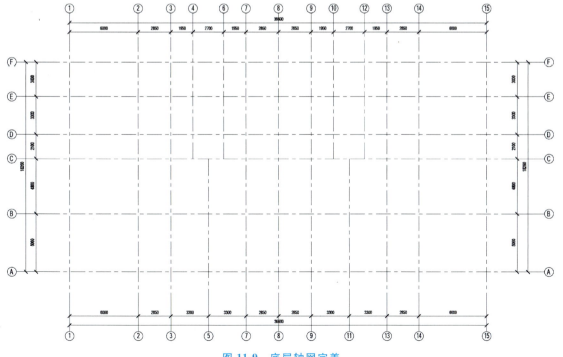

图 11-9 底层轴网完善

11.3 创建墙体

11.3.1 第一层墙体

BIM-03 创建墙体

(1) 设置外墙构造层 在项目浏览器中打开"1F"平面视图。单击"建筑"选项卡→"构建"面板→"墙"工具→【墙:建筑】按钮，在属性栏的"类型选择器"中选择墙类型，单击【编辑类型】按钮弹出"类型属性"对话框，单击【复制】按钮，在图 11-10 所示的"名称"对话框中输入"案例外墙"，单击【确定】按钮。在"结构"参数后单击【编辑】按钮，在弹出的对话框内按图 11-11 设置构造层，单击【确定】按钮返回"类型属性"对话框，再次单击【确定】按钮完成设置。

图 11-10 新建外墙类型

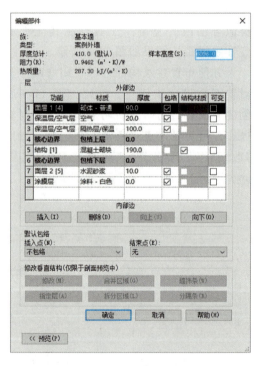
图 11-11 外墙构造层设置

(2) 绘制第一层平面外墙 在"类型选择器"中选择刚创建的"案例外墙"类型，在选项栏中设置墙定位线与偏移（本例采用"墙中心线"且"偏移值"为0），"高度"设置为"2F"（第一层墙顶位置设置为第二层底标高）。单击"修改|放置墙"选项卡→"绘制"面板→【线】按钮，绘制第一层外墙，并检查内外方向，结果如图 11-12 所示。

(3) 设置内墙构造层 采用与外墙类似的方法，按图 11-13 设置内墙构造层（核心层 190mm 厚用于分户墙，90mm 厚用于户内隔墙）。

(4) 绘制第一层平面内墙 单击"建筑"选项卡→"构建"面板→"墙"工具→【墙:建筑】按钮，在"类型选择器"中选择"案例内墙"类型。在选项栏中设置墙定位线与

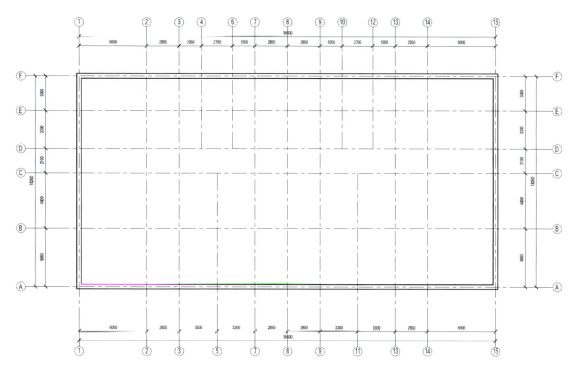

图 11-12 第一层平面外墙绘制

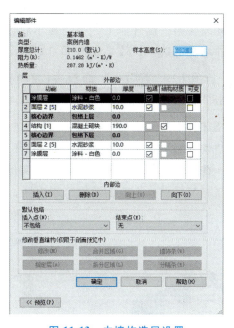

图 11-13 内墙构造层设置

偏移（本例采用"墙中心线"且"偏移值"为 0），"高度"设置为"2F"。单击"修改|放置墙"选项卡→"绘制"面板→【线】按钮，绘制第一层内墙，结果如图 11-14 所示。

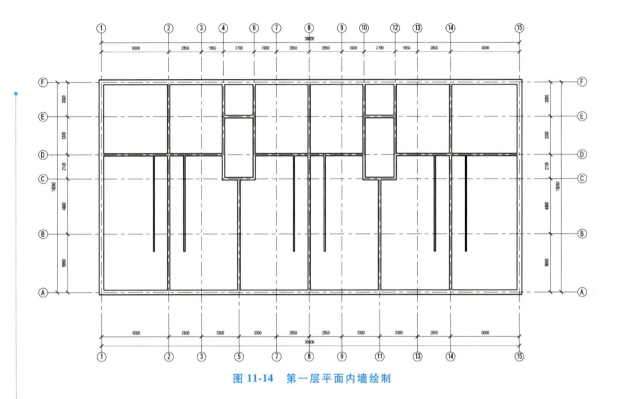

图 11-14　第一层平面内墙绘制

11.3.2　第二层墙体

切换到三维视图，将光标放在第一层外墙上，高亮显示后按〈Tab〉键，所有外墙将全部高亮显示，单击，第一层外墙全部选中，效果如图 11-15 所示。

功能区单击"修改|墙"选项卡→"剪贴板"面板→【复制到剪贴板】按钮，将外墙构件复制到剪贴板备用。单击"修改|墙"选项卡→"剪贴板"面板→"粘贴"工具→【与选定的标高对齐】按钮，弹出图 11-16 所示的对话框。选择"2F"并单击【确定】按钮，第一层平面的外墙将自动复制到二层平面，效果如图 11-17 所示。

选中第一层的任一内墙，在右键菜单中单击"选择全部实例"→"在视图中可见"，选中所有内墙。重复上述外墙的复制与粘贴操作，创建第二层内墙，效果如图 11-18 所示。

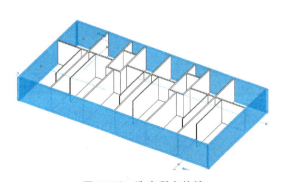

图 11-15　选中所有外墙

图 11-16　"选择标高"对话框

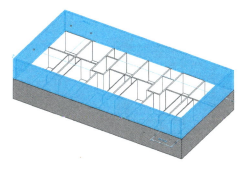

图 11-17　复制生成第二层外墙

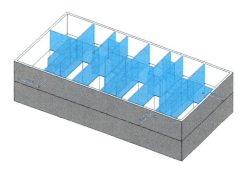

图 11-18　复制生成第二层内墙

由于第二层墙体由第一层复制生成，复制后的内墙和外墙高度与第一层层高 4.5m 一致，但第二层层高为 3.5m，故需要对复制得到的第二层墙体进行高度修改。切换至"2F"平面视图，选中所有第二层墙体，左侧属性栏中将"顶部偏移"参数修改为 0。

综合利用"移动""复制""删除""修剪"等命令，对第二层墙体与第一层墙体的不同之处做修改与完善，结果如图 11-19 所示。

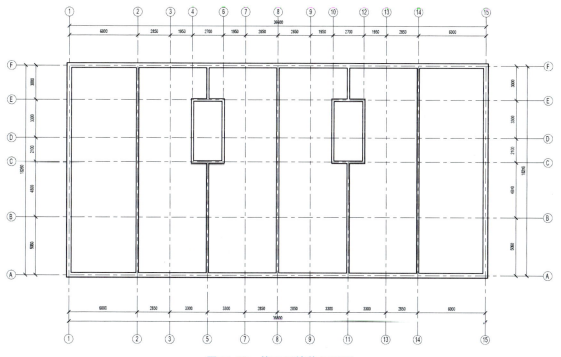

图 11-19　第二层墙体平面图

11.3.3　其他楼层墙体

本建筑案例三层以上为住宅，平面布局变化较大。在项目浏览器中切换至"3F"平面视图，窗口左侧视图属性对话框中，"底图"节点下的"范围：底部标高"参数设置为"2F"，"范围：顶部标高"参数设置为"3F"，已布置的第二层墙体将灰色淡显，方便创建第三层墙体时作为参照。采用"墙：建筑"与"修改"工具，参考第11.3.1节完成其他楼层墙体的绘制工作，结果如图11-20~图11-22所示。

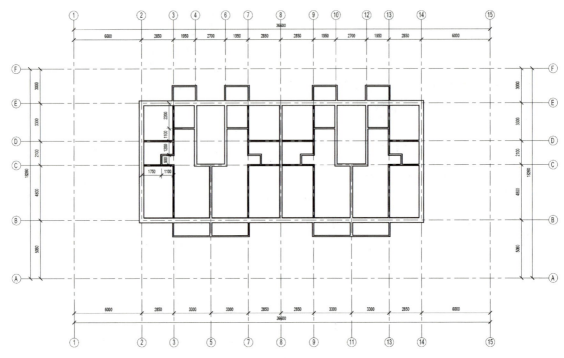

图 11-20　第三~五层墙体平面图

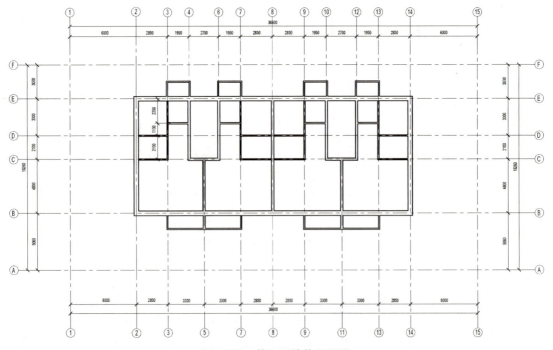

图 11-21　第六层墙体平面图

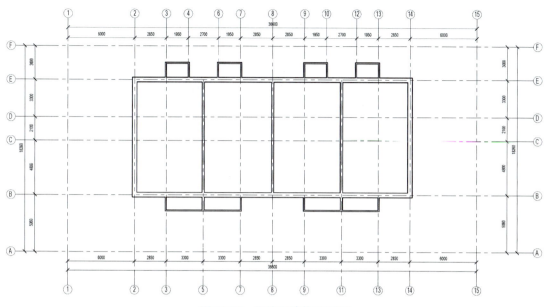

图 11-22 阁楼层墙体平面图

11.4 创建门窗

11.4.1 第一层门

1. 布置

Revit 软件中默认的门族类型较少,可利用"载入族"工具将外部族载入当前建筑设计环境。功能区单击"插入"选项卡→"从库中载入"面板→【载入族】按钮,在图 11-23 所示的"载入族"对话框中,找到"Revit 软件"→"Libraries"→"Chinese"→"建筑"→"门"文件夹,按需要选择文件夹中的"*.rfa"文件载入门族(本例载入"双面嵌板镶玻璃门5.rfa""双面嵌板连窗玻璃门4.rfa""水平卷帘门.rfa""单扇嵌板木门19""子母门")。

图 11-23 "载入族"对话框

打开"1F"平面视图,单击"建筑"选项卡→"构建"面板→【门】按钮。单击"修改|放置门"选项卡→"标记"面板→【在放置时进行标记】按钮,在属性栏"类型选择器"中选择要布置的门类型。本例中,住宅单元门采用"双面嵌板镶玻璃门5",车库门采用"水平卷帘门",商服门采用"双面嵌板连窗玻璃门4",住宅入户门采用"子母门",所有室内门采用"单扇嵌板木门19"。

以住宅单元门为例，"类型选择器"中选择"双面嵌板镶玻璃门5：1500×2100"，单击【编辑类型】按钮，在"类型属性"对话框中将"类型标记"参数设置为"M1521"，单击【确定】按钮。将光标移动到要布置单元门的外墙上，观察临时尺寸标注位置及门开启方向（按空格键调整方向），在适当位置单击完成门布置，结果如图11-24所示。布置完成后，可通过调整临时尺寸标注或"修改"选项卡的"移动"工具等进一步调整门的位置。采用类似方法完成第一层所有门构件的布置（本例中第一层无窗）。

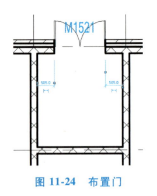

图11-24 布置门

2. 尺寸标注

功能区单击"注释"→"尺寸标注"面板→【对齐】按钮，在选项栏中"拾取"选择"整个墙"，单击【选项】按钮，在"自动尺寸标注选项"对话框中，勾选"洞口""宽度""相交墙"，并单击【确定】按钮。返回绘图区后，光标选择布置了门的墙体，完成门定位尺寸标注，结果如图11-25所示。

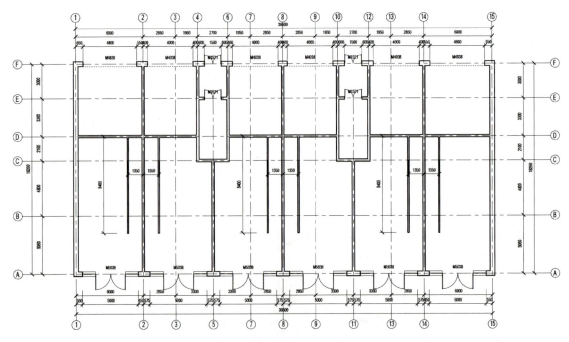

图11-25 第一层门布置

3. 编号

若在门窗布置完成后，有部分门窗构件没有编号，可在功能区单击"注释"选项卡→"标记"面板→【全部标记】按钮，弹出图11-26所示的"标记所有未标记的对象"对话框，在对话框内勾选"门""窗"，单击【确定】按钮，软件自动对所有门窗进行编号。此外，自动生成的门窗编号一般为水平方向，可采用"修改"选项卡→"修改"面板→【旋转】按钮调整门窗编号的文字方向。

11.4.2 第二层窗

利用"载入族"工具载入"组合窗-双层四列（两侧平开）-上部固定""组合窗-双层三列（两侧平开）-上部固定"族，步骤与载入门族相同。以第二层窗布置为例，打开"2F"平面视图，单击"建筑"选项卡→"构建"面板→【窗】按钮。单击"修改|放置窗"选项卡→"标记"面板→【在放置时进行标记】按钮，在属性栏"类型选择器"中选择要布置的窗类型。以第二层南侧外窗为例，选择"组合窗-双层四列（两侧平开）-上部固定"，单击【编辑类型】按钮。在图11-27所示的"类型属性"对话框中，单击【复制】按钮，"名称"输入"2500×1900mm"，"平开扇宽度"设置为600，"粗略宽度"设置为2500，"高度"设置为1900，"类型标记"设置为C2519，单击【确定】按钮。

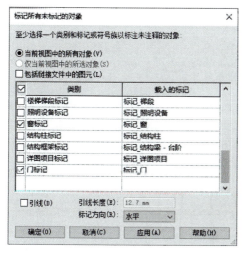

图11-26 "标记所有未标记的对象"对话框

图11-27 窗"类型属性"对话框

返回绘图区后，在属性栏中将"底高度"参数设置为900。将光标移动到要布置窗的外墙上，根据临时尺寸标注在适当位置单击完成窗布置。布置完成后，可通过调整临时尺寸标注或"修改"选项卡的"移动"工具等进一步调整窗的位置。采用类似方法完成第二层所有窗构件的布置，并参考11.4.1节的方法进行窗定位尺寸标注，结果如图11-28所示。

11.4.3 其他层门窗

其他各层门窗布置的方法与第一层及第二层相同，布置结果如图11-29、图11-30所示，墙体和门窗布置的三维效果如图11-31所示。

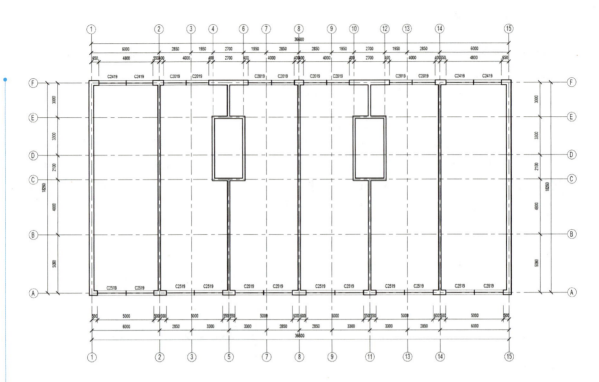

图 11-28　第二层窗布置

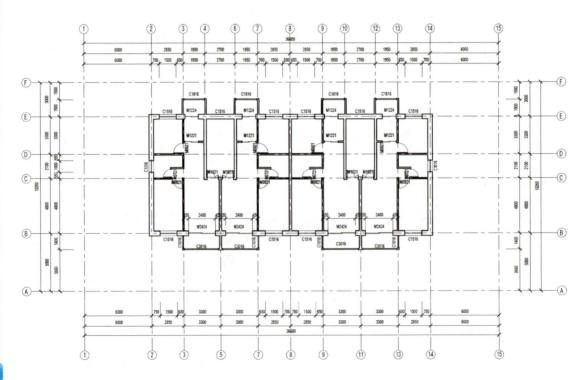

图 11-29　第三~五层门窗布置

第11章　Revit建筑三维建模实例

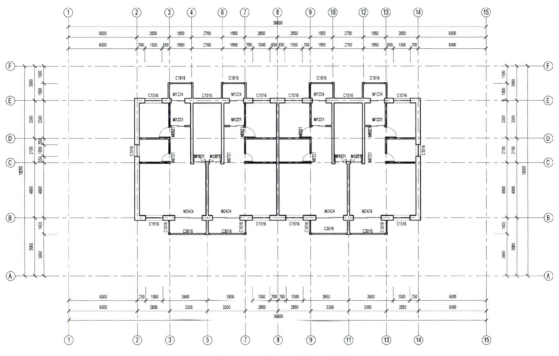

图 11-30　第六层门窗布置

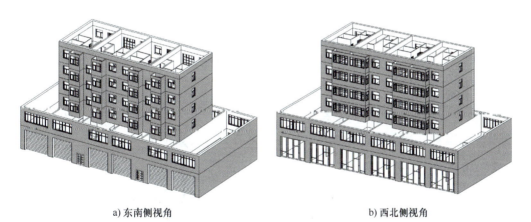

a) 东南侧视角　　　　　　　　　　　　　　b) 西北侧视角

图 11-31　墙体与门窗布置的三维效果

11.5　创建楼板

11.5.1　第一层楼板

1. 楼板

项目浏览器中打开1F平面视图。功能区单击"建筑"选项卡→"构建"面板→"楼板"工具→【楼板：建筑】按钮，进入楼板绘制模式。在属性栏的"类型选择器"中选择

"楼板：常规-300mm"。在"修改|创建楼层边界"选项卡→"绘制"面板中选择适当的绘制工具，移动光标到外墙外边线上，依次单击拾取全部外墙外边线，软件自动创建图11-32所示的楼板轮廓线。拾取墙创建的轮廓线自动和墙体保持关联关系。形成闭合轮廓线后，单击 ✓ 按钮完成一层楼板的创建。

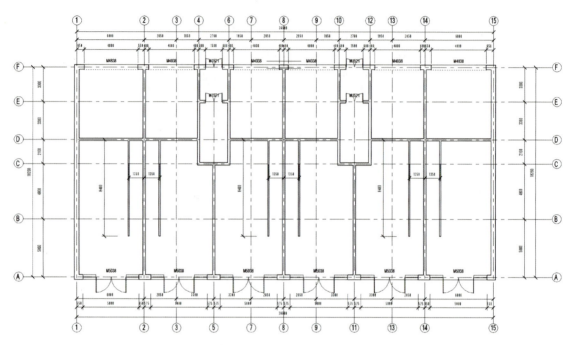

图11-32 第一层楼板边界拾取

2. 室外台阶

住宅入户门位置需要设置两步台阶，在功能区单击"建筑"选项卡→"构建"面板→"楼板"工具→【楼板：建筑】按钮，在属性栏"类型选择器"中选择"楼板：常规-300mm"，将"自标高的高度偏移"设置为0，在"绘制"面板选择【矩形】按钮，绘制图11-33a所示的台阶板轮廓线（净宽1000mm），单击 ✓ 按钮完成第一步台阶的绘制。采用同样的方法，在属性栏的"类型选择器"中选择"楼板：常规-150mm-实心"，将"自标高的高度偏移"设置为-150，

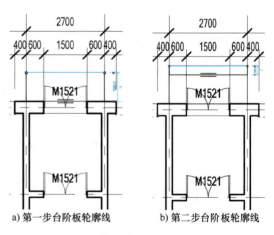

图11-33 布置单元入户门处的台阶

在"绘制"面板选择【矩形】按钮，绘制图11-33b所示的台阶板轮廓线（净宽300mm），单击 ✓ 按钮完成第二步台阶的绘制。

采用类似方法布置商服一侧台阶。第一层楼板的三维效果如图11-34的高亮部分所示。

11.5.2 第二层楼板

第二层楼板的创建方法与第一层类似。在项目浏览器中打开"2F"平面视图，单击"建筑"选项卡→"构建"面板→"楼板"工具→【楼板：建筑】按钮。在属性栏的"类型选择器"中选择"楼板：标准木材-木质面层"。在"修改|创建楼层边界"选项卡→"绘制"面板中选择适当的绘制工具，移动光标到外墙上，单击拾取全部外墙线，软件自动创建楼板外轮廓线。单击 ✓ 按钮，弹出图11-35所示的对话框，单击【附着】按钮完成楼板布置。

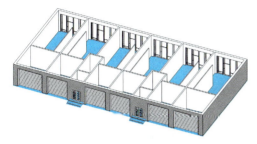

图11-34 第一层楼板三维效果

图11-35 "正在附着到楼板"对话框

考虑住宅单元楼梯间及商服楼梯位置需要设置楼板洞口，选中第二层楼板，在功能区单击"修改|楼板"选项卡→"模式"面板→【编辑边界】按钮，选择适当的绘制工具，用图11-36所示的封闭轮廓线围合各洞口边界，单击 ✓ 按钮完成二层楼板洞口创建，效果如图11-37所示。此外，也可采用"建筑"选项卡→"洞口"面板→【竖井】按钮 创建楼梯洞口，请读者自行尝试。

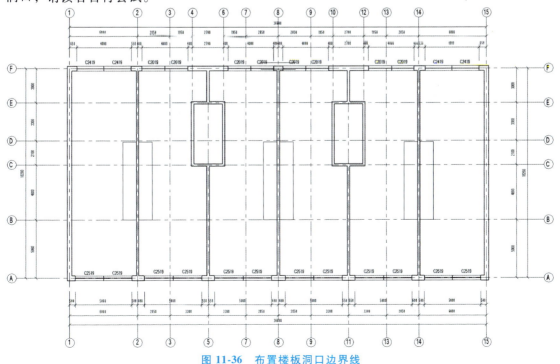

图11-36 布置楼板洞口边界线

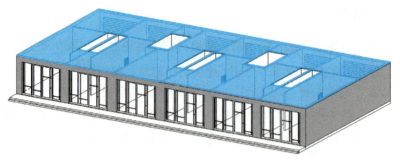

图 11-37　第二层楼板三维效果

11.5.3　其他层楼板

其他楼层的楼板绘制方法与底部两层类似，绘制结果如图 10-38 和图 10-39 所示。

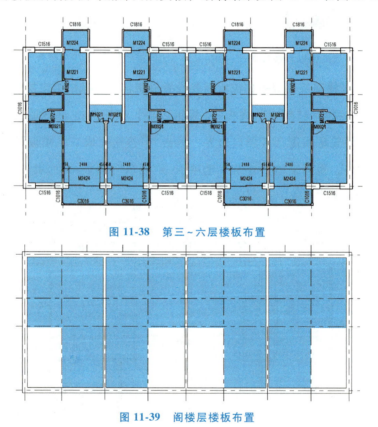

图 11-38　第三~六层楼板布置

图 11-39　阁楼层楼板布置

11.6　屋顶绘制

11.6.1　绘制第二层屋顶

（1）绘制屋顶迹线　在项目浏览器中打开"3F"平面视图，在视图属性栏中将"底图"子节点下的"范围：底部标高"设置为"2F"。在功能区单击"建筑"选项卡→"构建"面板→"屋顶"工具→【迹线屋顶】按钮，在属性栏的"类型选择器"中选择"基本屋顶：架空隔热保温屋顶-混凝土"，并根据项目条件在类型属性中将结构层厚度由"175"修改为"150"。按第二层外墙的轮廓线和第三层外墙的轮廓线，绘制图11-40所示屋顶迹线。

（2）调整屋顶坡度　本例中第二层部分屋顶采用平屋顶，南北向散水坡度为2%，与软件默认生成的屋顶迹线坡度不一致，需要进行修改。选中所有屋顶迹线，在图11-41所示的属性栏中取消勾选"定义屋顶坡度"。再次选中南北向Ⓐ轴和Ⓕ轴的水平屋顶迹线，在属性栏中勾选"定义屋顶坡度"，并将"坡度"参数设置为2%。设置完成后单击 ✓ 按钮，软件自动生成屋顶。

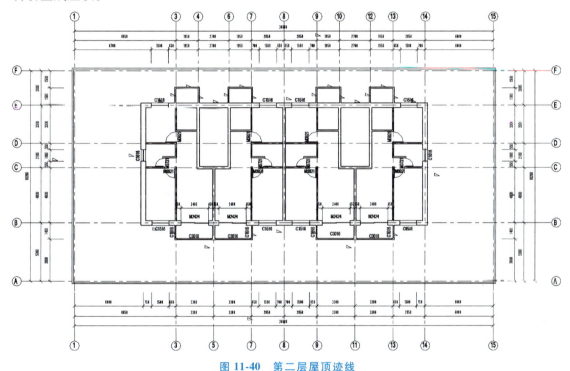

图11-40　第二层屋顶迹线

（3）调整屋顶竖向位置　本例中选择的屋顶厚度为270mm，为使屋顶上表面与标高线对齐，可选中屋顶，在图11-42所示的左侧属性栏中将"自标高的底部偏移"参数设置为-270。该项参数也可在执行"迹线屋顶"命令后、绘制屋顶迹线前进行设置。

（4）墙体附着到屋面　选中第二层由屋面覆盖的所有墙体，单击"修改|墙"选项卡→"修改墙"面板→【附着顶部/底部】按钮，然后在绘图区单击第二层屋顶，使墙顶附着到屋面底部。

图11-41　屋顶迹线属性

第二层屋顶的三维效果如图11-43所示。

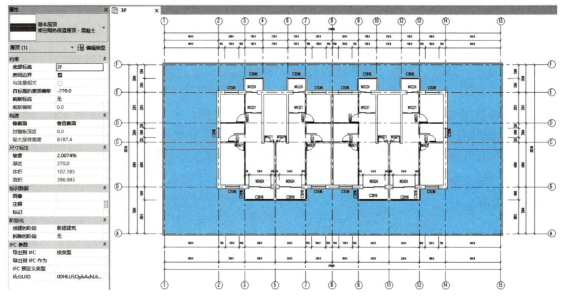

图 11-42 调整第二层屋顶竖向位置

11.6.2 绘制阁楼屋顶

（1）生成屋顶 在项目浏览器中打开"屋顶"平面视图，在功能区单击"建筑"选项卡→"构建"面板→"屋顶"工具→【迹线屋顶】按钮，在属性栏"类型选择器"中选择"基本屋顶：保温屋顶-混凝土"，并在类型属性中将结构层厚度由"175"修改为"150"。按外墙的轮廓线绘制屋顶迹线。本例屋顶坡度沿南北方向，屋顶总宽度为 10.61m，屋脊起拱高度

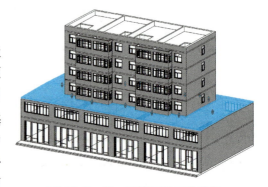

图 11-43 第二层屋顶的三维效果

为 2.7m，平分时计算得到屋顶坡度为 2.7/(10.61/2) = 50.9%。按〈Ctrl〉键选中东西两侧③轴和⑮轴的屋顶迹线，在属性栏中取消勾选"定义屋顶坡度"；再次选中南北两侧屋顶迹线，在属性栏将"坡度"参数设置为 50.9%。设置完成后单击 ✓ 按钮，软件自动生成屋顶。

（2）调整竖向位置 如图 11-44 所示，切换至东侧立面视图选中屋顶，单击"修改|屋顶"选项卡→"修改面板"→【移动】按钮，使屋顶边缘与标高 20.900 对齐。

（3）墙体附着到屋顶 在适当的视图中选中所有阁楼墙体，单击"修改|墙"选项卡→"修改墙"面板→【附着顶部/底部】按钮，然后在绘图区单击住宅屋顶，使墙顶附着到屋面底部，如图 11-45 所示。

（4）绘制挑檐板 第六层顶设置挑檐板，宽度 600mm。

1）绘制挑檐底板。在项目浏览器中打开"阁楼"平面视图，在视图属性的"底图"子节点将"范围：底部标高"设置为"6F"。单击"建筑"选项卡→"楼板"→【迹线屋顶】按钮，绘制图 11-46 所示的南北侧挑檐轮廓线，并将"坡度"设置为 2%。设置完成后单击

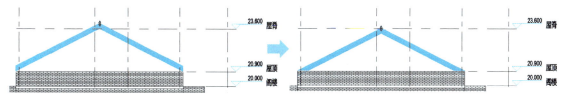

图 11-44 调整屋顶竖向位置

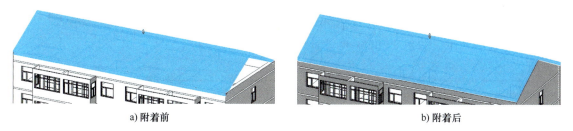

a) 附着前　　　　　　　　　　　　b) 附着后

图 11-45 墙体附着到屋顶

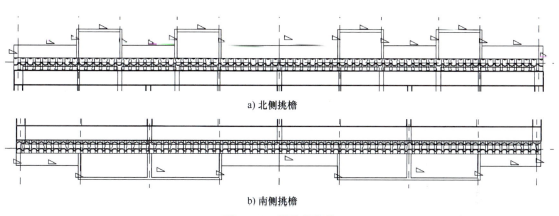

a) 北侧挑檐

b) 南侧挑檐

图 11-46 挑檐轮廓线

✓ 按钮。调整挑檐底板竖向位置与附着墙体的操作与屋顶相同,此处不再赘述。

2)使用"内建模型"功能绘制挑檐竖板。在功能区单击"建筑"选项卡→"构建"面板→"构件"工具→【内建模型】按钮,弹出图 11-47 所示的"族类别和族参数"对话框。在对话框中选择"屋顶",单击【确定】按钮后在"名称"对话框输入"挑板竖板"。如图 11-48 所示,单击"创建"选项卡→"形状"面板→【拉伸】按钮。以南侧挑檐竖板为例,在图 11-49 所示的"修改|创建拉伸"选项卡中,将"拉伸"面板的"深度"参数设置为 500,选择适当的绘制工具,绘制图 11-50 所示的南侧挑檐竖板的水平面投影轮廓线,并单击 ✓ 按钮完成挑檐竖板创建。采用相同操作可完成北侧挑檐板绘制。

阁楼屋顶与挑檐板的最终绘制效果如图 11-51 所示。

图 11-47 "族类别和族参数"对话框

图 11-48 "创建"选项卡

图 11-49 "修改|创建拉伸"选项卡

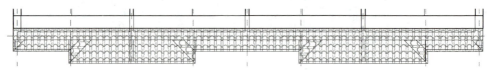

图 11-50 南侧挑檐竖板的水平面投影轮廓线

11.6.3 绘制老虎窗

（1）创建老虎窗的侧墙　单击"建筑"选项卡→"构建"面板→"墙"工具，在属性栏"类型选择器"中选择墙类型，将墙的"顶部约束"设置为"未连接"，并指定"高度"为1000。属性栏将"底部约束"设置为"屋顶"，在平面视图中放置围成老虎窗的三面墙体。使用"修改|墙"选项卡，将墙的底部附着到主屋顶，绘制完成的效果如图 11-52 所示。

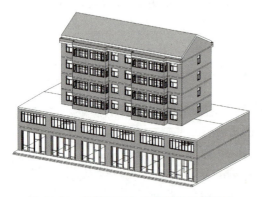

图 11-51 阁楼屋顶与挑檐板的绘制效果

图 11-52 老虎窗围墙绘制

（2）创建老虎窗屋顶　单击"建筑"选项卡→"构建"面板→"屋顶"工具，选项栏"悬挑"设置为 200，属性栏将"底部约束"设置为"屋顶"，"自标高的底部偏移"设置为1000。老虎窗屋脊至屋檐的高度设置为 1000，并按此计算屋顶坡度，填入属性栏"坡度"参数。使用"拾取墙"和"线段"工具绘制屋顶迹线，创建老虎窗屋顶，并将老虎窗墙附着到老虎窗屋顶。选中老虎窗屋顶，单击"修改|屋顶"选项卡→【连接/取消连接屋顶】按钮 ，单击老虎窗屋顶要与主屋顶连接一侧的边线，然后单击主屋顶完成老虎窗屋顶与主屋顶的连接。老虎窗屋顶的效果如图 11-53 所示。

（3）创建老虎窗　单击"建筑"选项卡→"构建"面板→"窗"工具，按第 10.4 节的方法绘制窗，效果如图 11-54 所示。

（4）裁剪主屋顶　单击"建筑"选项卡→"洞口"面板→【老虎窗】按钮。移动光标，高亮显示建筑模型的主屋顶，单击选中主屋顶，出现"修改|编辑草图"选项卡，【拾取屋顶/墙边缘】按钮默认为激活状态，拾取构成老虎窗洞口的边界，单击 ✓ 按钮完成主屋顶裁剪，效果如图 11-55 所示。

图 11-53　老虎窗屋顶绘制

图 11-54　老虎窗绘制

图 11-55　主屋顶裁剪绘制

11.7　栏杆扶手绘制

11.7.1　第二层商服楼梯洞口

在项目浏览器中打开"2F"平面视图，在功能区单击"建筑"选项卡→"楼梯坡道"面板→"栏杆扶手"工具→【绘制路径】按钮。在属性栏的"类型选择器"中选择"栏杆扶手 900mm"，沿商服楼梯洞口边缘绘制栏杆路径，完成后单击 ✓ 按钮自动创建栏杆，三维效果如图 11-56 所示。

11.7.2　第二层屋顶

本例中第二层屋顶需设置女儿墙与栏杆扶手。在项目浏览器中打开"3F"平面视图，在功能区单击"建筑"选项卡→"构建"面板→"墙"→【墙:建筑】按钮。在属性栏的"类型选择器"中，采用"编辑类型"功能创建女儿墙族（具体方法可参考 11.3 节），在图 11-57 所示的选项栏中，将"高度"设置为"未连接""600"，"定位线"选择"核心层面：外部"，然后沿屋面外轮廓线绘制女儿墙。

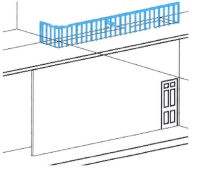

图 11-56　第二层商服楼梯洞口栏杆的三维效果

| 修改 | 放置 墙 | 高度： | 未连接 | 600.0 | 定位线：核心层面：外部 | ☑链 | 偏移：0.0 | □半径：1000.0 | 连接状态：允许 |

图 11-57　绘制女儿墙时的选项栏设置

在功能区单击"建筑"选项卡→"楼梯坡道"面板→"栏杆扶手"工具→【绘制路径】按钮。

1) 设置栏杆类型。在属性栏的"类型选择器"中单击【编辑类型】按钮,"类型属性"对话框中单击【复制】按钮,并在"名称"对话框中输入"女儿墙栏杆",单击【确定】按钮。返回"类型属性"对话框后,将"高度"参数修改为600,单击【确定】按钮。

2) 绘制栏杆。如图11-58所示,将属性栏中"底部偏移"参数设置为600,"修改|创建栏杆扶手路径"选项卡中选择合适的绘图工具,绘图区中沿女儿墙绘制栏杆扶手路径后,单击按钮完成扶手创建,效果如图11-59所示。

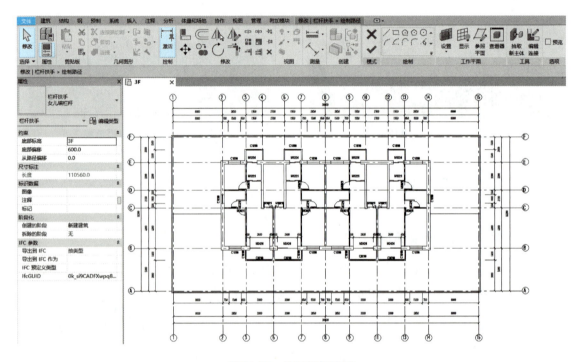

图 11-58 绘制栏杆路径

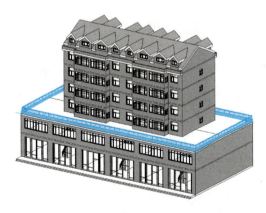

图 11-59 女儿墙与栏杆的绘制效果

11.8 楼梯和坡道绘制

11.8.1 创建商服楼梯

BIM-07 创建楼梯坡道

在项目浏览器中打开"1F"平面视图,在功能区单击"建筑"选项卡→"楼梯坡道"面板→【楼梯】按钮。

1. 设置楼梯类型

左侧属性栏的"类型选择器"中选择"整体浇筑楼梯",单击【编辑类型】按钮,在"类型属性"对话框中单击【复制】按钮,然后在名称对话框中输入"案例楼梯",单击【确定】按钮。返回"类型属性"对话框后,按图 11-60 设置"最大踢面高度""最小踏板深度""梯段类型""平台类型"参数后,单击【确定】按钮。

2. 楼梯布置

在图 11-61 所示的"修改|创建楼梯"选项卡中,单击"工具"面板→【栏杆扶手】按钮,在弹出的对话框内将栏杆扶手设置为"无"(本例中商服楼梯为直梯且有侧墙,无须设置栏杆扶手)。单击"构件"面板→【直梯】按钮,在选项栏中将"定位线"设置为"梯段:左","实际梯段宽度"设置为 1190。左侧属性栏中将"所需踏面数"和"实际踏板深度"分别设置为 26 和 240。

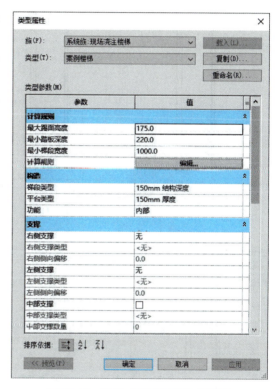

图 11-60 楼梯"类型属性"对话框

图 11-61 "修改|创建楼梯"选项卡

如图 11-62 所示,在绘图区单击选择商服楼梯的起点,竖直向上移动光标,直到显示"创建了 13 个踢面,剩余 13 个"时,单击确定第一跑梯段终点。继续竖直向上移动光标,当临时尺寸线标注数值为 1200(中间平台宽度)时,单击确定中间平台终点及第二跑梯段的起点;继续竖直向上移动光标,直到显示"创建了 13 个踢面,剩余 0 个"时,单击确定第二跑梯段的终点。

单击"修改|创建楼梯"选项卡→"构件"面板→【平台】按钮→【创建草图】按钮

,出现的"修改|创建楼梯>绘制平台"选项卡→"绘制"面板中单击【矩形】按钮,单击第二跑终点作为平台起点,移动光标至右上墙体角点处,单击确定楼层平台终点。

单击按钮完成平台绘制,再次单击按钮完成商服楼梯绘制。重复上述步骤完成其他商服楼梯的绘制,效果如图11-63所示。

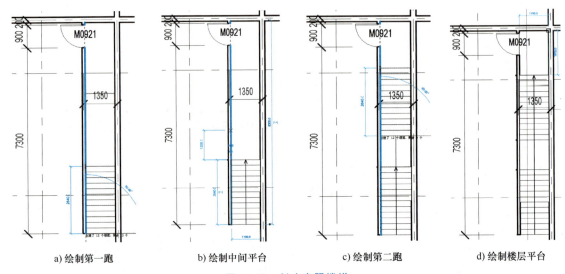

a) 绘制第一跑　　　b) 绘制中间平台　　　c) 绘制第二跑　　　d) 绘制楼层平台

图 11-62　创建商服楼梯

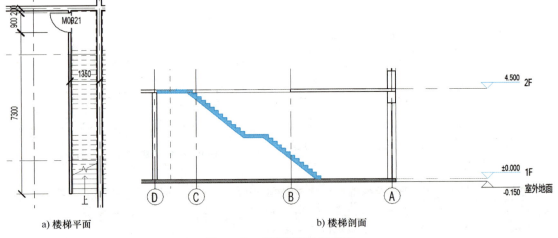

a) 楼梯平面　　　　　　　　　　b) 楼梯剖面

图 11-63　商服楼梯绘制效果

11.8.2　创建住宅单元楼梯

住宅单元楼梯的创建方法与商服楼梯类似。以标准层楼梯为例,在项目浏览器中打开"3F"平面视图,在功能区单击"建筑"选项卡→"楼梯坡道"面板→【楼梯】按钮。在"修改|创建楼梯"选项卡中,单击"构件"面板→【直梯】按钮,在选项栏中将"定位线"设置为"梯段:右","实际梯段宽度"设置为1200。在属性栏"类型选择器"中选择"案例楼梯",将"所需踏面数"设置为18,"踏板深度"设置为270。

在楼梯间依次单击选择第一梯段起点、第一梯段终点（中间平台起点）、第二梯段起点（中间平台终点）和第二梯段终点，绘制平行双跑楼梯。然后单击"构件"面板→【平台】按钮▱→【创建草图】按钮▦，创建平台轮廓线绘制楼层平台。住宅单元三层的平行双跑楼梯绘制效果如图 11-64 所示。重复上述步骤完成其他楼层的住宅单元楼梯绘制。

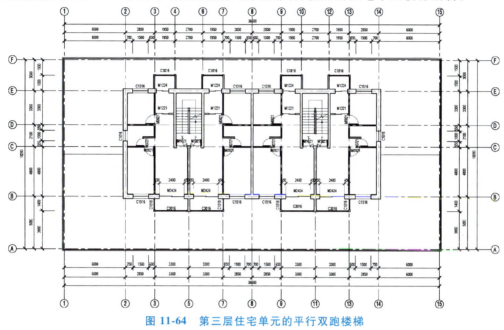

图 11-64　第三层住宅单元的平行双跑楼梯

切换至三维视图，在视图属性的"范围"子节点下勾选"剖面框"，在绘图区拖动剖面框至适当位置，观察住宅单元的楼梯三维效果，如图 11-65 所示。

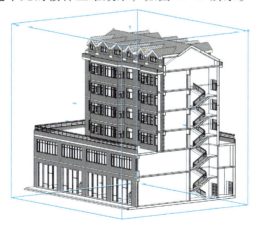

图 11-65　住宅单元楼梯的三维效果

11.8.3　楼梯路径注释

楼梯布置完成后，应对楼梯路径进行必要的注释。在功能区单击"注释"选项卡→"符号"面板→【楼梯路径】按钮▦。在属性栏中单击【编辑类型】按钮，在"类型属性"对话框内将"箭头类型"参数设置为"实心箭头 30 度"后单击【确定】按钮。继续在属性栏中将"文字（向上）"和"文字（向下）"设置为"上"和"下"。最后，在绘图区单击楼梯，自动进行楼梯路径标注，并可手动调整文字位置。楼梯路径标注的效果如图 11-66 所示。

11.8.4　创建车库坡道

在项目浏览器中打开"1F"平面视图，在功能区单击"建筑"选项卡→"楼梯坡道"面板→【坡道】按钮。在属性栏中设置"底部标高"为"室外地面","顶部标高"为"1F"。单击"修改|创建坡道草图"选项卡→"绘制"面板→"梯段"工具→【线】按钮。如图 11-67 所示，在绘图区车库入口位置先大致绘制坡道轮廓，然后拖动左右边线调整坡道宽度，拖动中间线的圆点控制柄调整坡道长度。坡道轮廓调整完成后，单击按钮完成坡道板绘制。

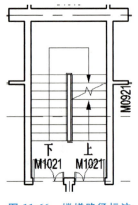

图 11-66　楼梯路径标注

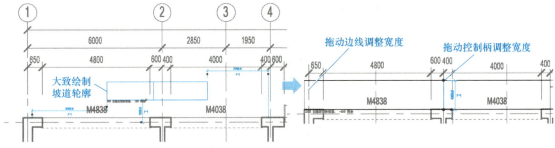

图 11-67　坡道轮廓绘制

选中绘制的坡道板，在属性栏单击【编辑类型】按钮，在坡道"类型属性"对话框中，将"造型"参数修改为"实体"，修改后的坡道三维效果如图 11-68 所示。采用同样的方法绘制其他车库入口处的坡道。

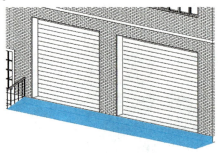

图 11-68　坡道三维效果

11.9　场地设计

11.9.1　地形地表

BIM-08　场地设计

地形表面是建筑场地或地块地形的图形表示。默认情况下，楼层平面视图不显示地形表面，可在三维视图或在专用的"场地"视图中创建。在项目浏览器中打开场地平面视图。

本例中假设场地范围为建筑外轮廓线向四周各延伸 10m，为便于捕捉，绘制四个参考平面。单击"建筑"选项卡→"工作平面"面板→【参照平面】按钮，在绘图区单击选择参考平面起点与终点完成绘制，效果如图 11-69 所示。

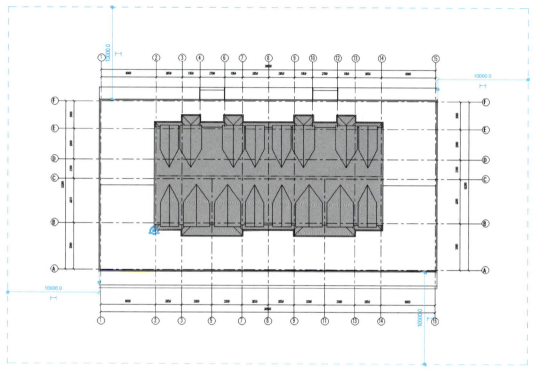

图 11-69　绘制参照平面

如图 11-70 所示，在功能区单击"体量和场地"选项卡→"场地建模"面板→"地形实体"工具→【从草图创建】按钮。

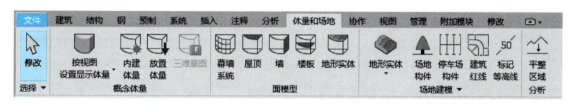

图 11-70　"体量和场地"选项卡

如图 11-71 所示，在属性栏的"类型选择器中"选择"地形实体：草地-1200mm"，并将"标高"参数设置为"室外地面"。在"修改|创建地形实体边界"选项卡中选择合适的绘制工具，按参考平面创建地形实体边界线后，单击按钮完成创建。在视图控制栏中将"视觉样式"修改为"着色"，地形实体的绘制效果如图 11-72 所示。

此外，选中地形实体，出现图 11-73 所示的"修改|地形实体"选项卡，可采用"形状编辑"面板的"修改子图元""添加点""添加分割线"等工具，进一步修改地形表面各点的高程。

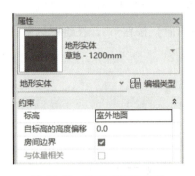
图 11-71　地形实体属性栏

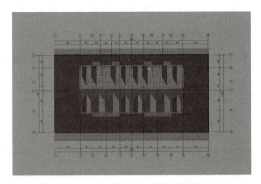
图 11-72　地形实体绘制效果

图 11-73　"修改|地形实体"选项卡

11.9.2　道路

可采用地形实体"细分"工具在地形实体上绘制停车场、道路或交通岛等。选中地形实体，单击"修改|地形实体"选项卡→"地形实体形状"面板→【细分】按钮。在"修改|创建细分边界"选项卡中选择合适的绘制工具，在属性栏设置"材质""高度"等参数后，在绘图区绘制细分区域的边界。单击✔按钮创建细分区域作为道路，效果如图 11-74 所示。

11.9.3　场地构件

在地形实体和道路的基础上，进一步添加树木、设施等场地构件。Revit 软件内置了树木等场地构件类型，可使用"插入"选项卡→"载入族"等工具导入更丰富的"场地"和"植物"族。

单击"体量和场地"选项卡→"场地建模"面板→【场地构件】按钮，在属性栏的"类型选择器"中选择要添加的场地构件，"标高"参数设置为"室外地面"，在绘图区适当位置单击放置场地构件。完成场地构件绘制后的场地平面及三维效果如图 11-75 和图 11-76 所示。

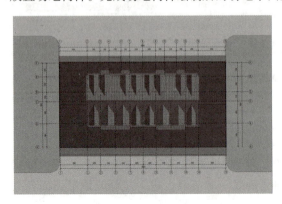
图 11-74　道路绘制效果

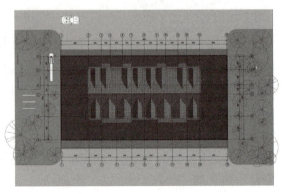
图 11-75　场地平面效果

a) 东南视角(视图样式"真实")

b) 西北视角(渲染)

图 11-76　场地三维效果

11.10　建筑制图

创建建筑三维模型后，可利用 Revit 软件进行建筑平面、立面与剖面等的图纸深化设计，具体内容包括模型连接、添加注释、调整图元可见性、线型、线宽、填充图案等。

BIM-09
建筑制图

11.10.1　平面图

（1）复制视图　为便于对视图内容进行深化，以满足设计图纸要求，首先建立视图副本。以"1F"平面视图为例，在项目浏览器中选择该视图，在右键菜单中选择"复制视图"→"复制"，在项目浏览器中自动创建名为"1F 副本 1"的视图，内容与"1F"平面视图一致。

（2）图元可见性与隐藏　在建筑三维模型中，如有部分图元不需要在建筑二维设计图纸中显示，可通过"视图"选项卡→"图形"面板→【可见性/图形】按钮 进行处理。以隐藏"1F 副本 1"平面视图的场地构件为例，在图 11-77 所示的对话框中，切换至"模型类别"选项卡，在可见性列表中取消勾选"地形实体""场地""植物"，单击【确定】按钮。

通过可见性工具可隐藏同一类别的所有构件。需要隐藏个别构件时，可选中需要隐藏的图元，在图 11-78 所示的"修改"选项卡中，单击"视图"面板→"在视图中隐藏"工具→

图 11-77 "楼层平面：1F 副本 1 的可见性/图形替换"对话框

图 11-78 隐藏图元

【隐藏图元】按钮 。

（3）调整截面线样式　截面线样式可调整线条粗细，先将每个墙构件的材质进行功能分类，如面层、结构层、保温层等。在图 11-77 所示对话框中单击【编辑】按钮，弹出图 11-79 所示的"主体层线样式"对话框，可进行线宽、线颜色与线型图案的设置。

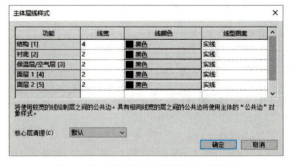

图 11-79 "主体层线样式"对话框

（4）完善尺寸标注　建筑平面图中需要标注建筑总长/总宽、轴网间距及门窗洞口等细部尺寸等。可采用"注释"选项卡的"尺寸标注"工具进行标注。

（5）裁剪视图　根据图纸大小调整视图图幅，保证美观。视图选项卡的属性栏中勾选"裁剪视图"和"裁剪区域可见"。如图 11-80 所示，在绘图区拖拽裁剪框至轴网内侧时，轴网变为 2D。此时，拖拽轴网对其他楼层及视图均无影响。

（6）完善门窗标记　单击"注释"选项卡→"标记"面板→【全部标记】按钮 ，在

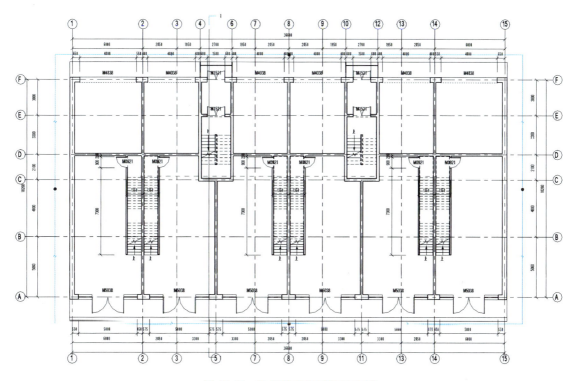

图 11-80 拖拽裁剪框至轴网内侧

"标记所有未标记的对象"对话框内勾选"门标记"和"窗标记"。自动标记完成后,手动调整门窗标记到合适的位置。

(7) 添加房间标记 单击"建筑"选项卡→"房间和面积"面板→【房间】按钮 。在"修改|放置房间"选项卡中,单击"房间"面板→【自动放置房间】按钮 ,软件在当前标高上所有的有边界闭合区域中自动放置房间,效果如图 11-81 所示。单击选择房间,在属性栏中按实际功能修改"名称"参数。选择所有房间标记,在属性栏的"类型选择器"中选择"标记_房间-有面积-施工-仿宋-3mm-0-67"。房间名称与面积的标记效果如图 11-82 所示。

(8) 添加本层建筑标高 单击"注释"选项卡→"尺寸标注"面板→【高程点】按钮 ,在平面图适当位置进行标高标注。一般来说,首层标注室内、外标高,其他楼层标注室内标高,屋面标注屋面板结构、屋脊、女儿墙、管道井顶板等标高。

(9) 对构件进行填充 建筑平面图中一般需要对结构墙柱进行填充(注:本案例中未布置结构墙柱,仅通过填充建筑墙展示构件填充功能)。在图 11-77 所示对话框中,切换至"过滤器"选项卡。单击【添加】按钮,弹出"添加过滤器"对话框,选择普通墙,单击【编辑/新建】按钮。在图 11-83 所示的"过滤器"对话框中,左侧列表选择"普通墙",类别列表中勾选"墙",右侧过滤器规则中选择"类型名称",规则设置为"包含"并输入"案例"(本例所有墙类型均包含"案例"字段,可根据项目实际情况进行设置),单击【确定】按钮。

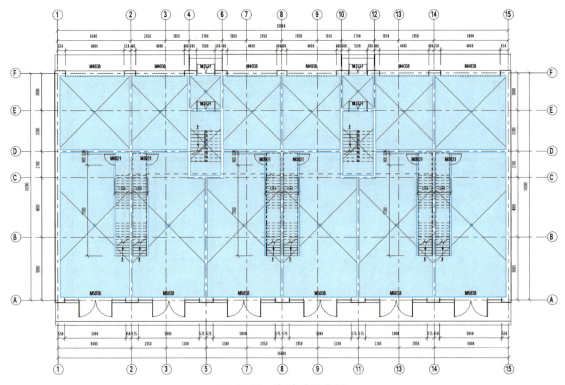

图 11-81　自动放置房间

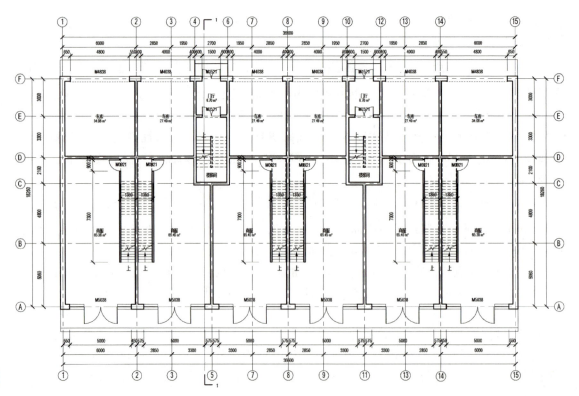

图 11-82　房间名称与面积标记

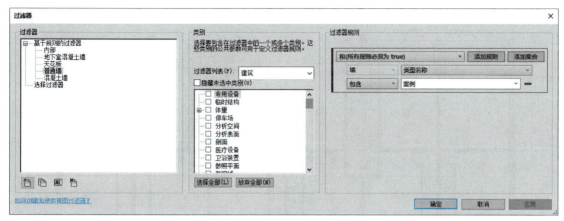

图 11-83 "过滤器"对话框

返回"添加过滤器"对话框后，再次单击【确定】按钮。此时，图 11-84 所示的"过滤器"选项卡中单击"剪切"→"填充图案"列下的【替换】按钮。在图 11-85 所示的"填充样式图形"对话框中，将"填充图案"设置为"实心填充"，"颜色"设置为灰色。设置完成后，单击【确定】按钮返回绘图区，发现所有墙体已被填充，效果如图 11-86 所示。

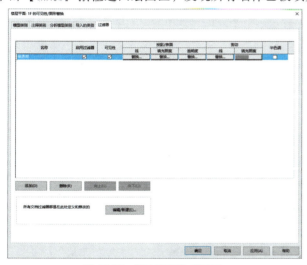

图 11-84 "过滤器"选项卡

图 11-85 "填充样式图形"对话框

11.10.2 立面图

立面图处理的方法与平面图类似，主要包括隐藏多余轴网与标高线，添加立面尺寸标注与注写外饰面做法等。

（1）隐藏轴网与标高线　可通过"视图"选项卡的"可见性/图形"工具与"修改"选项卡的"在视图中隐藏"工具，隐藏不需要在立面图中显示的轴网与标高线，以保持图幅整洁。

（2）添加立面尺寸标注　利用"注释"选项卡→"尺寸标注"面板的工具进行立面尺寸标注，包括建筑物总高度、楼层高度及门窗高度标注等。

（3）标注外饰面做法　利用"注释"选项卡→"标记"面板→【材质标记】按钮进行注释，或采用【文字】按钮手动标注外饰面做法。

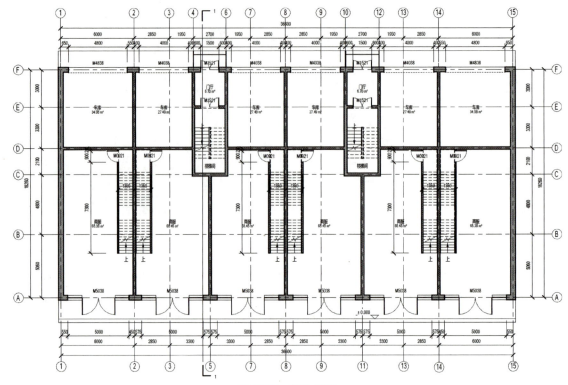

图 11-86　墙体填充

建筑立面完善的效果如图 11-87 所示。

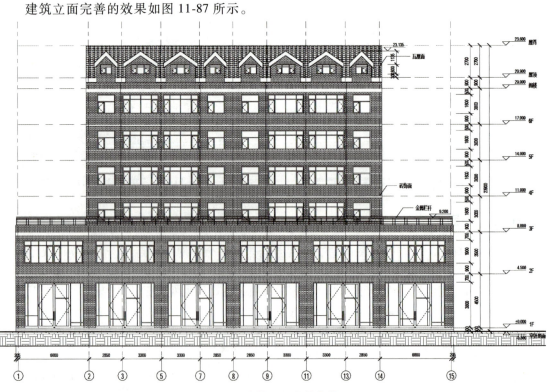

图 11-87　建筑立面完善的效果

11.10.3 剖面图

（1）创建视图　在平面视图中，单击"视图"选项卡→"创建"面板→【剖面】按钮 ，在属性栏的"类型选择器"中选择"剖面：建筑剖面"，在绘图区合适位置绘制剖面线，软件自动生成剖面视图。

（2）隐藏轴网与标高线　通过"视图"选项卡的"可见性/图形"工具与"修改"选项卡的"在视图中隐藏"工具，隐藏不需要在剖面图显示的轴网与标高线。

（3）添加剖面尺寸标注　利用"注释"选项卡→"尺寸标注"面板的工具进行剖面尺寸标注，包括建筑物总高度、楼层高度、门窗高度及楼梯标注等。

（4）图元连接　模型中要保持同一材质的结构连贯性，结构梁与楼板、墙与楼板等重叠部分需通过"连接"命令完善。在功能区单击"修改"选项卡→"几何图形"面板→"连接"工具→【连接几何图形】按钮 ，选择需要连接的图元，依次单击需要连接的图元完成编辑，效果如图11-88所示。

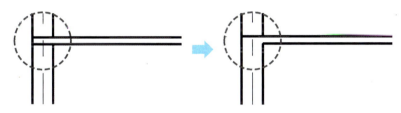

图 11-88　图元连接

建筑剖面完善的效果如图11-89所示。

11.10.4 门窗表

（1）明细表　单击"视图"选项卡→"创建"面板→"明细表"工具→【明细表/数量】按钮 ，在"新建明细表对话框"中选择"窗"，单击【确定】按钮。在"明细表属性"对话框中，"字段"选项卡添加"类型标记""宽度""高度""合计"；"排序/成组"选项卡的"排序方式"选择"类型标记"，并取消勾选"逐项列举每个实例"。设置完成后，单击【确定】按钮生成窗明细表。采用类似操作创建门明细表。门窗明细表如图11-90所示。

（2）门窗图例　单击"注释"选项卡→"详图"面板→"构件"工具→【图例构件】按钮 。在选项栏中，"族"选择相应的门窗型号，"视图"选择"立面：前"，绘图区单击放置门窗图例构件。采用"注释"选项卡→"尺寸标注"面板的工具，添加门窗图例的尺寸标注，并用"详图线"和"文字"工具绘制表格对门窗图例进行整理。门窗图例表的绘制效果如图11-91所示。

11.10.5 图纸创建

以一层平面图为例，单击"视图"选项卡→"图纸组合"面板→【图纸】按钮 ，在

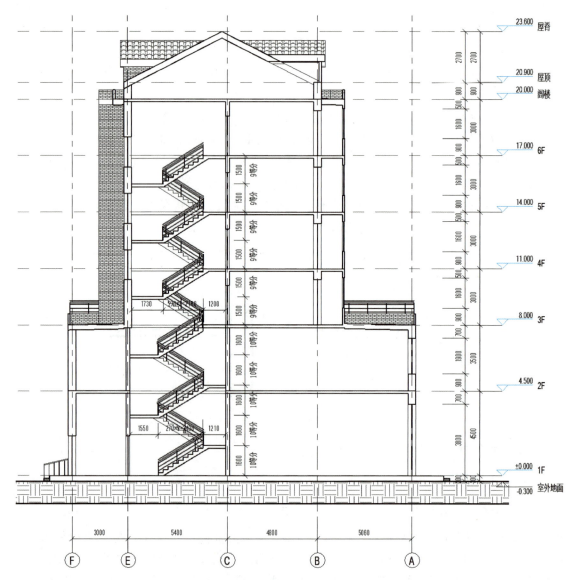

图 11-89 建筑剖面完善的效果

<窗明细表>

A 类型标记	B 宽度	C 高度	D 合计
C1008	1000	800	8
C1016	1000	1600	24
C1208	1200	800	4
C1516	1500	1600	38
C1608	1600	800	4
C1816	1800	1600	16
C2019	2000	1900	8
C2419	2400	1900	4
C2519	2500	1900	12
C3016	3000	1600	16

<门明细表>

A 类型标记	B 宽度	C 高度	D 合计
M0721	700	2100	16
M0921	900	2100	34
M1021	1000	2100	16
M1221	1200	2100	16
M1224	1200	2400	16
M1521	1500	2100	4
M2424	2400	2400	16
M4038	4000	3800	4
M4838	4800	3800	2
M5038	5000	3800	6

图 11-90 门窗明细表

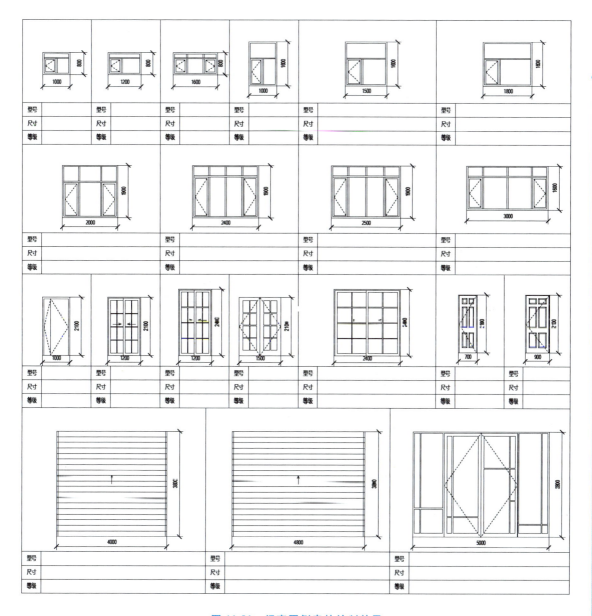

图 11-91　门窗图例表的绘制效果

"新建图纸"对话框中，选择图幅单击【确定】按钮，软件自动生成图纸"J0-1-未命名"。在属性栏中将"图纸名称"修改为"一层平面图"。单击选择图框，再单击"项目名称""所有者""项目编号"参数及"绘图员""审图员"后的"作者"标签，按项目实际情况输入信息。

单击"视图"选项卡→"图纸组合"面板→【视图】按钮，在"选择视图"对话框中选择"楼层平面 1F 副本 1"，单击【确定】按钮完成视图放置。修改视图名称并放置指北针后（可通过载入族加载指北针族）后，一层平面图纸的绘制效果如图 11-92 所示。

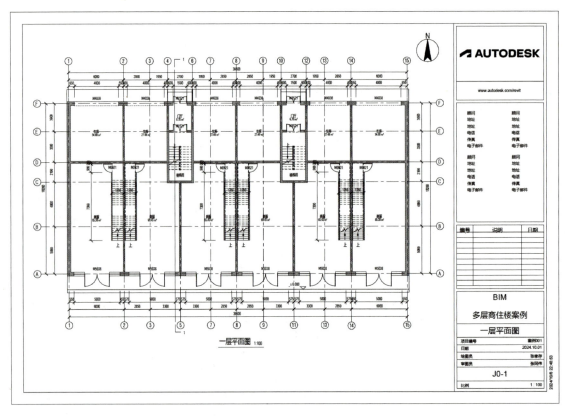

图 11-92　一层平面图纸的绘制效果

课后练习

1.【上机练习】采用 Revit 软件创建本章建筑案例的三维模型。

2.【上机练习】在本章多层商住楼案例的基础上，深化设计并绘制各层建筑平面图、东西南北立面图、1—1 和 2—2 剖面图，以及门窗图例表。

3.【上机练习】依据图 4-200 所示的建筑平面图，自行设置层数及层高等设计信息，利用 Revit 软件创建建筑三维模型。

4.【上机练习】利用 Revit 软件创建图 6-35~图 6-37 所示住宅的建筑三维模型并深化设计平面、立面与剖面图。

5.【上机练习】利用 Revit 软件完善本章建筑平面图中的卫生洁具和家具布置。

6. 总结 Revit 软件创建建筑三维模型与生成二维设计图纸的基本步骤，对比利用 Revit 软件和传统 AutoCAD 软件进行二维图纸设计的异同。

7. 通过本章实例练习，总结 Revit 建筑三维建模与制图的常用命令及其主要功能。

参 考 文 献

［1］ 张同伟，张孝廉．建筑 CAD［M］．北京：机械工业出版社，2018．
［2］ 张同伟．土木工程 CAD［M］．3 版．北京：机械工业出版社，2022．
［3］ 赵甜．建筑 CAD［M］．北京：中国建筑工业出版社，2023．
［4］ 邵培柳．建筑 CAD［M］．重庆：重庆大学出版社，2022．
［5］ 布克科技，高彦强，迟福桥，等．T20 天正建筑 V8.0：实战从入门到精通［M］．北京：人民邮电出版社，2024．
［6］ 汤建新．Revit 建筑建模技术［M］．北京：机械工业出版社，2024．
［7］ 汪德江，宋少沪，朱杰江，等．BIM 技术与应用：Revit 2023 建筑与结构建模［M］．北京：高等教育出版社，2023．
［8］ 王晓军．Revit 2018 中文版完全自学一本通［M］．北京：电子工业出版社，2018．
［9］ 刘照球．建筑信息模型 BIM 概论［M］．北京：机械工业出版社，2023．
［10］ Autodesk．Autodesk Revit 2025 帮助文件［Z/OL］．https：//help.autodesk.com/view/RVT/2025/CHS/．